ro
ro
ro

Im Fußball hat eine neue Zeitrechnung begonnen: Jede Bewegung, jede Ballberührung, jeder Zentimeter des Platzes wird vermessen, analysiert und von KI-Systemen ausgewertet. In Sekundenbruchteilen wird das Spielgeschehen analysiert, werden die Bewegungen und der Fitnessstatus der Spieler auf dem Feld weitergegeben und ausgewertet. Klubs bezahlen viel Geld, um mithilfe von Daten den Erfolg auf dem Rasen zu maximieren und Talente zu entdecken, bevor es die Konkurrenz tut. Ganze Mannschaften werden von der Datenabteilung zusammengestellt. Tobias Escher geht der Frage nach, ob Fußball anhand von Daten, Zahlen und KI-Modellen entschlüsselt werden kann. Wie funktionieren die Modelle, die den Blick auf den Fußball zu revolutionieren versprechen? Wie wichtig bleibt der Faktor Mensch? Dieses Buch beleuchtet die Möglichkeiten und Schattenseiten des neuen datengetriebenen Profifußballs und zeigt, wie sich die Klubs auf die Zukunft einstellen.

Tobias Escher ist Mitbegründer des Taktikblogs «Spielverlagerung.de», der zahlreiche Auszeichnungen erhalten hat. In der Internetsendung «Bohndesliga» (Rocket Beans TV) analysiert Escher die Spiele der Bundesliga, zudem schreibt er u. a. für das Fußball-Magazin *11 Freunde*. Bei Rowohlt erschienen bereits sechs Bücher von ihm, zuletzt *Die Weltmeister von Bern. Biografie einer Jahrhundertmannschaft*.

Tobias Escher

Die Zukunft des Fußballs

Wie KI und Big Data den Fußball verändern

Rowohlt Taschenbuch Verlag

1. Auflage

Originalausgabe
Veröffentlicht im Rowohlt Taschenbuch Verlag,
Kirchenallee 19, 20099 Hamburg, Mai 2026

Covergestaltung zero-media.net, München
Coverabbildung FinePic®, München
Innengestaltung und Grafiken Daniel Sauthoff
Satz Scala Pro bei Pinkuin Satz und Datentechnik, Berlin
Druck und Bindung Nørhaven A/S, Viborg
Printed in Denmark
ISBN 978-3-499-01916-6

Kontaktadresse nach EU-Produktsicherheitsverordnung:
produktsicherheit@rowohlt.de

FSC www.fsc.org
MIX
Papier | Fördert gute Waldnutzung
FSC® C104608

INHALT

PROLOG: WIE DIE NERDS DEN FUSSBALL EROBERN

Die Nerds haben gewonnen. Als die Datenrevolution vor rund 15 Jahren den Fußball erreicht hat, hätte ich nie geglaubt, wie schnell Mathematik-Genies und Statistik-Freaks den beliebtesten Sport der Welt aufmischen würden.

2010 begann meine Karriere als Sportjournalist. Damals eröffnete ich mit einigen Gleichgesinnten einen Blog namens *Spielverlagerung*. Wir analysierten Fußballspiele aus taktischer Perspektive. Es waren enorm technische, sperrige Artikel, die so nur existieren konnten, weil das Internet keine Zeichenbegrenzung kennt. Keine Zeitung der Welt hätte Texte mit 5000 Wörtern Länge gedruckt, die sich um falsche Neuner und abkippende Sechser drehen.

Zur selben Zeit schossen Fußballblogs wie Pilze aus dem Boden. Fans schrieben Texte über ihren Lieblingsverein. Manche beschäftigen sich wie wir mit Taktik. Andere mit Statistik. Sarah Rudd, eine Datenanalystin bei der Firma Microsoft, stellte auf ihrem Blog selbst entwickelte Modelle vor, die Fußballer allein anhand von Daten bewerteten. Ein professioneller Sportwetter namens Ted Knutson stellte Statsbomb.com ins Netz, eine Anlaufstelle für datengetriebene Fußball-Analysen. Auch wir bei *Spielverlagerung* verpflichteten mit Tom Worville einen Gast-Autor, der unseren Lesern das Thema Datenanalyse näherbringen sollte.

Damals waren diese Blogger Außenseiter. Sie hatten keine Vergangenheit als Profisportler, kein Netzwerk, keine Fürsprecher. Sie einte nur die Leidenschaft zum Sport und ihre Affinität für Daten. Sie suchten Antworten auf Fragen wie: Kann man mithilfe von Daten die Qualität von Torschüssen messen? Wie bestimmt man den Marktwert eines Spielers? Lassen sich komplexe mathematische Modelle auf den Fußball anwenden?

Anfangs wurden die Nerds belächelt. Alteingesessene Trainer wie TV-Experten schmunzelten nur über die Idee, das Geschehen auf dem Feld anhand von Daten zu beschreiben. Wie sollen Zahlen helfen, ein so wunderschönes Spiel wie Fußball zu analysieren? Bislang fuhr der Fußball gut ohne statistische Analyse. Welchen Mehrwert sollen Zahlen schon bieten?

Auch in der Öffentlichkeit hatten es die Daten-Nerds nicht leicht. Vor der Europameisterschaft 2016 beschloss die ARD, in ihrer Berichterstattung ein neuartiges Statistikmodell einzusetzen: «Packing» sollte helfen, den wahren Wert eines Passes zu bestimmen. Die ARD erntete damit hauptsächlich Kopfschütteln. *Der Postillon* verspottete Packing in gleich zwei Artikeln. «Besser als ‹Packing›! Revolutionäres Analyseverfahren ‹Goaling› zählt, wie oft Ball im Tor landet», witzelte das Satire-Portal.

Wer zuletzt lacht, lacht am besten. 2025 wurde Impect, die Firma hinter dem Packing-Modell, für rund 78 Millionen Euro verkauft. Das Modell hat sich längst im Fußball durchgesetzt, fast alle Bundesligisten nutzen Packing in ihren Analysen. Datenanalyse ist längst ein eigener Wirtschaftszweig, der vielen Menschen Arbeit schenkt. Viele der Blogger, die einst von ihren Laptops aus Posts in die Welt schickten, sitzen nun an Schreibtischen von Premier-League- oder Bundesliga-Klubs. Rudd wurde, nur wenige Monate nachdem sie mit dem Bloggen begonnen hatte, von der Firma StatDNA angeworben. Kurz darauf kaufte der FC Arsenal StatDNA und machte Rudd zur Chefin der Datenabteilung. Knutson entwickelte den eigenen Blog zunächst zu einer Beratungsagentur und später zu einer Firma für Fußballdaten weiter. Das Unternehmen erwirtschaftete 2024 einen achtstelligen Umsatz, ehe Knutson sich zusammen mit seinen Partnern entschied, Statsbomb an die US-Firma Hudl zu verkaufen.

Wie haben es diese Außenseiter geschafft, in die geschlossene Welt des Fußballs einzubrechen? Wie haben sie Anstellungen in Fußballklubs erhalten, für die viele Anhänger töten würden? Es sind ihre Ideen, die sie so wertvoll gemacht haben für Vereine auf der ganzen Welt. Die Idee, Fußball mithilfe von Daten und Zahlen zu vermessen.

2022 nahm ich an der Statsbomb-Conference teil. Es ist so etwas wie das Klassentreffen der Fußballstatistik-Community, die aus den Blogs hervorgegangen ist. Zehn Jahre zuvor hatten sich die Nerds höchstens digital ausgetauscht. Inzwischen veranstalteten sie Konferenzen im altehrwürdigen Wembley Stadium. Die Teilnehmer kamen aus allen Teilen Europas. Mitarbeiter des FC Liverpool, des FC Sevilla und von Borussia Dortmund schüttelten sich die Hände.

Die Hauptveranstaltung der Konferenz trug den Titel: «Das Ende des Anfangs». Die Datenanalyse, vor wenigen Jahren noch ein Nischenphänomen, hatte sich längst im Fußball etabliert. Rory Smith, Journalist der *New York Times*, interviewte Sarah Rudd und Javier Fernández, Director of Data Science beim FC Chelsea. Vorbei seien die Zeiten, so Rudd, in denen Vereine ihre Entscheidung für Datenanalysten begründen mussten. Fernández sagte während ebenjener Diskussion auch, dass die Datenanalyse im Fußball nun im Teenager-Alter angekommen sei: «An manchen Tagen fühlt es sich an, als wäre [die Datenanalyse im Fußball] ein Erwachsener, an anderen Tagen fühlt sie sich noch an wie ein Kind.»

Ich hatte dabei zugesehen, wie das Kind erst stehen und dann laufen gelernt hatte. Viele der Protagonisten der Datenrevolution im Fußball verfolge ich seit ihren Anfangstagen. Ich habe die ersten Blogbeiträge gelesen, die Rudd geteilt hat. Ich erinnere mich an frühe Expected-Goals-Modelle und wie diese den Blick auf Fußballdaten revolutioniert haben. Ich habe schon 2016 über Sinn und Unsinn von Packing geschrieben und mich mit den Gründern der Firma ausgetauscht.

Der jetzige Zeitpunkt ist ein guter Moment, innezuhalten und auf die vergangenen Jahre zurückzublicken. Während in den Zirkeln der Topvereine Entscheidungen längst mithilfe von Daten getroffen werden, sind viele Konzepte der breiten Öffentlichkeit noch nicht bekannt. Wie kann Datenanalyse im Fußball helfen? Was sind die Herausforderungen? Und was erwartet uns in der Zukunft?

Dieses Buch soll einen Überblick geben über all das, was wir mithilfe von Daten über den Fußball lernen können. Es ist quasi das Daten-Gegenstück zu meinem Buch *Der Schlüssel zum Spiel. Wie moderner Fußball funktioniert.* In jenes Buch habe ich mein Wissen gegossen, das ich über zehn Jahre hinweg zum Thema Fußballtaktik gesammelt hatte. *Die Zukunft des Fußballs* soll das Thema Fußball und Daten beleuchten.

Es beantwortet die Frage, wieso Vereine Menschen wie Rudd oder Worville anstellen: Sie haben mit ihren Modellen bewiesen, dass sie von Nutzen sein können – sei es bei der Suche nach neuen Spielern, bei der Analyse von Fußballspielen oder bei der Gestaltung des Trainingsplans. Die Zukunft des Fußballs ist datengetrieben. Dieses Buch soll klären, was hinter den Ideen der schlauen Köpfe steckt.

Der erste Teil des Buchs dreht sich um die Frage, was wir überhaupt meinen, wenn wir von Daten im Fußball sprechen. Woher kommen diese Daten? Wer erhebt sie – und wie geschieht das? Es mag langweilig erscheinen, sich mit dem Sammeln von Pass-

oder Laufdaten zu beschäftigen. Es ist aber ein ungemein wichtiges Thema. Egal, wie komplex und durchdacht ein statistisches Modell ist: Sind die zugrunde liegenden Daten inkorrekt, nützt die intelligenteste Formel nichts. Datenanbieter im Fußball nehmen daher extreme Mühen auf sich, um möglichst akkurate Zahlen zu ermitteln. Künstliche Intelligenz spielt hier mittlerweile eine entscheidende Rolle.

Im zweiten Teil des Buchs stelle ich die interessantesten Modelle vor. Wie berechnet man einen Expected-Goals-Wert? Warum vertraut die gesamte Bundesliga inzwischen auf das Packing-Modell, obwohl es in der ARD noch vor kurzer Zeit nur Spott und Häme hervorgerufen hat? Was ist das Expected-Threat-Modell, und wieso nutzen Fußballteams diesen Wert für das Scouting großer Talente? Und was meine ich, wenn ich von der «Football-Managerisierung» der Datenanalyse spreche?

Der dritte Teil widmet sich der Praxis. Wie nutzen Fußballvereine heutzutage Daten in ihrer täglichen Arbeit? Bei der Verpflichtung neuer Spieler ist das Daten-Scouting nicht mehr wegzudenken. Mithilfe künstlicher Intelligenz lässt sich feststellen, ob ein Akteur in den Spielstil des Trainers passt. Das ist jedoch nicht alles, was man mit Daten anstellen kann. Aus meiner Sicht findet die Datenrevolution vor allem in Bereichen statt, die der Öffentlichkeit bisher verborgen geblieben sind. Immer größere Datenberge helfen, die Spieler noch fitter und resilienter werden zu lassen.

Im finalen Abschnitt hole ich die Glaskugel heraus. Wie könnte die Zukunft des Fußballs aussehen? Dadurch, dass Daten erst seit wenigen Jahren eine Rolle spielen, ließen sich bisher kaum langfristige Trends anhand von Zahlen verfolgen. So langsam ändert sich dies jedoch. Spieler, die heute aus den Nachwuchsleistungszentren kommen, werden seit ihrem zehnten Lebensjahr vermessen. Bereits früh verraten Daten, wer eine Chance hat, der Star von morgen zu werden – und wer nicht. Doch ist der gläserne Fußballer überhaupt ein erstrebenswertes Ziel?

***

Eine Frage wird dieses Buch nicht beantworten: ob Daten überhaupt einen Platz haben sollten im Fußball. Manch ein Fan mag noch immer glauben, Statistiken seien nur Hokuspokus. Die Entscheider in den Profivereinen sehen das längst anders. Heute fragt man sich im Fußball nicht mehr, ob Daten bei der Analyse des Sports weiterhelfen – sondern wie man das Beste aus ihnen herausholen kann.

Klubs wie Brighton oder Brentford haben bewiesen, dass Datenanalyse im Fußball ein wichtiger Impuls für Erfolg sein kann. Beide Teams befinden sich im Besitz von Unternehmern, die ihr Vermögen mithilfe von Sportwetten aufgebaut haben. Daten stehen im Mittelpunkt all ihrer Entscheidungen, von der Spielerwahl über Ticketpreise bis hin zu den Trainingsmethoden. Brentford hat vor zehn Jahren noch in der dritten Liga gekickt. Mittlerweile gehören sie zum Inventar der Premier League. Brighton hat es sogar geschafft, in die Phalanx der besten Klubs Englands einzubrechen und sich für die Europa League zu qualifizieren. Beiden Vereinen gelang dies, obwohl ihre Eigentümer deutlich weniger Geld in ihre Klubs geschossen haben als so manch anderer Premier-League-Milliardär. Ihr Erfolgsgeheimnis ist die Nutzung von Daten.

Die größten Wellen geschlagen hat der Erfolg des FC Liverpool. In den Siebzigern und Achtzigern des vergangenen Jahrtausends galten die Reds als Nonplusultra des englischen Fußballs. Seit 1990 konnten sie jedoch keinen Meistertitel mehr holen. Das änderte sich 2020, als das Team unter Trainer Jürgen Klopp sensationell die Premier League gewann. Die Datenabteilung der Reds war maßgeblich am Erfolg beteiligt. Spieler wie Virgil van Dijk, Mohamed Salah oder Andrew Robertson wurden verpflichtet, weil sie in den statistischen Modellen des Klubs herausstachen.

Beispiele wie diese haben praktisch alle großen Klubs veranlasst, eigene Datenabteilungen zu gründen. Es gibt keinen bekannten Fußballklub mehr, der seine Spieler nicht auch anhand von belastbaren Zahlen bewertet. Dass Menschen wie Rudd oder Worville mittlerweile gutes Geld im Fußball verdienen, unterstreicht den Siegeszug der Datenanalyse im Sport. Selbst der FC Schalke 04, ein stark traditionell denkender Klub, hat sein eigenes Daten-Scouting entwickelt. Sie nennen es «Stats Libuda», benannt nach dem großen Schalker Spieler Stan Libuda.

Eins können jedoch auch Daten nicht: allumfassende Antworten über den Fußball liefern. Genau diese Erwartung scheint jedoch die Öffentlichkeit an Daten zu haben. Ich nenne es den «Moneyball-Fluch». Es bezieht sich auf ein Buch von Michael Lewis, das später auch verfilmt wurde. Es erzählt von der statistischen Revolution im Baseball. Die Oakland Athletics griffen Anfang der 2000er-Jahre auf statistische Analysen zurück, um ihr Team zusammenzustellen. Und Manager Billy Beane gelang es tatsächlich, aus einem der ärmsten Franchises der Major League Baseball einen Titelkandidaten zu formen. Dazu hörte Beane auf die Ratschläge des Datenanalysten Paul DePodesta. Seitdem träumt jeder Sport von seinem «Moneyball-Moment». Es half sicherlich, dass ausgerechnet Sex-Symbol Brad Pitt in der Verfilmung die Rolle des Beane gespielt hat. Wer möchte schließlich nicht von Pitt dargestellt werden?

Im Gegensatz zum Baseball fällt es im Fußball jedoch wesentlich schwerer, relevante Statistiken von irrelevanten Zahlen zu trennen. Der Fußball ist im Vergleich zu anderen Sportarten ungleich komplexer. Baseball etwa ist eine ewig wiederkehrende Situation: Der Pitcher steht immer an derselben Stelle, der Schlagmann auch. Es ist vergleichbar mit einem sich ewig wiederholenden Eckball. Baseball lässt sich leichter auswerten als ein Fußballspiel, bei dem der Ball mal hier, mal dort auftaucht.

Chaos ist ein wesentliches Merkmal des Fußballs. 22 Spieler dürfen sich frei über ein vergleichsweise großes Feld bewegen. Die Spieler können den Ball nur rudimentär kontrollieren, schließlich müssen sie ihn mit dem Fuß führen und dürfen ihn nicht in der Hand halten. Es gibt keine Beschränkungen, wie sich die Spieler auf dem Feld anordnen dürfen. Standardsituationen wie Einwürfe oder Eckbälle folgen ihren ganz eigenen Regeln und Strategien. Jede Mannschaft hat im Fußball mit dem Torhüter zudem einen Spieler in ihren Reihen, der den Ball in die Hand nehmen darf, was den übrigen Spielern verboten ist.

Es ist daher wesentlich schwieriger, herauszufiltern, welche Faktoren im Fußball zum Erfolg beitragen. Zumal der Zufall eine große Rolle spielt: Ein Tor kann im Zweifel über Sieg oder Niederlage entscheiden. Im Basketball lässt sich mit einem einzigen Korb kein Spiel gewinnen.

Insofern ist auch die Datenanalyse im Fußball wesentlich komplexer. Im Baseball gibt es bereits seit den Achtzigern statistische Modelle, die relevante Daten ausspucken. Im Fußball wurden diese Modelle erst in den vergangenen Jahren entwickelt – und diese Entwicklung ist noch längst nicht abgeschlossen. Es erscheint nicht unmöglich, dass erst eine künstliche Intelligenz die Puzzleteile eines Fußballspiels so zusammensetzen kann, dass sich daraus zuverlässige Prognosen ableiten lassen. Noch ist die Arbeit mit Daten im Fußball aber wesentlich kleinteiliger. Es gibt viele Werte, die einen kleinen Teil des Fußballspiels erklären können. Kein Wert jedoch umfasst alle Bereiche.

Auch wenn der große Knall ausblieb: Die Datenanalyse hat in vielen Teilbereichen des Fußballs Spuren hinterlassen. Der Transfermarkt hat sich verändert, die Bewertung von Erfolg und Misserfolg ebenso. Es wird weniger aus der Ferne geschossen, seit Expected-Goals-Werte zuverlässig die Wahrscheinlichkeit eines Torerfolgs voraussagen. Die Zahl der Sprints ist in den vergangenen Jahren hochgeschnellt, ebenso die Endgeschwindigkeit der Spieler. Die Nutzung von Statistiken verändert den Fußball – auch wenn das nicht auf so radikale Weise geschieht wie in anderen Sportarten.

Gleichzeitig fällt es noch immer schwer, zwischen gewinnbringenden Modellen und unnützem Spielkram zu unterscheiden. Ian Graham war als Leiter der Datenabteilung am großen Erfolg des FC Liverpool beteiligt. Er hat ein Buch über seine Zeit in Liverpool geschrieben: *Wie man die Premier League gewinnt. Die Inside-Story der Datenrevolution im Fußball.* Ein ganzes Kapitel widmet er einem Phänomen, das er als «Schlangenöl-Verkäufer» bezeichnet: Immer mehr Firmen versprechen, anhand von Daten den Fußball völlig neu zu denken. Doch längst nicht immer halten sie ihre großen Versprechungen. Wie in jedem Berufszweig gibt es Menschen, die Innovationen vorantreiben – und andere, die mithilfe zweifelhafter Methoden auf das schnelle Geld aus sind. Auch darum soll es in diesem Buch gehen.

Grahams Buch ist nicht das einzige, das in den vergangenen Jahren zum Thema Datenanalyse im Fußball erschienen ist. Chris Anderson und David Sally haben das Buch *Die Wahrheit liegt auf dem Platz. Warum (fast) alles, was wir über Fußball wissen, falsch ist* geschrieben. Professor David Sumpter nannte sein Buch *Soccermatics.* Es gibt mittlerweile ein ganzes Dutzend Bücher über Datenanalyse im Fußball.

Warum braucht es ein weiteres Buch zu dem Thema? Um Karl Valentin zu zitieren: «Es ist schon alles gesagt, nur noch nicht von allen.» Zugleich haben viele Bücher über das Thema Datenanalyse eine Schwachstelle: Sie sind geschrieben von Menschen, die ihr

Geld mit Datenanalysen verdienen. Graham, Anderson und Sumpter sind nicht nur Buchautoren, ihnen gehören auch eigene Beraterfirmen. Sie wollen nicht nur Bücher an Interessierte, sondern auch ihre Dienste an Fußballklubs verkaufen. Sie werden kaum schreiben: «Mein Lebensunterhalt basiert auf einem Schwindel.»

Zu diesem Schluss komme ich ebenfalls nicht. Allerdings habe ich auch keinerlei Grund, Datenanalyse im Fußball künstlich zu hypen. Ich verdiene mein Geld hauptsächlich mit Taktikanalysen. Zeitungen und Podcasts bezahlen mich, damit ich erkläre, warum Trainer mit ihrer Taktik richtig- oder falschgelegen haben. Wenn es morgen keine Daten mehr im Fußball gäbe, würde ich meinen Job einfach ohne Daten weitermachen. Entsprechend wird es Stellen in diesem Buch geben, in denen ich auf Distanz gehe zu Graham und Kollegen. Nicht alles, was mit Daten im Fußball getrieben wird, hilft beim Verständnis des Spiels. Es gibt sie wirklich, die Scharlatane und Schlangenöl-Verkäufer.

Dennoch glaube ich daran, dass Daten einen Platz im Fußball haben sollten. Der Mensch neigt zu zahllosen Wahrnehmungsfehlern. Wir lassen uns beeinflussen von gelernten Glaubenssätzen, von sozialen Normen und manchmal auch von einem schlechten Kaffee am Morgen. Daten helfen, Leistungen auf dem Feld unabhängig von diesen Wahrnehmungsfehlern zu bewerten. Sie können dazu beitragen, bisher ungeahnte Zusammenhänge herzustellen.

Zugleich ist nicht jede Zahl automatisch objektiv. Daten können falsch zusammengestellt oder missinterpretiert werden. Nicht jeder Expected-Goals-Wert, der in den sozialen Medien gepostet wird, ist vertrauenswürdig. Datenqualität ist ein Thema, über das selbst im Fußballgeschäft nur wenige reden möchten. Dabei gibt es im 21. Jahrhundert kaum ein wichtigeres Thema. Dieses Buch soll die Sinne schärfen, welchen Daten ein Fußball-Fan vertrauen kann – und wann er skeptisch werden sollte.

Ein weiterer Antrieb für dieses Buch ist die Tatsache, dass Bücher über Daten im Fußball sich häufig auf die Premier League fokussieren. Das Geld der finanzstärksten Klubs der Welt lockt nicht nur die besten Spieler, sondern auch die klügsten Datenanalysten auf die Insel. Die Geschichte der Datenanalyse wird meist aus der Sicht der großen englischen Klubs erzählt.

Dieses Buch soll die deutsche Perspektive einführen. Die Firma Impect, Erfinder des Packing-Werts, gehört zu den größten Fußball-Datenanbietern der Welt. Aber auch die Bundesligaklubs haben in diesem Bereich längst aufgeholt. Die Deutsche Fußball-Liga investiert viel Geld, um innovative Wege zu finden, mit Daten umzugehen. Dieses Buch soll dementsprechend den deutschen Weg in der Datenanalyse in den Vordergrund stellen. (Als ich Statsbomb-Gründer Knutson von dieser Motivation erzählte, lachte er nur: «Ja, das passt. Deutsche kaufen am liebsten von Deutschen.») Ich habe mit knapp einem Dutzend Datenanalysten von deutschen Vereinen gesprochen, um einen Überblick zu erhalten, wie weit der deutsche Fußball bereits ist.

Eine weitere Motivation für dieses Buch liefert der Hype um das Thema künstliche Intelligenz. KI-Systeme werden nicht nur den Fußball, sondern unsere gesamte Gesellschaft verändern. Die öffentliche Wahrnehmung verbindet KI hauptsächlich mit Large-Language-Modellen wie ChatGPT. Dabei sind diese Modelle nur ein kleiner Teilbereich der KI-Forschung.

Nirgendwo kann man das so gut sehen wie im Fußball. Gänzlich unterschiedliche KI-Modelle sind hier im Einsatz, von visueller KI zur Erkennung von Spielsituationen bis hin zu maschinellem Lernen. Gerade Letzteres nimmt einen immer größeren Raum ein, um die Datenberge im Fußball zu durchforsten. In der Bundesliga fallen mehrere Millionen Datenpunkte an – nicht in einer Saison, sondern pro Spiel. Ohne die Rechenkraft eines Computers lassen sich diese Daten nicht auswerten. Auch aus diesem Grund empfinde ich diesen Zeitpunkt als günstig an, um über Daten im Fußball zu schreiben: Es lässt sich viel lernen über Sinn und Unsinn künstlicher Intelligenz.

Last, but not least ist die Motivation für dieses Buch eine ganz persönliche: Datenanalyse im Fußball hat mich schon immer gefesselt. Zwar geht mein Wissen über Mathematik und Stochastik nicht über die Kenntnisse eines Abitur-Grundkurses hinaus. Doch der Versuch, ein komplexes Spiel wie Fußball mithilfe von Zahlen greifbar zu machen, fasziniert mich. Ich hoffe, diese Faszination färbt beim Lesen dieses Buchs ein wenig auf Sie ab.

1

DATEN SAMMELN – EINE KURZE GESCHICHTE DER DATENANALYSE IM FUSSBALL

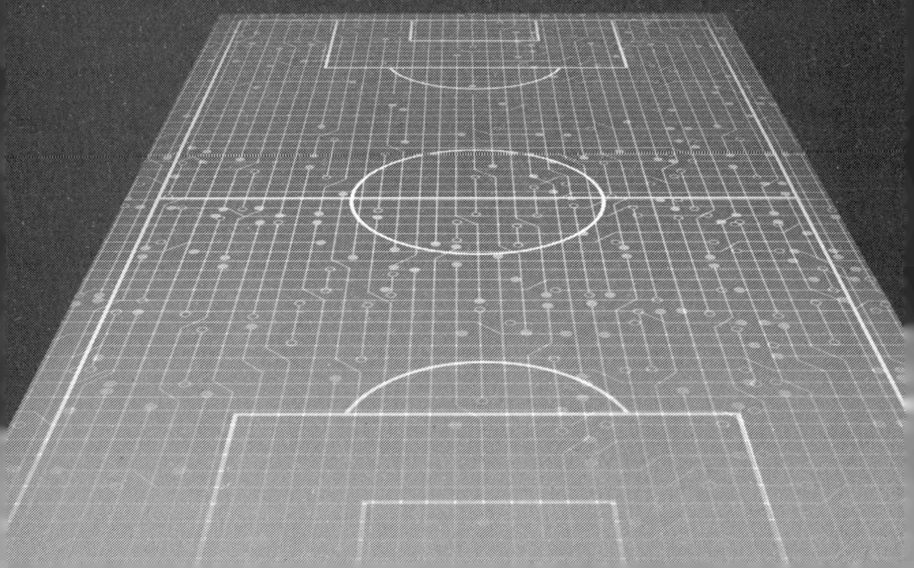

Der Fußball hat die Tendenz, Dinge als großartige Innovation zu feiern, die so neu gar nicht sind. Die falsche Neun etwa prägte in den vergangenen Jahren die Diskussionen über Stürmer. Es handelt sich dabei um einen Angreifer, der nicht im Strafraum auf Zuspiele lauert, sondern aktiv am Spielaufbau teilnimmt – keine echte Neun eben, sondern eine falsche. Mitspielende Angreifer sind jedoch keineswegs eine Erfindung der Fußballmoderne. Schon Nándor Hidegkuti, Stürmer der legendären ungarischen Vize-Weltmeister-Mannschaft von 1954, wurde in zeitgenössischen Medien als falsche Neun bezeichnet.

Auch wenn Daten im Fußball wie eine moderne Erfindung wirken: Dass während eines Spiels Ereignisse gezählt und erfasst werden, gehört seit den Grundtagen des Sports dazu. Im Endeffekt ist das Ergebnis eines jeden Fußballspiels nichts anderes als eine Statistik. Der Schiedsrichter zählt die Tore, und am Ende des Spiels notiert er das Ergebnis. Die Daten der einzelnen Spiele werden wiederum zusammengerechnet, um Teams anhand einer Tabelle miteinander vergleichen zu können. Dabei werden Siege und Unentschieden in Punkte, also Zahlen, umgewandelt. An diese Art von Statistik haben wir Fußball-Fans uns so sehr gewöhnt, dass wir sie gar nicht mehr als solche wahrnehmen.

Seit im Fußball Wettbewerbe ausgetragen werden, beschäftigt die

Regelhüter eine Frage: Was tun bei Gleichstand? In einem Liga-Wettbewerb wird dazu in der Regel ein Datenpunkt herangezogen: die Anzahl der Tore. Bis in die 1960er-Jahre hinein entschied der sogenannte Torquotient, welche Mannschaft bei Punktgleichheit vorne liegt. Dabei wurde die Anzahl der geschossenen Tore durch die Anzahl der kassierten Tore geteilt. Mathematisch sauber war das nicht: Ein Ergebnis von 0:0 lässt sich gar nicht als Quotient berechnen, da ein Teilen durch Null das mathematische Äquivalent einer Todsünde darstellt. Es konnte auch passieren, dass eine Mannschaft mit einem Torverhältnis von 10:1 vor einer Mannschaft mit einem Torverhältnis von 20:4 lag. Erstere Mannschaft hatte einen Torquotienten von 10, letztere von 5. Erst Ende der Sechzigerjahre stieg die Bundesliga auf die heute bekannte Tordifferenz um. Hierbei werden die kassierten Tore von den geschossenen Toren abgezogen.

Noch kurioser ging man in der Fußballgeschichte mit Unentschieden in Pokalwettbewerben um. Bevor sich das Elfmeterschießen in den Siebzigerjahren weltweit als Standard durchzusetzen begann, gab es die wildesten Ideen, was nach einem Gleichstand geschehen sollte. Aus statistischer Sicht besonders einfallsreich war jene Variante, die sich die Organisatoren des Deutschen Flutlichtpokals einfallen ließen. Dieser wurde 1957 und 1958 ausgetragen, um den Stadionbesuchern die technische Innovation des Flutlichts vorzuführen. Damit die Flutlicht-Spiele nicht bis tief in die Nacht liefen, wurden sie bei einem Unentschieden nach der regulären Spielzeit beendet. Sieger war dasjenige Team, das die meisten Eckbälle herausgeholt hat. 1957 gewann Eintracht Frankfurt den Pokal gegen den FC Schalke 04 dank eines Eckenverhältnisses von 8:6.

Hinter dieser Anekdote versteckt sich eine interessante Wahrheit: Im Fußball gibt es jede Menge Ereignisse, die sich zählen lassen; Tore, Eckbälle, Fouls – was auch immer dem Zuschauer einfällt.

Schon seit den Urtagen des Sports zählen eifrige Zuschauende diese Ereignisse. In Zeitungen wie dem *kicker* wurde bereits vor dem Zweiten Weltkrieg häufig das Chancenverhältnis herangezogen, um die Kräfteverhältnisse der Teams während eines Spiels zu beschreiben. Die Redakteure fertigten dazu Listen an, wie oft welche Mannschaft auf das Tor geschossen hatte. Es war noch keine systematische Analyse von Aktionen auf dem Feld, aber ein erster Schritt dahin.

In England tat sich nach dem Zweiten Weltkrieg ein besonders emsiger Datensammler hervor: Charles Reep. Im März 1950 langweilte sich der Oberstleutnant der britischen Luftwaffe bei einem Spiel von Swindon Town fast zu Tode. In der zweiten Halbzeit beschäftigte er sich, indem er jede Aktion auf dem Feld aufzeichnete: jeden Pass, jeden Torschuss, jeden geführten Zweikampf. Die statistische Auswertung von Fußballspielen entwickelte sich zu seinem Lebensprojekt. Er fuhr durch ganz England, um Daten während Fußballspielen zu sammeln.

Mit der Zeit konsultierten ihn Vereine. Sie hofften, Reep könne aus seinem Wust an Zahlen Erfolgsstrategien ableiten. Reep fand heraus, dass durchschnittlich nur jeder zehnte Schuss im Tor landete. Dabei hatten Schüsse aus kürzerer Entfernung eine höhere Wahrscheinlichkeit auf einen Torerfolg als Fernschüsse von außerhalb des Strafraums. Außerdem zeigten Reeps Daten, dass übermäßig viele Tore nach einem Ballgewinn in der gegnerischen Hälfte fielen.

In Erinnerung blieb Reep jedoch für eine andere Erkenntnis: Über 80 Prozent aller Tore, so seine Rechnung, gingen drei oder weniger Pässe voraus. Diese Analyse machte im englischen Fußball die Runde. Reeps Daten wurden heruntergebrochen auf den Merksatz: Je weniger Pässe eine Mannschaft spielt, umso höher ist die Torwahrscheinlichkeit. Die Schlussfolgerung: Je schneller man mit einem langen Ball in Richtung des gegnerischen Tors kommt, umso besser. Der englische Verband brachte seinen Trainern bei, lange Bälle seien besser als Kurzpassspiel. Diesen eindeutigen Schluss gaben Reeps Daten eigentlich nicht her. Doch bis heute gilt er als Verfechter des englischen Kick-'n'-Rush-Stils – oder zu gut Deutsch: Hoch und weit bringt Sicherheit!

Reeps Beispiel unterstreicht, wie lange der Fußball bereits an der statistischen Auswertung der Spiele arbeitet. Ein Trainer, der sich besonders für diese Art von Analysen interessierte, war Walerij Lobanowskyj. Schon als Schüler hatte Lobanowskyj Medaillen in mathematischen Wettbewerben gewonnen. Er verfolgte jedoch keine akademische Karriere, sondern entwickelte sich zu einem der besten Spieler der Sowjetunion. Mit Dynamo Kiew gewann er 1961 die sowjetische Meisterschaft.

In jenen Jahren galt Kiew als eine Hochburg der Informatik. An der örtlichen Universität wurden schon kurz nach dem Ende des Zweiten Weltkriegs die Grundlagen gelegt für den ersten Computer der Sowjetunion. Als Lobanowskyj nach seiner Spielerkarriere 1974 Trainer bei Dynamo Kiew wurde, lernte er einen Forscher der örtlichen Universität kennen. Professor Anatoliy Zelentsov kannte sich bestens aus mit Computern und künstlicher Intelligenz.

Zusammen mit Lobanowskyj versuchte Zelentsov, den Fußball auf einer theoretischen Ebene zu entschlüsseln. Sie entwarfen ihre eigenen Metriken, um die Leistungen von Spielern zu bewerten. So entwickelte Zelentsov ein Computerprogramm, das Fußballspiele auswerten konnte. Für dieses Programm teilte Zelentsov das Feld in neun Zonen. Die Computer werteten aus, wie viele Aktionen jeder einzelne Spieler in welcher Zone vollführte. Zudem mussten die Spieler von Kiew sich regelmäßig standardisierten Tests unterziehen, in denen ihre geistige Fitness überprüft wurde.

Der Erfolg gab ihnen recht: Lobanowskyj gewann mit Dynamo

zahlreiche nationale wie internationale Titel: 1975 und 1986 holte Kiew den Pokal der Pokalsieger. 1999, Lobanowskyj war nach einigen Jahren als Nationalmannschaftstrainer an die alte Wirkungsstätte zurückgekehrt, führte er den Klub sogar in das Halbfinale der Champions League, scheiterte dort jedoch denkbar knapp an Bayern München. Reep, Lobanowskyj und Zelentsov waren Pioniere der datenbasierten Auswertung von Fußballspielen.

Der deutsche Fußball blieb in jener Zeit von Daten noch fast völlig unbeleckt. 2013 hatte mich der Fernsehsender Sky eingeladen, als Teil einer Gesprächsrunde ein Champions-League-Spiel der Bayern zu analysieren. Experte des Abends war niemand Geringeres als Franz Beckenbauer. Im Verlaufe des Abends sprach ich mit dem Weltmeisterspieler und -trainer über Statistiken im Fußball.

Ich sprach ihn auf eine Geschichte an, die mir einige Zeit zuvor zugeflogen war: So soll Beckenbauer als DFB-Teamchef seine Verteidiger anhand ihrer Zweikampfquoten ausgewählt haben. «Ach, Schmarrn», sagte der Kaiser in seiner typisch bayerischen Art. Tatsächlich hatte er diese Idee verfolgt. Allerdings scheiterte er an der Umsetzung. Beckenbauer und sein Trainerteam hatten keinen Zugang zu den Aufnahmen der Spiele. Er habe die ARD angefleht, ihm die Rohkopien der Bundesliga-Spiele zur Verfügung zu stellen. «Die warns aber zu faul, die nach München zu karren», knurrte er. Ob Beckenbauers Vorwurf der Faulheit stimmt, wage ich nicht zu beurteilen. Wahr ist aber: kein Bildmaterial, keine Zweikampfstatistik.

Hier zeigt sich die größte Hürde für die statistische Analyse im Fußball: Wer Ereignisse eines Fußballspiels notieren und katalogisieren möchte, muss die Partien erst einmal schauen. Die ARD zeigte in ihrer *Sportschau* zu jener Zeit nur Ausschnitte der wichtigsten Bundesliga-Partien. Fernsehübertragungen ganzer Spiele waren bis in die Achtzigerjahre hinein die Ausnahme, und auch danach wurden allenfalls eine Handvoll Spiele pro Jahr in voller Länge übertragen. Zugleich fing die Kamera selten das gesamte Geschehen ein, sondern nur einen Ausschnitt des Spielfeldes.

Wer ein Spiel wirklich analysieren wollte, musste selbst vor Ort sein. Reep hat es viele Jahre so gehandhabt. Er hat zwischen 1950 und seinem Tod 2002 über 2000 Spiele statistisch aufbereitet. Für einen einzelnen Menschen ist dies ein beachtliches Lebenswerk. Bedenkt man jedoch, dass allein in Deutschland an jedem Wochenende rund 90 000 Fußballspiele stattfinden, sind Reeps Zahlenkolonnen nur mehr ein kleiner Stern in einer riesengroßen Galaxie.

Einen wesentlichen Meilenstein in der statistischen Aufbereitung des Fußballs stellte die Medialisierung des Sports dar. In den Neunzigerjahren stiegen TV-Anstalten im großen Stil in den Fußball ein. Sie übertrugen immer mehr Partien. Zugleich floss über TV-Gelder und Merchandising viel Geld in den Sport. Die 1992 gegründete Champions League beflügelte diesen Trend.

Auch in Deutschland veränderte sich die Vermarktung des Fußballs. Bis 1988 gehörten die Bundesliga und der öffentlich-rechtliche Rundfunk als scheinbar untrennbare Partner zusammen. Die *Sportschau* zeigte samstagabends verlässlich die Highlights der Bundesliga – wohl zum Missfallen des damaligen Teamchefs Beckenbauer. Doch 1988 luchste der damals noch junge Privatsender RTL den Öffentlich-Rechtlichen die Übertragungsrechte ab.

RTL sollte allerdings nie glücklich werden mit der Bundesliga. Die Rechte wanderten zu Sat.1. Dort begann 1992 mit der Sendung *ran* eine gänzlich neue Ära. Die Macher hinter der neuen Show wollten weg vom sachlich-nüchternen Ton, der die Fußball-Berichterstattung bis dahin ausgezeichnet hatte. Die Moderatoren trugen keine grauen Sakkos, sondern moderne Sportjacketts. Auch die Spielberichte selbst veränderten sich: Die Kommentatoren gaben nicht stumpf wieder, was auf dem Feld geschah. Sie erzählten Anekdoten rund um das Spiel, bedienten Klatsch und Tratsch, machten sich selbst zu einer Marke.

Ran sah sich selbst weniger als Überbringer von Fußball-Ergebnissen. Sie erzählten den Sport wie eine Geschichte. Mal war es eine Soap, etwa wenn sich Bayern Münchens Superstars Jürgen Klinsmann und Lothar Matthäus bekriegten. Mal war es ein Drama, etwa als *ran* 1999 den Last-Minute-Abstieg des 1. FC Nürnberg in einer spannungsgeladenen Konferenz präsentierte.

Die Redakteure von *ran* lechzten nach guten Geschichten. Spielberichte waren aus ihrer Sicht spannender, wenn die Fallhöhe für die Klubs besonders hoch war. Ein Duell zwischen zwei Mittelfeld-Klubs aus, sagen wir, Freiburg und Duisburg interessierte den neutralen Fan kaum. Was aber, wenn Freiburg seine letzten acht Heimspiele nicht hatte gewinnen können? Oder wenn Duisburgs Stürmer seit exakt 735 Minuten kein Tor geschossen hatte? Dann konnte der Kommentator die Frage stellen: Trifft der Torlos-Stürmer wenigstens gegen die Freiburger Heim-Versager? Die Kommentatoren von *ran* liebten solche Zahlenspiele.

Die Geschichte hatte nur einen Haken: Um solche Statistiken präsentieren zu können, musste sie erst einmal jemand erheben. Also baute *ran* mithilfe der Firma IMP eine Fußball-Datenbank auf. Nicht nur die Spielergebnisse wurden erfasst, sondern auch die Spieler, die Torschützen, die Vorlagengeber.

Wenig später begann IMP, sämtliche Partien der Ersten und Zweiten Bundesliga systematisch auszuwerten. Live-Scouts wurden zu den Spielen geschickt. Sie sollten jeden Ballkontakt, jeden Torschuss, jedes Foul aufzeichnen. Das, was Reep bereits seit vielen Jahrzehnten gemacht hatte, wurde nunmehr systematisiert. Mit der Zeit vergrößerte sich die Datenbank: Nicht nur Bundesliga-Partien, sondern auch Spiele der Champions League und von Welt- wie Europameisterschaften flossen hinein. Aus einer kleinen

Idee entwickelte sich nach und nach eine riesige Datenbank für Fußballspiele.

Die Bundesliga war nicht die einzige Liga, die in den Neunzigern mit der Vermessung der eigenen Spiele begann. Seit 1996 wertet die Firma Opta Spiele der englischen Premier League aus. Auch sie tat dies auf Geheiß eines übertragenden Senders, in diesem Fall Sky Sports. Opta erweiterte früh das eigene Portfolio und analysierte auch Spiele internationaler Ligen. Plötzlich waren Daten für zahlreiche Ligen und Teams verfügbar.

Die immer größer werdende Schar an TV-Sendern, Sportzeitschriften und Webseiten, die sich auf Fußball spezialisiert hatten, benötigte Inhalte auch an Tagen, an denen gerade kein Spiel stattfand. Sie behalfen sich mit den Zahlen und Daten, die Firmen wie IMP oder Opta bereitstellten. Bis heute verteilt Opta vor Spieltagen an zahlende Medienunternehmen bis zu 100 Seiten dicke Mappen, die voll sind mit allerlei relevanten und irrelevanten Zahlen. Dort erfährt man, wie viele Bundesliga-Spiele der Trainer der Heimmannschaft bereits gegen die Gastmannschaft gewinnen konnte oder seit wie vielen Minuten der Stürmer auf einen Torerfolg wartet.

Nicht wenige Datenanalysten, die sich einen Namen im Fußball machen konnten, starteten ihre Karriere in den Medien. Ian Graham gilt als Mastermind hinter der Datenabteilung des FC Liverpool. Der Doktor der Physik begann seine Laufbahn im Fußball als Zuarbeiter für einen Kolumnisten der britischen Zeitung *Times*. Daniel Finkelstein wollte seine Kolumne «The Fink Tank» (was für ein Name!) mit Zahlen und Daten aufhübschen. Graham bastelte aus Optas Statistiken eigene Kennwerte, um Finkelstein zu unterstützen.

Um das Jahr 2010 herum nahm die Datenrevolution im Fußball richtig Fahrt auf. Online gründeten sich zahllose Blogs, die sich der Analyse von Fußballdaten verschrieben. Sie nahmen die öffentlich verfügbaren Daten von Firmen wie Opta und entwickelten daraus neuartige Metriken, die wir später in diesem Buch noch kennenlernen werden. Für ein paar Jahre konnte jeder Interessierte die Entwicklung der ersten Expected-Goals- oder Expected-Threat-Modelle online mitverfolgen.

Die Transparenz fand ein jähes Ende. Nach und nach dämmerte den Klubs, welches Potenzial in Datenanalysen schlummert. Bislang hatten sie die Zahlen, welche ihnen die nationalen Ligen oder die Uefa über die genannten Datenfirmen bereitstellten, eher stiefmütterlich behandelt. Ab und an schnauzte ein Trainer seinen Spieler an, wenn dieser bei den gelaufenen Kilometern weit hinter seinen Kollegen lag. Die meisten jedoch betrachteten Daten als Zeitverschwendung.

Mit der Zeit begannen die Klubs jedoch, die Blogger aus der neuen Daten-Onlinewelt zu verpflichten. Graham kam über seine Arbeit für Finkelstein in den Kontakt mit Tottenham Hotspur. Später landete er beim FC Liverpool. Sarah Rudd landete beim FC Arsenal, während Tom Worville die Datenabteilung von RB Leipzig aufbaute. Die online publizierten Analysen verschwanden hinter dem undurchlässigen Vorhang der großen Vereine, die kein Interesse daran hatten, die Erkenntnisse ihrer Datenanalysten zu publizieren. Schließlich wollten sie sich einen Vorteil gegenüber der Konkurrenz verschaffen.

Die großen Player der Datenrevolution aus den Neunziger- und Nullerjahren gibt es noch immer. Opta sammelt und vertreibt fleißig weiter Daten. Die *ran*-Datenbank fiel nach dem Ende des TV-Deals zwischen Sat.1 und der Bundesliga der Deutschen Fußball-Liga zu. Heute kümmert sich die Firma Sportec Solutions um die Datenanalyse bei Bundesliga-Spielen.

Neue Unternehmen sind dazugekommen: Die Firma Hudl sammelt für ihr Portal Wyscout ebenfalls Daten. Jüngst hat das

US-Unternehmen den Konkurrenten Statsbomb gekauft, ebenfalls ein Anbieter für Daten. Auch die deutsche Firma Impect erhebt selbst Daten, allerdings für andere Zwecke als die Konkurrenz, wie wir später noch feststellen werden. Die Daten all dieser Firmen dienen als Grundlage für alle Modelle und Berechnungen, die im Fußball der vergangenen Jahre so wichtig geworden sind.

Meta-Daten: Der erste Schritt ist immer der Wichtigste

Wer den Begriff «Fußballdaten» liest, hat sofort eine grobe Vorstellung, welche Zahlen sich dahinter verstecken. In der medialen Berichterstattung und in Fußballdebatten in sozialen Medien sind Statistiken allgegenwärtig. Da wird mit Expected-Goals-Werten und Passgenauigkeiten argumentiert, werden Torschüsse und Dribblings zweier Angreifer gegenübergestellt, Laufleistungen in Kilometern und Sprintgeschwindigkeiten in Kilometern pro Stunde ausgegeben.

Viele Werte, die im Fußball besonders heiß diskutiert werden, sind genau genommen komplexe Berechnungen. Die Passgenauigkeit eines Spielers beispielsweise ergibt sich aus dem Verhältnis zwischen Pässen, die beim Mitspieler ankommen, und jenen, die es nicht tun. Die Berechnung der Passgenauigkeit ist der zweite Schritt, für den es zunächst einmal einen ersten Schritt benötigt: die Erhebung der Rohdaten. In diesem Fall wären die Rohdaten eine Sammlung aller Pässe eines Spielers. Um diese Rohdaten dreht sich das folgende Kapitel.

Daten sind nicht gleich Daten. Die Fifa unterscheidet zwischen sechs verschiedenen Typen von Rohdaten: Match-Sheet-Daten, Meta-Daten, Event-Daten, physische Daten, Tracking-Daten sowie

Videoaufnahmen. Letztere sind streng genommen auch Datensätze, schließlich werden die Videos von Fußballspielen heutzutage in digitaler Form gespeichert. Für unsere Zwecke sind sie zu vernachlässigen. Damit bleiben fünf Typen von Daten übrig, die an dieser Stelle vorgestellt werden wollen.

Die *Match-Sheet-Daten* umfassen all das, was der Schiedsrichter auf seinem Spielberichtsbogen notiert. Es handelt sich um die grundlegenden Parameter einer Fußballbegegnung. Wo und wann findet das Spiel statt? Zu welchem Wettbewerb gehört es? Wie heißt das Heimteam, wie das Auswärtsteam? Welche Spieler stehen auf dem Feld? Wie lautet das Ergebnis des Spiels?

Diese Daten mögen trivial wirken, ihre Richtigkeit ist aber von immenser Bedeutung. Im Zuge meiner Recherchen habe ich mit Menschen gesprochen, die mit Daten aus Amateurligen oder dem Frauenfußball arbeiten. Eine wesentliche Aufgabe ihres Jobs: Sie müssen prüfen, ob die bereitgestellten Match-Sheet-Daten korrekt sind. Manches Mal kommt es vor, dass ein Spiel falsch angesetzt wurde oder dass ein Spieler angeblich auf dem Platz stand, der gar nicht mitgewirkt hat.

Ich selbst habe in meiner beschränkten Praxis als Kreisliga-Spieler erlebt, welchen Schaden fehlerhafte Match-Sheet-Daten anrichten können. Als junger Spieler erhielt ich einst eine Rote Karte. Selbstredend lag hier eine klare Fehlentscheidung des Schiedsrichters vor! Dem Verband war dies jedoch herzlich egal. Im Amateurbereich galt zu jener Zeit die Regelung, dass ein Spieler nach einer Roten Karte automatisch für zehn Tage gesperrt wird. Das Problem: Der Schiedsrichter hatte die Rote Karte für den falschen Spieler notiert. Nicht ich, sondern ein Teamkollege erhielt laut Spielbericht die Rote Karte. Wir bemerkten den Fehler nicht. Als mein Teamkollege wenige Tage später erneut auf dem Feld stand, gab es Post vom Verband. Der Vorwurf: Einsatz eines gesperrten Spielers! Es dauerte etwas, dem Verband klarzumachen, dass die vom Schiedsrichter übermittelten Daten inkorrekt waren.

Nun mögen solche unglücklichen Umstände in der Kreisliga des Öfteren vorkommen. In der Welt des bezahlten Profifußballs sind sie eher selten. Hier sind die Match-Sheet-Daten häufig nur der erste Schritt bei der Auswertung der Spiele, der binnen weniger Sekunden abgehakt ist. Allerdings sind sie, wie bereits angedeutet, enorm wichtig. Wenn die Spieler auf dem Platz nicht korrekt notiert sind, können auch sämtliche weiteren Daten wie Passwerte oder Zweikämpfe nicht ordentlich zugeordnet werden – oder, wie in meinem Fall, die Rote Karte.

Der zweite Datentyp, die *Meta-Daten,* sind letztlich nur eine Erweiterung der Match-Sheet-Daten. Sie beziehen sich nicht auf das konkrete Geschehen auf dem Platz, sondern auf die Umstände des Spiels. Wie war das Wetter? Wie viele Zuschauer waren vor Ort? Welche Trikotfarben trugen die Teams? Der Unterschied zu den Match-Sheet-Daten findet sich darin, dass sie nicht vom Schiedsrichter erhoben werden. Sie fallen in die Kategorie *Nice to have,* werden im Verlauf des Buchs aber kaum mehr eine Rolle spielen.

Event-Daten oder die Frage: Wann ist ein Schuss ein Schuss?

Nun dürften die Wenigsten von Ihnen dieses Buch gekauft haben, um etwas über Match-Sheet- oder Meta-Daten zu erfahren. Wesentlich interessanter sind die *Event-Daten.* Diesen Datentyp meinen wir Fußball-Fans in der Regel, wenn wir über Statistiken sprechen.

Ein Event bezeichnet ein Ereignis, das während eines Fußballspiels auftritt. Es lässt sich einer bestimmten Aktion auf dem Feld zuordnen, die zu einem genau definierten Zeitpunkt des Spiels passiert ist. Ein Beispiel für ein Event im Fußball ist ein Schuss. Sobald ein Schuss abgegeben wird, wird dieser geloggt. Das bedeutet, dass ein Datenpunkt erstellt wird.

Event-Daten sind so alt wie der Fußball selbst; im Endeffekt ist ein «Tor» auch nur ein Event. Die Fortentwicklung in den Neunzigerjahren bestand darin, dass mehr und mehr Event-Daten Einzug hielten in die Analyse. Wir sind es mittlerweile gewohnt, dass bestimmte Events im Fußball geloggt werden: Pässe, Schüsse oder Zweikämpfe etwa. All diese Daten fallen unter das Label «Event-Daten».

Ein Event lässt sich mit mehreren Attributen versehen. So lassen sich die Events am Ende des Spiels kategorisieren. Bei Schüssen beispielsweise könnte man mithilfe von Attributen folgende Fragen beantworten: Wo wurde der Schuss abgegeben? Wer hat ihn abgegeben? Wurde er mit dem rechten oder dem linken Fuß abgefeuert – oder mit dem Kopf? Flog er auf oder neben das Tor – oder hat ein Verteidiger ihn geblockt? Die Liste ließe sich beliebig fortführen.

Welche Daten und Attribute erhoben und später zu Statistiken weiterverarbeitet werden, ist gar nicht so trivial, wie es auf den ersten Blick scheint. Theoretisch passieren während eines Fußballspiels unzählige Ereignisse, die sich als Event kategorisieren ließen. Man könnte etwa ein Event «Spieler berührt Außenlinie» erfinden. Jedes Mal, wenn ein Akteur eine weiße Linie auf dem Feld berührt, würde man einen Datenpunkt hinzufügen. Als zusätzliche Attribute könnte man vermerken, welche Linie auf dem Feld der Spieler touchiert hat. Oder auch, ob er die Linie mit dem Fuß, der Hand oder gar dem ganzen Körper berührt hat.

Kein mir bekannter Datenanbieter bietet diese Statistik an, genauso wie niemand ein Event ausweist, wenn ein Spieler sich die Schuhe zubindet oder auf den Rasen spuckt. Mit der Zeit haben sich bestimmte Events herauskristallisiert, die Datenfirmen bei einem Fußballspiel aufzeichnen.

Viele dieser Events sind recht einfach nachzuvollziehen. Ein Foul wird dann geloggt, wenn der Schiedsrichter ein Foul pfeift. Abseitsstellungen, Eckbälle, Freistöße, Ab- und Anstöße, Abseitsstellungen: All diese Events werden im Laufe eines Spiels aufgezeichnet, sodass man sie nach dem Spiel nachverfolgen kann. Für die Statistik werden dann die Events des jeweiligen Spiels für jedes Team addiert. Manchmal finden auch komplexere Rechnungen statt, etwa bei der Passgenauigkeit; darum dreht sich der zweite Teil dieses Buchs.

Nicht jedes Event ist derart klar zu umreißen, wie es auf den ersten Blick scheint. Auch hier kann ich mit einem Beispiel aus meiner Kreisliga-Karriere dienen: Während einer Partie führte ich den Ball in der Nähe der Eckfahne. Mit meinen beschränkten fußballerischen Fähigkeiten wollte ich eine Flanke in den Strafraum schlagen. Meine mangelhafte Technik sorgte in Kombination mit dem norddeutschen Wind dafür, dass der Ball bedenklich Richtung Tor segelte. Das hilflose Herumirren des Torhüters besorgte den Rest. Er berührte den Ball noch mit den Fingerspitzen, machte die Sache damit aber nur schlimmer. Meine verunglückte Flanke landete im Tor.

Stellen Sie sich vor, Sie müssten diese Kette an Ereignissen loggen, wie es in der Fachsprache heißt, sprich: einer oder mehreren Event-Kategorien zuordnen und mit Attributen versehen. Würden Sie mir einen Torschuss zuschreiben – oder eine Flanke? Erhält der Torhüter einen Ballkontakt gutgeschrieben? Muss man die Aktion des Torhüters nicht sogar als Eigentor werten?

Willkommen in der komplizierten Welt der Event-Daten! Was auf den ersten Blick simpel erscheint, ist es auf den zweiten Blick meist ganz und gar nicht. Nehmen wir an, sie fordern zehn ungelernte

Fußball-Fans auf, bei einem Kreisliga-Spiel Event-Daten zu sammeln. Sie sollen vermeintlich simple Ereignisse loggen wie Ballkontakte, Zweikämpfe, Pässe und Schüsse. Die Wahrscheinlichkeit, dass zwei ungelernte Zuschauer den gleichen Datensatz erheben, dürfte sehr, sehr niedrig sein.

Im Fußball gibt es zahllose Grenzfälle, die das Loggen von Event-Daten erschweren. Wann ist ein Pass ein Pass – und ab wann eine Flanke? Zählt man jede einzelne Ballberührung als separaten Ballkontakt – oder zählt es als ein Ballkontakt, wenn der Spieler den Ball annimmt und mit der nächsten Berührung weiterspielt? Wie definiere ich einen Zweikampf?

Noch schwieriger wird es, wenn man die Events mit Attributen versehen möchte. Ein gutes Beispiel ist die Frage, ob ein Pass einen Mitspieler erreicht hat, also erfolgreich war, oder nicht, er also als Fehlpass gewertet werden muss. Was ist mit dem Pass, der punktgenau beim Mitspieler landet – aber durch eine schlechte Ballannahme einfach durch dessen Füße flutscht? Gilt der Pass auch als angekommen, wenn er so hart geschlagen wurde, dass er den Mitspieler zwar erreicht, von ihm aber gar nicht verarbeitet werden kann? Wie verhält es sich, wenn nicht klar ersichtlich ist, wer nach dem Pass die Kontrolle über den Ball hat?

Ich reite auf diesem Punkt herum, weil er für das Verständnis von Fußball-Daten ungemein wichtig ist. Event-Daten sind nicht objektiv, zumindest nicht in dem Sinne, wie wir das umgangssprachlich verstehen. Zwei verschiedene Datenfirmen werden nie denselben Satz an Event-Daten zu einem Spiel ausspucken.

Wichtig ist aber: Die Daten einer Firma müssen stringent sein. Wenn ein Spieler in zwei unterschiedlichen Spielen identische oder zumindest extrem ähnliche Aktionen ausführt, muss eine Firma beide Aktionen in beiden Spielen als dieselben Events klassifizieren. Ansonsten ließen sich aus Event-Daten nur sehr begrenzte oder gar keine Schlüsse ziehen. Um zu meinem oben genannten Beispiel zurückzukehren: Es ist nicht entscheidend, ob man meinen Treffer als Schuss, Flanke oder beides einstuft. Wichtig ist: Wenn ich ein Wochenende später dieselbe Aktion erneut ausführe, muss sie exakt auf dieselbe Art klassifiziert sein. Nur so könnte ein Analyst später anhand meiner Event-Daten erkennen, dass ich der König der ungeplanten Flankentore bin.

Hier setzt die Arbeit der großen Datenfirmen im Fußball an. Bevor sie Event-Daten erheben können, müssen sie erst festlegen, was ein Event auszeichnet. Firmen wie Opta, Hudl oder Sportec Solutions geben sich größte Mühe, jedes ihrer Events und deren Attribute genau zu definieren. Alle Firmen, mit denen ich gesprochen habe, haben großen Wert auf die Feststellung gelegt, dass Datenqualität und -stringenz die höchste Priorität ihrer Arbeit ist. Die Firmen haben dicke Handbücher entwickelt, die Definitionen für alle Events enthalten, welche bei einem Spiel aufgezeichnet werden. Hier wird genau festgelegt, wie sich ein Pass von einer Flanke unterscheidet oder wann ein Zweikampf als gewonnen oder verloren gilt.

Dies ist die Aufgabe der Operatoren. Sie sind bei Fußballspielen dafür zuständig, Events aufzuzeichnen. Als Firmen wie IMP oder Opta begannen, Event-Daten im Fußball auszuweisen, heuerten sie Studenten an. Sie sind die geistigen Erben Reeps: Sie gingen zu den Spielen und loggten Events. Heute passiert dieser Prozess bei vielen Firmen remote. Die Operatoren schauen die Spiele in einem Großraumbüro an einem Bildschirm. Bei vielen Spielen haben sie dabei Zugriff auf spezielle Kameras, die das Geschehen auf dem ganzen Feld zeigen. Im Fernsehen ist meist nur ein kleiner Ausschnitt sichtbar.

Oftmals nutzen Operatoren für ihre Aufgabe eigens angefertigte Tastaturen. Sie drücken auf einen Knopf, und schon wird einem bestimmten Zeitpunkt ein definiertes Event zugeordnet. Diesen Prozess nennt man in der Fachsprache Tagging. Er bezieht sich darauf, dass einem bestimmten Zeitpunkt des Spiels ein «Tag» (zu Deutsch: Etikett) zugeordnet wird. Dieser Tag kann ein Pass sein oder ein Schuss oder eine sonst wie definierte Aktion. Bevor ein Operator Events bei einem Livespiel loggen darf, muss er eine intensive Schulung durchlaufen. Erst wenn ein Operator die Definitionen der Firma durchdrungen hat und die Events korrekt loggt, darf er echte Spiele begleiten.

Die großen Anbieter haben allesamt mehrere Prüfschritte etabliert, damit die erhobenen Event-Daten das wiedergeben, was in den Definitionen der Firmen steht. Die Firma Hudl Statsbomb etwa lässt ein Spiel von vier Operatoren begleiten. Zwei Operatoren verfolgen das Spiel live. Jeweils ein Operator ist für die Events einer Mannschaft zuständig. Zur Halbzeit werden die Events beider Teams verglichen. Wenn ein Operator etwa einen gewonnenen Zweikampf deklariert hat, muss der andere Operator einen verlorenen Zweikampf gemeldet haben. Gibt es Abweichungen zwischen beiden Datensätzen, müssen sich die Operatoren die beanstandeten Szenen erneut anschauen. Der gesamte Prozess wiederholt sich in der zweiten Halbzeit. Nach dem Ende der Partie übernehmen die beiden anderen Operatoren. Sie vergleichen noch einmal sämtliche Daten mit dem vorliegenden Videomaterial. Fehler oder Abweichungen vom Video werden von ihnen markiert. Bei zu vielen Fehlern müssen die Live-Operatoren zusätzliche Trainings absolvieren.

Die Sportec Solutions, zuständig für die Daten der Bundesliga, setzt ebenfalls vier Operatoren ein. Sie geht etwas anders vor. Ein Operator sitzt als sogenannter Speaker im Stadion. Er gibt die Events eines Spiels mittels einer Code-Sprache an einen weiteren Operator durch. Dieser sitzt in einem Großraumbüro der Firma und gibt die durchgegebenen Events sofort in das System ein. Zwei weitere Operatoren vergleichen die eingegebenen Events mit den Videoaufnahmen des Spiels. Somit müssen sich die Datensammler nicht nur auf die Videoaufnahmen verlassen.

Als Außenstehender gibt es wenig Anlass, an der Datenqualität der großen Firmen zu zweifeln. Allerdings muss man auch festhalten, dass die Erhebung der Event-Daten eher intransparent abläuft. Die exakten Definitionen kennen nur die Anbieter, ebenso wie die Fehlerquote, welche die Live-Operatoren machen. Die Firmen achten darauf, dass diese Fehlerquote nahe null ist. Solange Menschen in dieses System involviert sind, ist es jedoch unwahrscheinlich, dass die Quote komplett auf null sinkt. Dafür beinhaltet ein Fußballspiel zu viele Grenzfälle, die sich nicht so einfach katalogisieren lassen – siehe mein Flankenschusstor.

Zugleich bedeutet das aber auch: Die Datensätze zweier Firmen lassen sich nicht miteinander vergleichen. Wenn zwei Firmen einen erfolgreichen Pass unterschiedlich definieren, werden ihre Passdaten auf kurz oder lang abweichen. Je schwieriger ein Event zu definieren ist, umso eher weichen die Daten der Firmen ab. Fouls etwa sind eindeutig definierbar, gemäß dem alten Fußballerspruch: «Foul is', wenn der Schiri pfeift!» Ein gewonnener Zweikampf ist nicht so leicht zu definieren. Das muss man bei der Arbeit mit Daten immer bedenken: Man kann nicht Zahlen aus zwei unterschiedlichen Quellen beziehen und miteinander vergleichen.

Mittlerweile bieten Datenanbieter bis in die Regionalliga hinein Event-Daten für alle Spiele an. Außerdem gibt es Daten für die Junioren-Bundesligen sowie für die Erste und Zweite Frauen-Bundesliga. Selbst Teams aus tieferen Ligen können – das nötige Kleingeld vorausgesetzt – ihre Spiele von den großen Datenanbietern durchleuchten lassen.

Bei meinen Gesprächen mit Datenanalysten verschiedener Klubs zeigte sich der größte Teil von ihnen zufrieden mit der Qualität der Event-Daten. Je tiefer man die Leiter des Profifußballs herunterklettert, umso mehr häufen sich allerdings die Probleme. Da kommt es schon einmal vor, dass ein bereits ausgewechselter Spieler ein Tor zugesprochen bekommt. In einem anderen Fall suchte ein Verein einen besonders kopfballstarken Stürmer. Sie fanden einen Kandidaten, der angeblich in einer Saison mehrere Tore per Kopf erzielt hatte. Ein Analyst wurde allerdings stutzig, als er sah, dass sämtliche Kopfballtore vom selben Ort erzielt wurden – nämlich vom Elfmeterpunkt. Es stellte sich heraus: Irgendjemand hatte fälschlicherweise sämtliche Elfmeter-Tore als Kopfball-Tore abgespeichert – und das über eine gesamte Saison hinweg.

Eine weitere Schwierigkeit stellt die Tatsache dar, dass die Datenfirmen nicht immer Zugriff auf sämtliche Kameras haben. Viele Ligen verkaufen Kamerabilder, auf denen das ganze Feld zu sehen ist, exklusiv an einzelne Anbieter. Diese Bilder bräuchten die Datensammler aber eigentlich, um wirklich alle Events aufzuzeichnen. Gerade bei kleineren Ligen greifen die Firmen auf Bilder aus TV-Übertragungen zurück. Dort lässt sich aber nicht immer jede Aktion nachverfolgen. Häufig läuft noch eine Zeitlupe, während das Spielgeschehen längst fortgesetzt wird. Das erschwert die Arbeit mit Event-Daten über mehrere Ligen hinweg.

Entsprechend gilt: Den Event-Daten der großen Firmen kann man in der Regel vertrauen. Kontrolle ist im Einzelfall dennoch angebracht.

Physische Daten: Der gläserne Spieler

Max Kruse war als Bundesliga-Spieler ein Akteur der alten Schule. Er hatte wenig Lust, nach außen den Gentleman zu mimen. Ernährungsratschläge schlug er zugunsten eines Nutella-Brotes aus. Die zunehmende Professionalisierung des Sports beklagt er heute an jeder Stelle, sei es als TV-Experte, in seinem Podcast *Flatterball* oder als Teilnehmer bei *Promi Big Brother*. Besonders genervt haben den Fußballer Kruse die Kleidungsvorschriften. Seit einigen Jahren ist es in der Bundesliga üblich, dass die Fußballer besondere Unterhemden tragen, die durchaus an BHs erinnern. «Ich kann mich mit den Dingern nicht bewegen. Das engt mich ein ... Ich habe gesagt, ich ziehe die nicht an. Da hatte ich dann etwas Stress», erinnert sich Kruse gegenüber dem *Hamburger Abendblatt*.

Kruse kann froh sein, dass seine Karriere hinter ihm liegt. Heute käme er mit dieser Haltung nicht mehr durch. Die Sport-BHs lassen sich nicht mehr aus dem Fußball wegdenken. Denn sie messen einige der wichtigsten Daten für Profivereine. Dabei sind es gar nicht so sehr die BHs selbst, die für die Fitnesstrainer interessant sind. Es sind die kleinen Geräte, die in die BHs gesteckt werden.

Diese kleinen elektronischen Messgeräte, besser bekannt als Tracker, sind mit mehreren Sensoren ausgestattet. Sie messen die Herzfrequenz der Spieler genauso wie ihre Bewegungen. So verbinden sie Beschleunigungsmesser mit Gyroskopen und Magnetometern, um die Bewegungen eines Spielers im Raum nachzuverfolgen. Diese Daten werden mit einem lokalen Positionssystem (kurz: LPS) oder GPS-Satelliten abgeglichen, sodass eine genaue Analyse der Bewegungen eines Spielers im Raum möglich ist.

Diese Geräte sind der Schlüssel für Vereine, um die *physischen Daten* der Spieler zu erheben. Über die Tracker laufen die physischen Werte der Spieler in Echtzeit ein. Dazu gehören neben der

Herzfrequenz auch die zurückgelegte Strecke sowie die Geschwindigkeit der Spieler. Athletiktrainer können auf die Millisekunde genau nachverfolgen, wann ein Spieler in welchem Geschwindigkeitsbereich unterwegs war. Insbesondere interessieren sie die Daten zur Beschleunigung der Spieler und zum Abbremsen. Diese Bewegungen belasten den Körper besonders stark.

Die Arbeit im konditionellen Bereich ist zunehmend datengetrieben. Die Spieler werden nach allen Regeln der Sportwissenschaft vermessen. Die Athletiktrainer überwachen die physischen Daten ihrer Schützlinge nicht nur während der Spiele und der Trainingseinheiten. Wenn Fußballer morgens zum Training erscheinen, müssen sie als Erstes einen Fragebogen ausfüllen. Über diesen wird das Körpergefühl der Spieler abgefragt wie auch ihre Schlafqualität. Anschließend geht es zur Blutabnahme. Viele Vereine überwachen so die Kreatinkinase-Werte ihrer Spieler. Ein hoher Wert deutet auf eine Entzündung im Körper hin. In regelmäßigen Abständen wird zudem ein großes Blutbild genommen. Wenn ein Verein einen Spieler aus Gründen der «Belastungssteuerung» nicht aufstellt, kann man sicher sein, dass diese Entscheidung aufgrund seiner physischen Daten getroffen wurde.

Vier- bis fünfmal pro Saison absolvieren die Spieler eine sogenannte Testbatterie. Dabei werden körperliche Tests durchgeführt, um zu überprüfen, wie belastungsfähig die Muskeln der Spieler sind. Die Spieler müssen sprinten, springen, auf einem Bein stehen, Dauerlauf exerzieren, die Knie beugen und viele weitere Stationen absolvieren. Dadurch, dass diese Tests mehrmals in der Saison stattfinden, lässt sich der Zustand der Spieler über längere Zeit nachverfolgen. Wie diese Tests im Genauen ablaufen, wird an späterer Stelle noch ausführlich beschrieben.

In der öffentlichen Debatte spielen physische Daten eine untergeordnete Rolle. Das ist kein Wunder: Die Daten, die durch Tracker und körperliche Untersuchungen erhoben werden, sind der Öffentlichkeit nicht zugänglich. Jeder Verein erhebt seine eigenen physischen Daten und hütet sie wie einen Schatz. Davon erhoffen sie sich nicht nur einen Wettbewerbsvorteil. Es liegt zudem im Datenschutz begründet. Die Vereine haben Zugriff auf teils hochpersönliche medizinische Daten. So wird auch intern eingeschränkt, wer auf diese Daten zugreifen darf. Teilweise kennen nur die Sportmediziner und Athletiktrainer die Werte der Spieler.

Hinzu kommt: Werte wie die Herzfrequenz oder die maximale Sauerstoffaufnahme im Blut sind höchst individuell. Welche Werte für welchen Spieler erstrebenswert sind, lässt sich nur mithilfe individueller Begleitung über einen längeren Zeitraum herausfinden.

Tracking-Daten: Wer trackt die Tracker?

Findige Leserinnen und Leser werden bei einer Aussage stutzig geworden sein: meiner Behauptung, die physischen Daten seien nicht öffentlich zugänglich. Dabei genügt ein Klick auf die offizielle Seite der Bundesliga, um die Laufdaten sämtlicher Bundesliga-Akteure einzusehen. Die Seite spuckt nicht nur die Gesamtzahl der gelaufenen Kilometer aus, sondern auch die Anzahl der intensiven Läufe und der Sprints. Sogar die maximale Sprintgeschwindigkeit der Spieler ist öffentlich einsehbar. Letztlich sind dies physische Daten.

Tatsächlich weisen alle großen Ligen diese Daten aus. Sie werden in der Regel allerdings nicht über Tracker erhoben. Stattdessen kommen optische Systeme zum Einsatz, die mithilfe von speziellen Kameras die Position sämtlicher Spieler auf dem Feld verfolgen. In der Bundesliga sind pro Spiel 20 fest installierte Kameras im Einsatz. Die Deutsche Fußball-Liga gibt exakt vor, an welcher Position innerhalb der Stadien die Kameras zu hängen haben. In manchen Stadien mussten eigens Träger montiert werden, damit die Kameras aus dem richtigen Winkel filmen können. Die Kameras greifen dabei jeden Zentimeter auf dem Feld ab. Die Bilder der verschiedenen Kameras werden über eine Schnittstelle kombiniert, sodass sich zu jeder Zeit die exakte Position der Spieler auf dem Feld ermitteln lässt.

Diese Daten bezeichnet man als *Tracking-Daten*. Sie «tracken» (zu Deutsch: verfolgen) die Bewegungen der Spieler. In der Rohform repräsentieren die Tracking-Daten die Positionen der 22 Spieler plus Ball. Die einzelnen Datenpunkte werden dabei als Koordinaten wiedergegeben, mit einer X- und einer Y-Koordinate. Mit diesen Koordinaten kann man in einem zweidimensionalen Raum die Position eines Spielers darstellen.

Auf diese Art und Weise entsteht ein riesiger Wust an Daten: Für alle 22 Spieler plus den Ball werden 30 Koordinaten pro Sekunde ausgegeben, 30 mal 23 ergibt 690 Datenpunkte pro Sekunde. Pro Minute sind es bereits 41400. Rechnet man dies nun auf neunzig Minuten hoch und legt noch etwas Nachspielzeit obendrauf, ergibt das knapp vier Millionen Koordinaten pro Spiel.

In einem zweiten Schritt lässt sich aus den Koordinaten die Geschwindigkeit der Spieler genauso berechnen wie ihre Laufdistanz. Dazu rechnet ein Computer aus, welche Wegstrecke ein Spieler in welcher Zeit zurückgelegt hat. Aus diesem Grund ist es sehr wichtig, dass die Kameras am Spielfeldrand korrekt kalibriert und aufeinander abgestimmt sind. Auf diese Weise kann automatisch errechnet werden, welche Strecke ein Spieler in welcher Zeit zurückgelegt hat.

Mittlerweile wird die Position eines Spielers nicht mehr nur zwei-, sondern dreidimensional erfasst. Zu der X- und Y-Koordinate kommt also noch eine Z-Koordinate hinzu. Um die exakte Position eines Spielers im Raum festzuhalten, reicht es allerdings nicht, nur eine Koordinate in der Höhe zu messen. Zwischen 20 und 30 Körperteile werden über die Kameras separat erfasst. (Die genaue Anzahl unterscheidet sich von Tracking-System zu Tracking-System.) So lässt sich die exakte Position der Füße, Knie, Hände oder des Kopfs bestimmen. Die vier Millionen Datenpunkte darf man nun also noch einmal mit 20 bis 30 multiplizieren, sodass am Ende 80 bis 120 Millionen Datenpunkte zusammenkommen – bei einem einzigen Fußballspiel, wohlgemerkt.

Die dreidimensionalen Tracking-Daten sind für eine weitere technische Neuerung entscheidend: die semiautomatische Abseitserkennung. Seit der Bundesliga-Saison 2025/26 werden die Tracking-Daten genutzt, damit der Videoassistent Abseitsentscheidungen schneller überprüfen kann. Wir alle kennen die animierten Videos, die nach einer Abseitsentscheidung beweisen sollen, dass der Spieler mit einem Zeh im Abseits stand. Diesen Bildern liegen die Tracking-Daten der Spieler zugrunde. Die Koordinaten werden genutzt, um ein genaues Abbild der Szene zu animieren.

Zahllose Anbieter für Tracking-Lösungen tummeln sich inzwischen auf dem Markt. Es gibt Lösungen mit GPS-Trackern für die Brustgurte oder für Schuhe. Es gibt lokale Positionssysteme, die Vereine auf ihren Trainingsgeländen installieren können. Es gibt optische Tracking-Systeme mit vielen oder auch nur mit zwei Kameras oder gar einer einzigen. Die Kosten dieser Lösungen rangieren zwischen praktisch unbezahlbar bis hin zu solchen, die selbst ein Kreisliga-Budget stemmen kann.

Angesichts der Fülle der Anbieter ist für den unbeleckten Anwender eine Frage entscheidend: Wie exakt arbeiten die Systeme? Um dieser Frage auf den Grund zu gehen, hat die Fifa eine Kommission eingesetzt. Diese hat ein Verfahren entwickelt, um die Qualität von Tracking-Systemen zu zertifizieren: das FIFA Quality Programme for Electronic Performance and Tracking Systems, kurz: EPTS.

Wer sein Tracking-System zertifizieren möchte, muss eine Prüfung durchlaufen. Dabei findet in speziell präparierten Stadien ein Probespiel statt. Vierzig Kameras werden rund um das Feld aufgestellt. Außerdem werden die Spieler und Bälle mit Motion-Capture-Technologie markiert. Cineasten kennen diese Technologie aus dem Film: Die Marker lassen Computer-Software erkennen, an welchem Punkt sich welche Gliedmaße befindet. So kann man später die Bewegungen einer Person digitalisieren und animieren. Diese Art der Messung gilt als besonders genau, kann während eines Fußballspiels aber verständlicherweise nicht stattfinden; es würde seltsam aussehen, wenn Harry Kane mit Klebestreifen an den Armen und einem Punkt auf der Stirn herumliefe. Unter Laborbedingungen geschieht aber genau das. Die Spieler absolvieren ein Trainingsspiel, wobei darauf geachtet wird, dass sie vorbestimmte Bewegungs- und Richtungswechsel vollführen.

Die physischen Daten, die per Motion-Capturing-Verfahren entstehen, werden mit den Daten der zu testenden Tracking-Lösung verglichen. Solange die Abweichung in einem bestimmten Rahmen bleibt, werden die Produkte durch die Fifa zertifiziert. GPS-Systeme haben sich als besonders effektiv erwiesen: 19 Systeme von insgesamt acht Anbietern erzielten die höchste Qualitätsstufe im Testverfahren (Stand: Ende 2025). Die Daten der Tracker sind jedoch nur für das eigene Trainerteam zugänglich. Möchte man die Tracking-Daten von Spielern anderer Teams erheben, muss man sich mit optischen Systemen behelfen. Hier haben fünf Systeme von drei Anbietern die höchste Stufe erlangt.

Auch die DFL hat sich intensiv mit der Frage befasst, wie genau die Tracking-Systeme potenzieller Partnerfirmen sind. In der Düsseldorfer Merkur Spiel-Arena gab es vor einigen Jahren einen großen Testlauf: Verschiedene Systeme kamen auf den Prüfstand. Es kam heraus, dass die besten Systeme nicht einmal um einen Prozentpunkt von den Positionsdaten der Motion-Capturing-Technologie abweichen. Die besten optischen Systeme müssen sich in Sachen Genauigkeit also nicht vor den GPS- oder LPS-Lösungen verstecken.

Dennoch muss man auch hier festhalten: Es gibt Abweichungen zwischen den einzelnen Systemen. Bei den Gesprächen mit Athletiktrainern kam mir zu Ohren, dass sich beispielsweise die Tracking-Daten der Liga nicht vergleichen lassen mit den Tracking-Daten der Klubs. Die DFL setzt auf ein optisches System, die Klubs selbst können auf die GPS- oder LPS-Daten der Tracker zurückgreifen, die ihre Spieler tragen. Die Fehlertoleranz zwischen den Systemen unterscheidet sich jedoch, sodass am Ende unterschiedliche Datensätze entstehen.

Selbst bei gleicher Technik kommt es zu Abweichungen. Ein Mitarbeiter hat mir berichtet, dass sein Verein den Anbieter für GPS-Tracker gewechselt hat. Sowohl der neue als auch der alte Anbieter sind Fifa-zertifiziert. Dennoch gab es Diskrepanzen zwischen den Daten. Die neuen Tracker weisen nun mehr Beschleunigungen aus, sodass die Belastung der Spieler laut Daten plötzlich viel höher ist. Wieder einmal gilt: Die Daten zweier verschiedener Anbieter lassen sich nicht immer vergleichen.

Das hat für die Klubs selbst große Auswirkungen. So ist der Vergleich zwischen Trainings- und Spieldaten nicht immer gegeben: Auf den Trainingsplätzen kommen andere Systeme zum Einsatz als in den Stadien. Auch wenn Vereine neue Spieler suchen, müssen sie häufig zweimal hinschauen. Die offiziellen Daten der einzelnen Ligen sind nur bedingt vergleichbar. Schuld daran sind auch die Ligen selbst. Die DFL etwa hatte bis zur Saison 2025/26 andere

Definitionen für die Statistiken, die sie aus den Tracking-Daten erhoben hat, als die anderen großen Ligen Europas. Ein deutscher Spieler musste eine niedrigere Schwelle an Kilometern pro Stunde überschreiten, damit sein Lauf als Sprint gewertet wurde, als ein englischer Spieler. Wer das nicht wusste, dachte bei einem Vergleich zwischen Premier-League- und Bundesliga-Daten: Die deutschen Spieler sprinten ja viel häufiger! Es war aber nur eine Frage der Definition.

Tracking-Daten sind aus dem Fußball nicht mehr wegzudenken. Gerade in diesem Bereich findet aktuell viel Forschung und Entwicklung statt. Wie kann man die Tracking-Daten nutzen? Welche Modelle kann man aus ihnen entwickeln? Wir werden im weiteren Verlauf des Buchs zahllose Ideen vorstellen, wie sich Tracking-Daten nutzen lassen – von Heatmaps bis hin zu KI-Systemen, die Laufmuster erkennen und auswerten.

Der nächste Schritt: Rohdaten per KI

Theoretisch kann jeder ein Tracking-System für Fußballspiele entwickeln. Selbst Sie, liebe Leserinnen und Leser! Sie brauchen kein Geld, nur etwas Zeit und rudimentäre Kenntnisse im Programmieren. Auf YouTube finden sich mehrstündige Tutorials, wie Sie mithilfe von Open-Source-Software Tracking-Daten aus einfachen TV-Kamerabildern extrahieren können. So kann man eine künstliche Intelligenz mit Bildern aus Fußballspielen füttern, bis diese Spieler eigenständig voneinander unterscheidet und ihre Bewegungen nachverfolgt. Damit mag man keine Fifa-Zertifizierung erlangen. Zum Herumspielen eignen sich diese Tracking-Daten aber dennoch.

Bei der Erhebung von Tracking-Daten kommen mittlerweile routinemäßig KI-Modelle zum Einsatz. Sie helfen, die Position der Spieler auf dem Feld automatisch zu erkennen. Mithilfe von Algorithmen zur Bilderkennung notieren sie, wann sich welcher Spieler wo befindet.

Der Begriff künstliche Intelligenz hat eine fast mystische Aura. Für die einen steht er für Fortschritt und schier unendliche Möglichkeiten. Die anderen verbinden damit die Angst vor dem Verlust von Arbeitsplätzen oder computergenerierten Schrott. Die bekannten Sprachmodelle wie ChatGPT sind nur ein kleiner Teil der Entwicklung, die im KI-Bereich stattfindet. Im Fußball kommt KI nicht nur zur Bilderkennung zum Einsatz, sondern auch in der Arbeit mit großen Datenbergen.

Um KI-Modelle anwenden zu können, müssen sie zunächst einmal trainiert werden. Ein klassisches Beispiel, bei der eine künstliche Intelligenz zur Bilderkennung genutzt wird, sind selbstfahrende Autos. Diese haben Kameras verbaut, die selbstständig erkennen müssen, wann eine Ampel rot leuchtet und wann grün. Um dies zu bewerkstelligen, wird ein KI-Programm mit möglichst vielen Bildern oder Videos von Ampeln angelernt. Die KI erhält Bilder mit der entsprechenden Beschriftung: «Rote Ampel», «Grüne Ampel», «Ampel, die gerade grün wird» und so fort.

Die KI muss zunächst unbeschriftete Bilder selbst zuordnen. Auf der einen Seite steht die Eingabe: das zuzuordnende Bild. Auf der anderen Seite folgt die Ausgabe: Welche Farbe hat die Ampel? Die KI berechnet, welche Antwort sie für die wahrscheinlichste hält. Sie gibt diese Antwort aus und erfährt daraufhin, ob sie richtig- oder falschlag.

Die Prozesse innerhalb der KI muss man sich wie ein neuronales Netz vorstellen. Die KI zieht Informationen aus den Bildern und verbindet sie miteinander. Dabei gewichtet sie die einzelnen Ver-

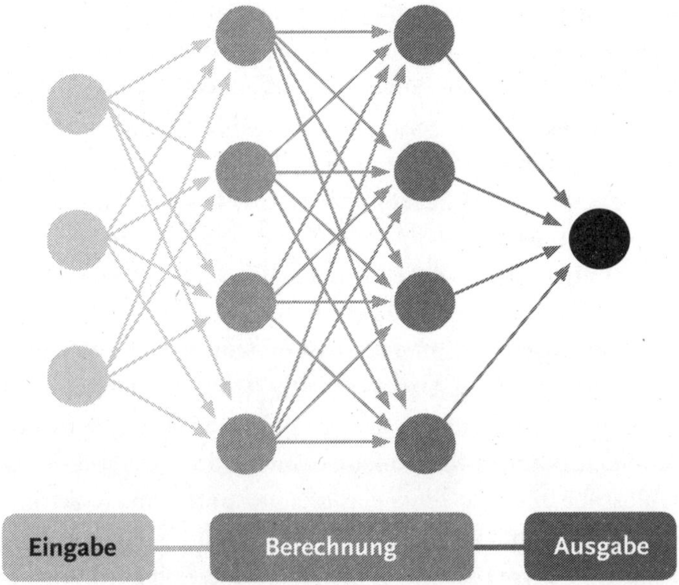

Ein neuronales Netz innerhalb einer künstlichen Intelligenz. Die KI zieht Informationen aus der Eingabe und berechnet daraus eine Ausgabe.

bindungen stärker oder schwächer, je nachdem, welche Verbindungen ihr helfen, die richtige Lösung zu finden. Mit jeder richtigen oder falschen Antwort passt die KI die Verbindungen im neuronalen Netz an. Liegt sie richtig, belohnt sie sich selbst. Das bedeutet, dass die Verbindungen höher gewichtet werden, die ihr beim Lösen der Aufgabe geholfen haben. Liegt sie falsch, bestraft sie sich selbst. Hierbei schwächt sie die Verbindungen, dank derer sie auf die falsche Antwort gekommen war. Auf diese Weise lernt die KI, welchen Aspekten eines Bilds sie besonderes Augenmerk schenken muss, um eine Ampelfarbe richtig zu erkennen.

Erst wenn dieses Training abgeschlossen und die Erfolgsquote der KI ausreichend hoch ist, wird sie auf die Wirklichkeit losgelassen. Je mehr unterschiedliche Trainingsdaten man der KI zur Verfügung stellt, umso besser. Hier liegt ein großer Unterschied zwischen menschlichem Lernen und dem Anlernen einer künstlichen Intelligenz: Wenn man einem Kleinkind einmal sagt, wie eine grüne Ampel aussieht, wird es recht schnell eine rote von einer grünen Ampel unterscheiden können. Eine KI braucht dafür nicht ein oder zwei, sondern Tausende von Bildern. Immer wieder muss sie ihr eigenes neuronales Netz anpassen, bis sie selbst einen Algorithmus entwickelt hat, um die Ampelfarbe zu erkennen.

Diesen Prozess bezeichnet man als maschinelles Lernen mithilfe von Rückpropagierung. Die Prozesse im neuronalen Netz einer KI dabei sind enorm komplex. Es gibt offene Modelle, deren Innenleben der Anwender von außen verändern und analysieren kann. Geschlossene Modelle hingegen arbeiten autonom. Nicht immer lässt sich nachvollziehen, wie eine KI zu ihrer Lösung kommt. Maschinelles Lernen ist dabei nur ein Teilbereich der künstlichen Intelligenz; es gibt KI-Modelle, die auf gänzlich andere Art funktionieren.

Wenn Sie diese Erklärung nicht verstanden haben: Machen Sie sich keinen Kopf! Ich selbst tue mich mit dem Verständnis des maschinellen Lernens schwer. Es gibt nur einen wichtigen Punkt, den man verstehen sollte: Gibt man einem KI-Modell genügend Trainingsdaten an die Hand, kann es ganz wunderbare Arbeit leisten. Modelle zur automatischen Bilderkennung kommen etwa in der Medizin zum Einsatz. Hier haben KI-Modelle mithilfe Tausender Bilder von Magen- und Darmspiegelungen gelernt, Tumore zu erkennen. Handys können mit dem eigenen Gesicht entsperrt werden, weil die Hersteller über ungemein viele Bilddaten verfügen. Diese helfen den Geräten, Gesichter voneinander zu unterscheiden.

Entscheidend für das Training eines KI-Modells sind die Daten, die man ihm zur Verfügung stellt. Je besser und hochwertiger der

Datensatz ist, umso genauer arbeitet das Modell am Ende. Damit Autos in der Praxis rote von grünen Ampeln unterscheiden können, benötigen sie Daten aus allen Fahrsituationen: bei Tag und bei Nacht, bei Regen und bei Sonnenschein, wenn die Ampeln halb verdeckt oder kaum zu sehen sind. Nur dann ist gewährleistet, dass auch in der Praxis keine rote Ampel fälschlicherweise für eine grüne gehalten wird.

Was hat dies mit dem Thema Fußballdaten zu tun? Wie eingangs erwähnt, sind auch die Aufzeichnungen von Fußballspielen Daten. Bilderkennungssoftware wurde mit den Videos von Fußballspielen gefüttert. Die Tracking-Software hat so gelernt, die Bewegung der Spieler zu verfolgen. Manchen KI-Modellen gelingt es sogar, die Position von Spielern zu erfassen, die gerade nicht im TV-Bild zu sehen sind. Sie wurden mithilfe von Videoaufzeichnungen so angelernt, dass sie realistische Schätzungen liefern können, wo sich die Spieler befinden, die gerade nicht im Fernsehbild zu sehen sind.

Doch KI wird nicht mehr nur für Tracking-Daten genutzt. Seit mittlerweile rund 30 Jahren werden im Fußball Event-Daten erhoben. Es gibt im Fußball Zigtausende Datensätze, die gefüllt sind mit Millionen von Datenpunkten. Man kann diese Rohdaten mit Videoaufzeichnungen synchronisieren und somit eine Datenbank erstellen. Das ist der Traum eines jeden KI-Entwicklers.

Ein Beispiel: Ich möchte eine künstliche Intelligenz so trainieren, dass sie einen erfolgreichen Pass erkennt. Ich kann nun die Event-Daten der Spiele der letzten 30 Jahre bemühen. Gemeinsam mit den Videoaufzeichnungen stelle ich meinem Modell diese Ereignisse als Trainingsdaten zur Verfügung. Meine eingegebenen Daten sollten möglichst korrekt sein und möglichst viele unterschiedliche Beispiele für gelungene Pässe umfassen. Ein guter Programmierer entwickelt daraus ein KI-Modell, das automatisch gelungene Pässe erkennt – ganz ohne menschlichen Operator.

Was wie Science-Fiction klingt, ist längst Realität. Bei der Erhebung der Event-Daten setzen die großen Firmen bereits auf die Unterstützung durch KI-Systeme. Diese erkennen Events automatisch. Die Operatoren müssen die Events am Ende nur noch abnicken oder korrigieren. Auch die Vereine selbst setzen zunehmend auf KI-Modelle, um Spielszenen zu analysieren; das wird im weiteren Verlauf des Buchs ein Thema.

Wenn die künstliche Intelligenz die Erhebung der Fußballdaten übernimmt: Warum habe ich ein halbes Kapitel verschwendet, um über Operatoren und GPS zu schreiben? Nun: Ganz so weit, dass die KI im Fußball Daten eigenständig und ohne menschliches Zutun sammelt, sind wir noch nicht. Für das Anlernen eines KI-Modells gilt eine alte Faustregel: Ein KI-Modell auf 80 Prozent Genauigkeit zu trainieren, ist eine vergleichsweise leichte Aufgabe, sofern eine saubere Datengrundlage besteht. Die Genauigkeit auf 90 Prozent zu heben, ist schon ungleich schwerer. Um bei 100 Prozent zu landen, muss man extrem viel Zeit und Feintuning investieren. Das gilt für praktisch alle Modelle – und für den Fußball umso mehr.

Hier kommt die chaotische Art des Sports zum Tragen. Der Fußball verfügt nur über wenig klar definierte Ereignisse. Ein Pass etwa kann unzählige Formen annehmen: vom hohen Ball über das ganze Feld bis hin zum kurzen Zuspiel über drei Meter. Es ist enorm schwierig, all diese Fälle als «Pass oder kein Pass» abzustempeln. Manche Ereignisse kommen nur alle zig Spieltage einmal vor.

Ein Beispiel: Stellen Sie sich vor, ein Spieler führt den Ball am Fuß. Er findet keine Anspielstation. Der Kapitän seiner Mannschaft kommt zu ihm und fordert seinen Kollegen auf, ihm die Kugel zu überlassen. Also lässt der ballführende Spieler die Kugel einfach liegen. Er sprintet nach vorne, während der Kapitän den ruhenden

Ball aufnimmt. Die meisten Operatoren würden an dieser Stelle einen Pass gutschreiben. Der Ball hat sich zwar nicht bewegt. Allerdings hat der ballführende Spieler die Kugel bewusst seinem Kollegen überlassen. Es ist ein Grenzfall eines Passes, aber keiner, über den Operatoren länger als einige Sekunden grübeln.

Ein KI-System stieß bei solch einer Szene jedoch an seine Grenzen. Offensichtlich gewichtete es bei der Suche nach Pässen die Bewegung des Balls hoch. Der Ball hat sich jedoch nicht bewegt. Lag nicht eher ein Freistoß vor? Oder ein Ballverlust? Grenzfälle wie diese gibt es im Fußball zuhauf, gerade bei komplexeren Ereignissen. Einer KI unterlaufen zwar keine Flüchtigkeitsfehler, wie dies einem Menschen allzu oft geschieht. Sie hat aber ihre Schwierigkeiten mit komplexen Ereignissen, die nicht in den Trainingsdaten simuliert wurden. Wer mit den Daten arbeitet, gibt sich jedoch nicht mit 90 Prozent oder 95 Prozent Genauigkeit zufrieden. Die künstliche Intelligenz muss die Events immer richtig erkennen.

Daher droht den Operatoren aktuell noch nicht der Verlust ihres Arbeitsplatzes. Alle Datenfirmen, mit denen ich gesprochen habe, setzen auf den menschlichen Blick. KI wird höchstens eingesetzt, um Ereignisse vorzusortieren oder um zu überprüfen, ob ein Operator kein Event übersehen hat. Die letzte Entscheidung bleibt immer beim Menschen – noch.

In einem wichtigen Bereich hilft die KI bereits jetzt: Viele Datenfirmen kombinieren Event- und Tracking-Daten. Die Firma Hudl Statsbomb etwa bietet für die wichtigsten Events eines Spiels einen sogenannten Freeze Frame an. Hierbei wird das Bild eingefroren und die Position sämtlicher Spieler auf dem Feld wiedergegeben. Hierfür kommt eine Mischung aus KI und manueller Arbeit zum Einsatz: Die KI erkennt automatisch, welche Akteure auf dem Feld stehen. Der Operator muss diese Zuordnung überprüfen und notfalls korrigieren. So können Analysten etwa nachverfolgen, wie viele Spieler zwischen Ball und Tor stehen, wenn der Stürmer einen Schuss abgibt. Diese Informationen sind wiederum wichtig, um später komplexe Statistiken zu berechnen.

Die Bilderkennung im Fußball steckt noch in den Kinderschuhen. Ich habe mit einem Datenanalysten eines Bundesliga-Vereins gesprochen, der die Möglichkeiten der künstlichen Intelligenz hoch einschätzt. Seine Vision: In wenigen Jahren hat jeder Klub seine eigene Definition für Events, die man von den eigenen Spielern sehen möchte. Mithilfe dieser Definitionen wird eine künstliche Intelligenz gefüttert. Anschließend durchsucht die KI eine Datenbank aus Videos eigenständig. So können mögliche Neuverpflichtungen gesucht werden, die besonders häufig die gesuchten Aktionen ausführen. Zugleich müsste der Verein keine Event-Daten mehr für eigene Spiele einkaufen. Er könnte diese Daten selbst nach eigenen Definitionen kreieren. Derzeit ist das Zukunftsmusik. Die Frage lautet: Wie lange noch?

Der Vergleich zwischen Äpfeln und leicht anders geformten Äpfeln

KI hin oder her: Für die Analysten, die in der Praxis mit den Daten arbeiten, liegt das größte Problem nicht in der Datenqualität, sondern in der Vergleichbarkeit. Pascal Bauer kann ein Lied davon singen. Er arbeitet als Senior Head des IT-Cluster Sport für den DFB. Seine Hauptaufgabe besteht darin, die verschiedenen Daten im Verband zu bündeln und für Anwender wie Fitnesstrainer oder Videoanalysten zugänglich zu machen. Der Deutsche Fußball-Bund befindet sich im Bereich Daten in einer Sonderrolle. Beim Verband laufen nicht nur Daten aus dem Profi-Fußball der Herren ein, sondern auch aus dem Frauenfußball sowie aus dem Jugend- und Amateurbereich. Sie müssen alle Formen der Daten kombinieren: von Tracking-Daten über Event-Daten bis hin zu Match-Sheet-Daten.

Schon im Bereich der Nationalmannschaft stellt es eine Herausforderung dar, die Daten der einzelnen Spieler zu harmonisieren. Deutschlands Nationalspieler kicken in den unterschiedlichsten Ligen, von der englischen Premier League bis hin zur dritten oder vierten Liga im Falle von Junioren-Nationalspielern. Der DFB hat nicht das Glück, für sämtliche Event-Daten auf dieselben Anbieter zurückgreifen zu können oder Tracking-Daten für alle relevanten Spiele durch einen Anbieter erheben lassen zu können. Er erhält Daten aus unterschiedlichsten Quellen: von Vereinen, von den Ligen, von externen Datenanbietern und von den Spielern selbst. Das Ergebnis ist ein reines Kuddelmuddel. So vermeidet der DFB übergreifende Auswertungen zu Zweikämpfen und Schüssen gänzlich. Bauer und seine Kollegen mussten feststellen, dass die Daten der unterschiedlichen Anbieter derart weit auseinanderklaffen, dass ein Vergleich nicht möglich ist. Die Definitionen unterscheiden sich zu stark.

Doch es ist nicht nur die fehlende Stringenz zwischen verschiedenen Anbietern, welche die Arbeit mit Daten im Fußball erschwert. Oft scheitert es schon an Kleinigkeiten. Bauer nennt ein konkretes Beispiel: Wer Daten für Lionel Messi aus verschiedenen Quellen zusammenfügen will, muss selbst Hand anlegen. Der Grund: Fast jeder Datenanbieter führt Messi unter einem anderen Namen. Manche führen ihn als Lionel Messi, andere als Lionel Andrés Messi, wiederum andere einfach nur als Messi. So lassen sich Daten aus unterschiedlichen Quellen nicht automatisiert bündeln. Die verschiedenen Datensätze müssen zunächst manuell zusammengefügt werden. Für einen einzelnen Spieler wie Messi mag das eine machbare Aufgabe sein. Sobald man dies aber für eine größere Gruppe unbekannter Spieler tun möchte, entsteht eine gewaltige Sisyphusarbeit. Hat man erst einmal sämtliche Datensätze harmonisiert, haben schon wieder zig neue Talente ihr Debüt gefeiert.

Hinzu kommen banale Schwierigkeiten, die für den Fußball-Fan wahnsinnig langweilig klingen, in der Praxis jedoch gesamte IT-Abteilungen beschäftigen: die Angleichung von Daten-Formaten. Tracking-Daten etwa kommen in allen möglichen Formaten und Konstellationen. Mal liegt der Ausgangspunkt der Koordinatensysteme (0,0) am Mittelkreis, mal an einer Eckfahne. Es kommt schon einmal vor, dass in Datensatz A das eigene Team von links nach rechts spielt – während im Datensatz B dieselbe Mannschaft in derselben Halbzeit in die andere Richtung kickt. Dann wäre da noch die gar nicht so triviale Frage, in welchem digitalen Format die Daten vorliegen: JSON? XML? Welche Struktur weisen die Daten auf?

Gemeinsam mit der Fifa, internationalen Klubvertretern und etablierten Wissenschaftlern hat der DFB-Chef-Datenanalyst Bauer mit weiteren Kollegen einen Vorschlag für ein Common Data Format veröffentlicht, also ein einheitliches Format für Daten im Fußball. Es ist der erste Schritt auf einem langen Weg.

Noch geht die meiste Arbeitszeit der Datenanalysten für das Zusammenfügen von Daten aus verschiedenen Quellen drauf. Davon zeugen die zwei Sätze, die ich von den Datenanalysten der Bundesliga am häufigsten vernommen habe. Satz Nummer eins: «Wir arbeiten im Klub daran, unsere Data-Silos zu einem Data-Lake zusammenzuführen.» Übersetzt bedeutet das: Die einzelnen Daten liegen getrennt voneinander in unterschiedlichen Formaten an unterschiedlichen Speicherorten. Die Aufgabe der Analysten ist es, die Daten zusammenzuführen, sodass sie an einem Ort abrufbar und miteinander vergleichbar sind. Die metaphorischen Silos werden geöffnet, das darin befindliche Wasser in Form von Daten soll in einen einzigen großen See fließen.

Der zweite Satz, den ich häufig gehört habe: «Besonders stolz bin ich auf das Dashboard, das ich für meinen Klub gebaut habe.» Ein Dashboard ist ein zentrales Portal, über das sich alle Daten eines Klubs einsehen lassen. Die Mitarbeiter können hier verschiedene Zahlen aus verschiedenen Quellen abrufen, sei es, um die Leistungen der eigenen Spieler zu analysieren oder um mögliche Neuverpflichtungen zu suchen. Das bedeutet aber auch: Bevor es solche Dashboards gab, mussten die Daten aus unterschiedlichen Quellen auch an unterschiedlichen Orten abgerufen werden. Wenn ein Klub Daten mehrerer Firmen gekauft hat, mussten die Mitarbeiter jede einzelne Webseite jeder einzelnen Firma besuchen, um einen Überblick zu erhalten. Das gehört bei vielen Klubs mittlerweile der Vergangenheit an – allerdings auch erst seit kurzer Zeit. Die meisten Datenanalysten, mit denen ich 2024 und 2025 gesprochen habe, hatten ihre Dashboards gerade erst online gestellt.

Zur Wahrheit in Sachen Datenanalyse im Fußball gehört: Die meiste Arbeitszeit fließt nicht in die Entwicklung bahnbrechender Modelle, wie ich sie in den kommenden Kapiteln vorstellen werde. Die meisten Mitarbeiter, die mit Daten im Fußball zu tun haben, arbeiten im IT-Bereich. Sie verwalten die immer komplexer werdenden Datenbanken der Klubs. Ohne sie wären all die Daten im Fußball nur unleserliche Nullen und Einsen.

2

MODELLE UND KENNWERTE

Alles ist angerichtet. Ich habe beim Anbieter meiner Wahl ein großes Paket an Fußballdaten erworben. Über eine Schnittstelle fließen die Daten fein säuberlich in meine Datenbank, die ich für ebendiesen Zweck eingerichtet habe. Ich kann nachverfolgen, wann welcher Spieler welchen Pass gespielt hat. Oder zu welchem Zeitpunkt ein Spieler seinen schnellsten Sprint angesetzt hat. Dank der Kombination von Event- und Tracking-Daten sind meiner Fantasie keine Grenzen gesetzt.

Doch nun folgt die schwierige Frage: Was fange ich mit all diesen Daten an? Die Rohdaten selbst sind für die meisten Analysten nur der Ausgangspunkt. Wo früher einfach Pässe zusammengezählt und ausgegeben wurden, geben heute komplexe Metriken Aufschluss über das Geschehen auf dem Feld. In den vergangenen 15 Jahren ist die Zahl der datenbasierten Modelle im Fußball explodiert.

Die Modelle sind so zahlreich wie vielschichtig. Selbst als statistisch unbeleckter Zuschauer kommt man an Werten wie Expected Goals oder Packing kaum mehr vorbei. Umso bedeutsamer ist das Verständnis dafür, wie diese Werte entstehen. Nur so kann man begreifen, was sie aussagen – und was nicht. Dieses Kapitel stellt die spannendsten Kennzahlen vor.

Klassische Event-Daten: Von überschätzt zu unterschätzt

Fußballdaten sind, wie bereits im vergangenen Kapitel beschrieben, keine Erfindung des 21. Jahrhunderts. Schon Charles Reep nutzte seine Rohdaten, um damit komplexe Berechnungen durchzuführen. Seit Firmen wie Opta immer mehr Rohdaten erheben, liefern sie ihren Kunden sogleich erweiterte Statistiken.

Viele dieser Statistiken sind den meisten Fußball-Fans bekannt. Der Ballbesitzwert etwa gibt wieder, zu welchen Anteilen beide Teams am Ball waren. Manche Firmen messen diesen mithilfe einer altmodischen Stoppuhr. Wenn eine Mannschaft 20 Minuten lang den Ball in den eigenen Reihen hatte, die andere jedoch 40 Minuten, liegt das Ballbesitzverhältnis bei 1:2. In Prozentzahlen ausgedrückt, ergibt dies rund 33 Prozent zu 67 Prozent. Viele Anbieter berechnen den Ballbesitzwert nicht mehr separat, sondern ermitteln ihn über die Eventdaten. Anhand der Zeitstempel der Events lässt sich bestimmen, welches Team länger im Ballbesitz war. Wenn eine Mannschaft fünf Pässe binnen dreißig Sekunden spielt, ohne dass ein Ballverlust oder ein verlorener Zweikampf dazwischenliegt, ist es sehr wahrscheinlich, dass sie die vollen dreißig Sekunden den Ballbesitz hielt.

Eine weitere Kennzahl, die jeder Fan kennt, ist die Passquote. Diese berechnet sich aus dem Verhältnis der angekommenen Pässe zu den Fehlpässen. Wenn sieben von zehn Pässen eines Verteidigers bei einem Mitspieler ankommen, liegt seine Passquote bei 70 Prozent.

Ähnlich lässt sich auch die Zweikampfquote berechnen. Hierbei werden sämtliche Zweikämpfe ausgewertet. Gewinnt ein Spieler fünf von zehn Zweikämpfen, liegt seine Zweikampfquote bei 50 Prozent. Im Vergleich zu Pässen sind Zweikämpfe jedoch weit schwerer zu definieren. Wann beginnt ein Zweikampf, wann hört er auf? Wie ermittelt man den Sieger, wenn der Ball ins Aus geht? Hier gibt es viele Fallstricke. Manche Anbieter werten daher nicht jeden Zweikampf einzeln aus. Sie berechnen die Zweikampfquoten aus anderen Statistiken und stellen etwa den eroberten Bällen eines Teams die erfolgreichen Dribblings des Gegners gegenüber.

Zu den altbewährten Kennwerten zählt auch die Laufdistanz. Hierbei wird ausgewertet, welche Strecke ein Spieler zurückgelegt hat. In Sachen Geschwindigkeit unterscheiden die meisten Anbieter zwischen einfachen Läufen, intensiven Läufen sowie Sprints. Für einen Sprint muss ein Spieler die Schwelle von 25 km/h für mindestens eine Sekunde überschreiten. Zudem muss er mehr als zwei Sekunden lang mindestens 14,4 km/h schnell sein. So wird verhindert, dass kurze, ruckartige Bewegungen als Sprint erfasst werden. Intensive Läufe wiederum werden aufgezeichnet, sobald ein Spieler eine Spitzengeschwindigkeit zwischen 20 und 25 km/h erreicht.

Seit nunmehr dreißig Jahren bekommen Journalisten nach Fußballspielen diese Zahlen an die Hand. Bei Bundesliga-Spielen reicht ein Mitarbeiter nach Abpfiff einen Stapel Zettel auf die Pressetribüne. Auf diesen steht fein säuberlich aufgeschlüsselt, welche Mannschaft mehr Ballbesitz hatte, wie viele Torschüsse beide Teams abgegeben und wie viele Kilometer die Spieler zurückgelegt haben. Diese Daten sollen helfen, das Geschehen auf dem Feld zu entschlüsseln.

So haben Zahlen auch einen festen Platz in meiner Arbeit als Sportjournalist. Nachdem ich ein Fußballspiel angeschaut habe, gehe ich direkt auf die Statistik-Webseiten meiner Wahl. Auf WhoScored.com finden sich die meisten grundsätzlichen Statistiken wie Ballbesitz und Passquote, aufgeschlüsselt für beide Teams und jeden einzelnen Spieler. Nach Bundesliga-Spielen durchforste ich zusätzlich die offizielle Seite der Liga. Hier finden sich die

Laufdaten. So kann ich herausfinden, welche Spieler die meisten Sprints angesetzt haben und wer der schnellste auf dem Feld war. Wenn es sich anbietet, nutze ich diese Statistiken in meinen schriftlichen Analysen oder als Argumentationshilfe in Podcasts.

Ich bin nicht der einzige Journalist, der Statistiken nutzt. In der Sportberichterstattung werden häufig Zahlen herangezogen, um die eigene Argumentation zu untermauern. Hat ein Team verloren, liest man oft Zeilen wie: «Der fehlende Einsatz spiegelt sich in den gelaufenen Kilometern wider. Hier lag das Team weit hinter dem Gegner.» Oder auch: «Gerade einmal 65 Prozent der Pässe kamen beim Mitspieler an.» Hohe Laufwerte oder eine gute Zweikampfquote werden als Erklärung herangezogen, warum ein Team ein Spiel gewonnen hat.

Die klassischen Statistiken haben jedoch einen großen Haken. Die meisten der oben genannten Werte – von der Anzahl der Pässe über die Laufleistung bis hin zur Zahl der gewonnenen Zweikämpfe – sind rein quantitativer Natur. Sie messen, wie häufig etwas auf dem Feld geschehen ist. Das sagt aber nicht immer etwas darüber aus, ob das, was die Spieler getan haben, dem Team geholfen hat.

Ein klassisches Beispiel für eine trügerische Statistik ist die Passquote. Ein Spieler kann 100 Prozent seiner Pässe anbringen. Das muss jedoch nicht bedeuten, dass die Pässe seinem Team auch weitergeholfen haben. Wenn ein Verteidiger viele Pässe zurück zum Torhüter spielt, wird er zwar seine Passquote erhöhen – die Siegchancen seines Teams dürften aber eher schrumpfen.

Um die Frage zu überprüfen, wie stark die klassischen Statistiken mit dem Erfolg einer Mannschaft zusammenhängen, habe ich die Statistiken der Bundesliga-Saison 2023/24 ausgewertet. Ich habe für jedes einzelne Spiel Daten für die Anzahl der Schüsse, den Ballbesitzwert, die Passgenauigkeit, die gelaufenen Kilometer

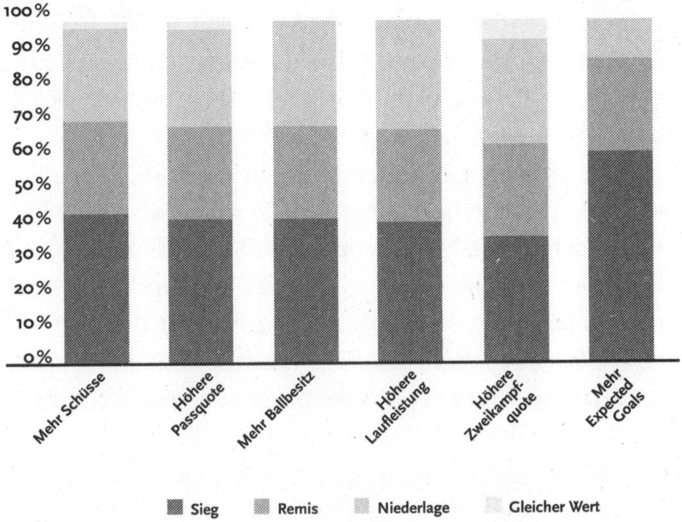

Diese Grafik zeigt, wie häufig Teams in der Saison 2023 / 24 ein Bundesliga-Spiel gewonnen haben, die in der jeweiligen Statistik vorne lagen.

sowie die Zweikampfquote herausgesucht. Diese Daten wurden von der Statistikfirma Opta erhoben und stammen aus öffentlichen Quellen. Im zweiten Schritt habe ich ermittelt, wie häufig das Team gewonnen hat, das innerhalb eines Spiels bei der jeweiligen Statistik einen besseren Wert erzielte als der Gegner.

So wurden 44 Prozent der Bundesliga-Spiele von jenem Team gewonnen, das von Anpfiff bis Abpfiff mehr Schüsse abgegeben hat als der Gegner. In 27 Prozent der Fälle hat das Team gewonnen, das weniger Schüsse abgegeben hat. Die restlichen 26 Prozent entfallen auf die Partien, die Remis endeten. Die wenigen Prozentpunkte, die bis 100 Prozent fehlen, beanspruchen jene Partien, in denen beide Teams gleich viele Schüsse abgegeben haben.

Ganz ähnlich fallen die Zahlen für alle üblichen Statistiken aus. In 42 Prozent der Fälle gewann das Team, das eine höhere Passquote aufwies als der Gegner. Genauso hoch liegt die Prozentzahl jener Spiele, bei denen das Team mit mehr Ballbesitz gewann. 41 Prozent aller Partien wurden von jener Mannschaft gewonnen, die mehr Kilometer gelaufen ist als der Gegner.

Würde man vor dem Spiel den Sieger in einer der genannten Statistiken kennen, läge die Chance, den Gewinner korrekt vorherzusagen, bei nicht einmal 50 Prozent. Das ist umso bemerkenswerter, als dass man dieselbe Genauigkeit auf simplere Weise erreicht: indem man den Heimvorteil bedenkt. 44 Prozent aller Partien wurden in der Saison 2023/24 vom Heimteam gewonnen. Es lässt sich festhalten: Die genannten Variablen verraten wenig mehr über den zu erwartenden Sieger als der Heimvorteil.

Noch bitterer wird es, wenn man der Deutschen liebste Statistik betrachtet: die Zweikampfquote. Eine hohe Zweikampfquote steht für Einsatz und Kampf, so die landläufige Meinung. In Wahrheit ist eine hohe Zweikampfquote kein Erfolgskriterium. Nur rund 36 Prozent aller Bundesliga-Partien der Saison 2023/24 wurden von jenem Team gewonnen, das eine höhere Zweikampfquote aufwies als der Gegner. In knapp 32 Prozent aller Spiele hat die Mannschaft, die «mehr Einsatz» gezeigt hat, verloren. Es gibt also nicht wirklich einen Zusammenhang zwischen gewonnenen Zweikämpfen und Siegen – zumindest nicht in der von mir untersuchten Saison.

Möchte man tiefer in die Materie eintauchen, kann man den Korrelationskoeffizienten zurate ziehen. Dieser zeigt an, ob zwei Variablen statistisch signifikant verbunden sind oder nicht. Ein Beispiel: Menschen mit einer hohen Körpergröße haben häufig auch eine große Schuhgröße. Würde man die Körpergröße und die Schuhgröße von 10 000 zufällig ausgewählten Menschen in ein Diagramm eintragen, käme am Ende ein recht deutliches Bild heraus: Die Menschen mit Schuhgröße 36 sind eher klein gewachsen, die Menschen mit Schuhgröße 48 eher groß. Die beiden Variablen korrelieren miteinander.

Die genannten Statistiken korrelieren nur schwach mit Siegen oder Toren in der Bundesliga. Die Anzahl der abgegebenen Schüsse korreliert noch am stärksten mit Punkten (0,3). Ballbesitz (0,2), Passquote (0,15) und die Laufleistung relativ zum Gegner (0,15) korrelieren kaum mehr mit Siegen. Die Zweikampfquote (0,09) und die absolute Laufleistung (–0,03) haben praktisch keinen Zusammenhang mit der Zahl der Tore oder Punkte.

Ich habe weitere Kennzahlen betrachtet. So korreliert die Zahl der langen Bälle (–0,06) und die Zahl der Flanken (–0,13) leicht negativ mit dem Ausgang einer Partie. Das bedeutet, je mehr Flanken ein Team schlägt, desto unwahrscheinlicher ist ein Erfolg – wenn auch nur leicht und kaum statistisch signifikant. Die Anzahl der Zweikämpfe, die ein Team führt, korreliert weder positiv noch negativ mit der Anzahl der Punkte oder Tore.

Das Ergebnis meiner Berechnungen ist wissenschaftlich kaum relevant. Ich beziehe mich nur auf eine Bundesliga-Saison. Der Datensatz ist sowohl zeitlich als auch räumlich eingeschränkt. Die Ergebnisse decken sich aber in großen Teilen mit dem, was Forschende herausgefunden haben. Dr. Hannes Lepschy hat 2018 in seiner Dissertation eine Meta-Analyse zum Thema Fußballdaten angefertigt. Er hat dazu zahlreiche wissenschaftliche Arbeiten gesichtet, die den Zusammenhang zwischen Fußballdaten und Erfolg untersuchen. Seine Erkenntnis: Die Zahl der Schüsse sowie die Effizienz, also eine möglichst hohe Zahl an Toren aus möglichst wenigen Schüssen, sind über viele Studien hinweg die stabilsten Erfolgsfaktoren. Das ist einleuchtend: Wer öfters schießt und dabei auch noch das Tor trifft, wird ein Fußballspiel eher gewinnen. Auch einer hohen Passquote und einem höheren Ballbesitzwert wird in einigen Studien ein positiver Effekt auf den Ausgang des Spiels bescheinigt. Dieser Effekt zieht sich allerdings nicht durch alle Studien und schwankt teilweise sehr stark. Noch diffuser ist die Situation bei weiteren Statistiken wie der Zweikampfquote. Insgesamt gibt es kaum Zusammenhänge zwischen den klassischen Kennwerten und den Siegchancen einer Mannschaft.

Warum sagen diese Statistiken Erfolg nicht besser voraus? In erster Linie, weil dies gar nicht ihr Anspruch ist. Die Ballbesitzquote verrät, welches Team länger den Ball in den eigenen Reihen hatte. Ob dies freiwillig geschah oder weil der Gegner seinen eigenen Ballbesitz nicht ausgespielt hat, verrät die Statistik nicht. Die Passquote gibt keinen Aufschluss über die Qualität der Pässe. Die Zweikampfquote mag in Deutschland heiß geliebt sein, um den Einsatz eines Teams zu messen. Doch am Ende nützt eine Zweikampfquote von 80 Prozent wenig, wenn der Verteidiger die beiden entscheidenden Duelle im eigenen Strafraum verliert.

Insofern gilt es, vorsichtig zu sein, wenn Journalisten oder TV-Experten einzelne Statistiken als Argument für den Ausgang eines Spiels heranziehen. Ich selbst bin das ein oder andere Mal dieser Versuchung erlegen. Doch ob eine Mannschaft einen Kilometer mehr oder weniger als der Gegner läuft, ist aus statistischer Sicht kaum signifikant für das Ergebnis. Zwar klingt es logisch, wenn der Experte nach einem gewonnenen Spiel die besonders hohe Zweikampfquote lobt. Allerdings gewinnen fast genauso oft jene Teams, die eine schlechtere Zweikampfquote aufweisen. Niemand käme jedoch auf die Idee zu sagen: «Heute hat Schalke weniger Zweikämpfe gewonnen, also haben sie das Spiel gewonnen.» Dabei wäre dieser Schluss anhand der Daten genauso möglich wie die gegenteilige Aussage. Entsprechend gilt: Es ist Vorsicht geboten bei der Nutzung klassischer Kennzahlen im Fußball.

Hinzu kommt bei der Arbeit mit Statistiken aller Art das klassische Henne-Ei-Problem. Was war zuerst da: der Erfolg? Oder die besonders hohe Quote in einer Statistik? Ein Beispiel: Die von mir ausgewerteten Daten umspannen die Saison 2023/24. Betrachtet man jedoch die Folge-Saison, korreliert eine Statistik plötzlich stärker mit Erfolg als die anderen: die Laufleistung. 50 Prozent aller Spiele wurden von jenem Team gewonnen, das mehr lief als der Gegner.

War Laufen plötzlich zu einem deutlich relevanteren Erfolgsfaktor geworden als im Jahr zuvor? Wohl kaum. Fast die gesamte Varianz zwischen beiden Spielzeiten lässt sich über einen einzigen Faktor erklären: den FC Bayern München. In der Saison 2023/24 setzte Trainer Thomas Tuchel auf eher langsamen Ballbesitzfußball. Nur bei 5 ihrer 23 Siege liefen die Bayern-Spieler mehr Kilometer als ihre Gegenspieler. In der Folgesaison übernahm Vincent Kompany. Sein Spielstil ist wesentlich laufintensiver: Die Bayern spielten eine Manndeckung über das gesamte Feld und tauschten ständig ihre Positionen. Plötzlich wiesen die Bayern bei 20 ihrer 25 Siege eine höhere Laufleistung auf als der Gegner. Die Bayern gewannen unter Kompany zwei Spiele mehr als unter Tuchel. Taten sie dies aufgrund ihrer stärkeren Laufleistung? Das lässt sich nicht mit Gewissheit sagen. Viel eher scheint ein anderes Gesetz zu gelten: Die Bayern verfügen im Vergleich zur restlichen Bundesliga über den besten Kader. Sie gewinnen Spiele mit Tuchels eher langsamem Ballbesitzfußball fast genauso stabil wie mit Kompanys kompromisslosem Offensivstil.

Entsprechend lässt sich aus dem Bayern-Beispiel vor allem ein Schluss ziehen: Als erfolgreich entpuppt sich in der Statistik häufig das, was erfolgreiche Teams tun. Ob das, was erfolgreiche Teams tun, auch ursächlich war für den Erfolg? Das ist eine andere, viel schwerer zu beantwortende Frage. Fußball umfasst derart viele Variablen, dass man bei Abpfiff kaum sagen kann, welche ursächlich war für das Ergebnis.

Hinzu kommt ein weiterer Faktor: Viele der bekannten Statistiken weisen einen starken Zusammenhang mit dem Spielstand auf. Der Ballbesitzwert ist ein klassisches Beispiel. Liegen Teams im Rückstand, haben sie im Schnitt einen deutlich höheren Ballbesitzwert als bei einem Vorsprung. Das hat taktische Gründe: Das Team, das hinten liegt, möchte unbedingt ein Tor schießen. Dazu braucht es den Ball. Die Spieler passen sich die Kugel nun öfter zu, um eine Lücke in der gegnerischen Defensive zu finden. Mit einer Führung im Rücken hingegen lassen viele Teams den Gegner kommen. Sie fokussieren sich auf eine starke Defensive sowie schnelle Konter. Häufig gelingt dies: Wer selbst bereits in Führung liegt, hat eine höhere Wahrscheinlichkeit, ein weiteres Tor zu schießen.

Daraus den Schluss zu ziehen, dass ein niedrigerer Ballbesitzwert besser sei, wäre jedoch falsch. Erneut spielen viele Faktoren hinein: Das zurückliegende Team muss nach und nach mehr riskieren, um ein Tor zu schießen. Das erleichtert der in Führung liegenden Mannschaft das Konterspiel. Zudem lässt sich gar nicht so leicht steuern, wie viel Ballbesitz ein Team hat. Viele Faktoren bestimmen, welches Team bei einem Stand von 0:0 eher auf Angriff spielt: die präferierte Spielweise des Trainers, das Heimrecht, die Erwartungshaltung oder die Ausgangslage vor dem Spiel. Insofern wäre es falsch, aus statistischen Gründen einem Team eine bestimmte Spielweise zu empfehlen, frei nach dem Motto: Wer kontert, schießt im Schnitt x Tore mehr pro Spiel.

Unter professionellen Fußball-Analysten gibt es inzwischen die Angewohnheit, Event-Daten abschätzig zu betrachten. Mit Zweikampfwerten oder Passquoten befassen sie sich kaum mehr. Das halte ich genauso für einen Fehler, wie diesen Daten blind zu vertrauen. Zwar verraten die klassischen Event-Daten wenig über den Ausgang eines Spiels. Sie helfen aber, den Verlauf einer Partie zu erklären.

Die Laufleistung etwa mag nicht besonders stark mit dem Erfolg einer Mannschaft korrelieren. Sie verrät jedoch etwas über die Spielweise. Teams mit höherer Laufleistung setzen in der Regel auf intensiveren Fußball. Möchte man diesen Mechanismus weiter untersuchen, könnte man sich in dieser besonderen Statistik vertiefen. In welchen Spielphasen läuft diese Mannschaft besonders viel? Schafft sie es, die Laufleistung über das gesamte Spiel gleichmäßig abzurufen? Welche Spieler tragen besonders zu dieser hohen Laufleistung bei?

Ein kurzer Blick auf die klassischen Kennwerte kann beim Einstieg in eine Spiel-, Mannschafts- oder Spieleranalyse helfen. Genau auf diese Art gehe ich an die klassischen Event-Daten heran: Sie sind ein Indikator dafür, was auf dem Feld passiert sein könnte. Im Anschluss steige ich tiefer gehend in die Analyse ein.

Expected Goals: Von Quantität zu Qualität

Es gibt einen Wert, der den Erfolg bei einem Bundesliga-Spiel wesentlich besser voraussagt als die althergebrachten Kennzahlen. In der Saison 2023/24 wurden 61 Prozent aller Bundesliga-Spiele von dem Team gewonnen, das in dieser Statistik vorne lag. Nur 12 Prozent der Sieger erzielten einen schlechteren Wert als der Gegner. Es handelt sich um den Expected-Goals-Wert.

Expected Goals sind in aller Munde. Innerhalb von nicht einmal fünfzehn Jahren hat es der Wert von Online-Blogs auf die große Bühne der Fernsehübertragungen geschafft. Trainer nutzen ihn, um die Leistung ihrer Mannschaft zu bewerten. Scouts schätzen mit seiner Hilfe die Stärken von Spielern. In der Bundesliga wird er fein säuberlich nach jedem Spiel eingeblendet.

Ein Mit-Urheber dieses Wertes ist ein alter Bekannter: Charles Reep veröffentlichte im Jahr 1997 zusammen mit Richard Pollard einen Aufsatz mit dem Titel «Measuring the effectiveness of playing strategies at soccer», zu Deutsch: Messung der Effektivität von Spielstrategien im Fußball. Sie wollten herausfinden, mit welcher Strategie Fußballteams die Wahrscheinlichkeit erhöhen können, ein Tor zu erzielen. Dafür nutzten sie die von Reep erhobenen Daten. Der Engländer hatte 22 Spiele der WM 1986 systematisch ausgewertet. Dabei analysierte er über 6000 Angriffe – jede Ausgangsposition, jeden Pass, jedes Ergebnis eines Angriffs.

Pollard wollte zusammen mit Reep dessen Daten auswerten. Kann man anhand dieser Daten besondere Erfolgsstrategien herausfiltern? Zunächst mussten die beiden definieren, was einen erfolgreichen Angriff im Fußball ausmacht. Das klingt zunächst trivial: Im Fußball lautet das Ziel, Tore zu schießen. Ein erfolgreicher Angriff endet also mit dem Ball im Tor. Allerdings ist ein Tor im Fußball ein seltenes Ereignis. In Reeps Datenbank der ausführlich analysierten Angriffe endeten gerade einmal 47 mit einem Tor. Dieser Wert ist zu gering, um eine statistisch signifikante Aussage über Erfolgsstrategien zu treffen.

Reep und Pollard behalfen sich mit einem Trick. Sie bewerteten einen Angriff nicht nach der Frage, ob ein Tor oder kein Tor fiel. Sondern danach, ob die angreifende Mannschaft einen Torschuss abgegeben hat. Ob der Ball ins Tor geht, liegt maßgeblich an einem einzigen Spieler – dass der Ball aber überhaupt erst zum Schützen gelangt, ist eine Mannschaftsleistung. Ob eine kollektive Strategie aufgeht, lässt sich entsprechend beurteilen, wenn man die Qualität der Chancen betrachtet, die ein Team kreiert. Daher definierten sie den Torschuss als erfolgreichen Abschluss eines Angriffs. Dadurch konnten sie 489 erfolgreiche Angriffe auswerten.

Gleichzeitig bemerkten sie jedoch, dass nicht jeder Schuss gleich viel wert war. «Schüsse aus zentralen Positionen innerhalb des Strafraums haben eine 15-mal so hohe Wahrscheinlichkeit, im Tor zu landen, wie Schüsse von außerhalb [des Strafraums]», schreiben sie. Sie wollten also jeden Angriff auch nach der Wahrscheinlichkeit bewerten, dass der entstehende Schuss im Tor landet. Sie bestimmten verschiedene Variablen, die einen Einfluss auf die Wahrscheinlichkeit hatten, dass ein Schuss zu einem Tor führt. Mithilfe logistischer Regression rechneten sie aus, wie stark die einzelnen Variablen auf die Torwahrscheinlichkeit einwirken. Die vier Variablen, die sich als robust erwiesen, lauteten:

- Der Abstand zwischen dem Ort des Schusses und dem Mittelpunkt des Tors.
- Der Winkel zum am nächsten stehenden Torpfosten, aus dem der Schuss abgegeben wurde.
- Ob ein gegnerischer Verteidiger beim Schuss innerhalb von einem Meter Entfernung zum Ball stand.
- Die Spielsituation: War es ein Angriff aus dem Spiel? Oder eine Standardsituation?

Auch ohne zu wissen, was logistische Regression bedeutet, leuchten Reeps und Pollards Ideen sofort ein. Möchte man Angriffe systematisch auswerten, darf man nicht jeden Angriff gleich behandeln. Ein Schuss aus drei Metern ist für den Torhüter wesentlich schwerer zu parieren als ein Schuss aus dreißig Metern. Wenn der Angreifer aus spitzem Winkel schießt, kann er den Torhüter schwerer überwinden als aus zentraler Position. Ein Verteidiger in der Nähe des Balls könnte den Schuss blocken, senkt also die Erfolgswahrscheinlichkeit. Bei Standards stehen mehr Verteidiger im Strafraum, was das Toreschießen erschwert.

Pollard und Reep gewichteten die einzelnen Variablen unterschiedlich – je nachdem, wie stark sie laut ihren Berechnungen auf die Erfolgswahrscheinlichkeit eines Schusses einwirkten. Am Ende erhielten sie eine Formel, mit deren Hilfe man aus jedem Schuss die Wahrscheinlichkeit des Torerfolgs bestimmen konnte.

Es ist äußerst faszinierend, Pollards und Reeps Aufsatz dreißig Jahre später zu lesen. Im Grunde unterscheidet sich ihre Beschreibung der Torwahrscheinlichkeit eines Schusses kaum von der Art, wie heute Expected Goals berechnet werden. Dennoch schlug der Aufsatz nach der Veröffentlichung zunächst kaum Wellen. Laut Google Scholar wurde er in den ersten fünf Jahren nach der Veröffentlichung nicht mehr als achtmal in der wissenschaftlichen Literatur zitiert; einmal traurigerweise, als Pollard 2002 einen Nachruf auf seinen verstorbenen Co-Autor Reep schrieb. Erst Jahre später entdeckte man die Arbeit wieder. Allein zwischen 2022 und 2025 wurde der Aufsatz über hundertmal in fremden Arbeiten zitiert, meist in Abhandlungen über Expected Goals.

Um das Jahr 2010 herum wurde Reeps und Pollards Ansatz populär. Blogger begannen, Wahrscheinlichkeiten für Torschüsse zu berechnen. Sie nutzten dazu jene Daten, die Firmen wie Opta öffentlich bereitstellten. Wer letztlich den Begriff Expected Goals erfunden hat, ist bis heute umstritten. Die Bezeichnung findet sich ab 2010 in Artikeln von Bloggern wie Sarah Rudd oder Sander Ijtsma. Die Statistikfirmen wurden auf das Konzept aufmerksam. So entwickelte Sam Green 2012 für die Datenfirma Opta einen eigenen Wert, den er explizit Expected Goals nannte. Das war der Durchbruch für den Begriff.

Expected Goals funktionieren ähnlich wie bei Reep und Pollard. Anhand historischer Daten wird betrachtet, wie stark eine Variable den Erfolg eines Torschusses beeinflusst. Ich könnte, in der Theorie, ein Expected-Goals-Modell basteln, das allein die Entfernung vom Tor betrachtet. Dazu würde ich möglichst viele Schüsse für mein

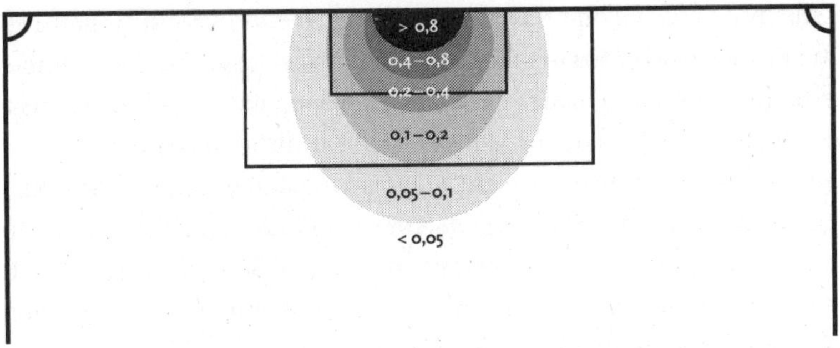

Eine grobe Angabe, wie hoch die Expected-Goals-Werte eines Schusses sind, abhängig vom Ort, an dem er abgegeben wurde. In der Realität sind die Berechnungen komplexer.

Modell analysieren. Für jede Entfernung könnte ich auswerten, wie viele Schüsse aus exakt dieser Torentfernung in der Vergangenheit im Tor gelandet sind. Ein Beispiel: In meiner Datenbank finden sich 100 Schüsse, die aus exakt zehn Metern vom Mittelpunkt des Tors entfernt abgegeben wurden. 5 dieser 100 Schüsse sind im Tor gelandet. Die Torwahrscheinlichkeit für einen Schuss aus dieser Entfernung beträgt entsprechend 5 Prozent. Ein Expected-Goals-Wert würde diese Wahrscheinlichkeit als Dezimalzahl ausspucken: Aus 5 Prozent wird 0,05 Expected Goals. Jeder Schuss, der fortan aus zehn Metern Torentfernung abgegeben wird, bekommt laut meinem Modell einen Expected-Goals-Wert von 0,05 zugewiesen.

Würde man nur eine Variable betrachten, käme kein Modell heraus, das eine realistische Wahrscheinlichkeit für ein Tor ausspuckt. Das ist logisch: Es macht einen großen Unterschied, ob ich aus zehn Metern zentraler Position schieße oder aus spitzem Winkel. Daher beachten Expected-Goals-Werte eine Reihe weiterer Variablen. Neben der Entfernung zum Tor hat sich in den meisten Modellen der Winkel zum Tor als einflussreichste Variable herauskristallisiert.

Es gibt noch weitere Variablen, die sich nutzen lassen. Schon Pollard und Reep hatten die Frage mit einfließen lassen, ob der Schuss aus einer Standardsituation oder aus dem Spiel heraus resultiert. Moderne Expected-Goals-Modelle fächern diese Variable noch weiter auf. Sie betrachten, ob ein Schuss aus dem regulären Spielaufbau oder einer Kontersituation erspielt wurde. Auch rechnen sie mit ein, was für eine Art Vorlage der Mitspieler gab. Eine Flanke oder ein langer Ball sind schwerer zu verwerten als ein Flachpass. Wichtig ist auch die Frage, mit welchem Körperteil der Angreifer abschließt. Ein Kopfball ist schwerer zu verwandeln als ein Schuss mit dem Fuß.

Eine weitere Variable, die schon Reep und Pollard haben einfließen lassen, wurde in den vergangenen Jahren ebenfalls verfeinert: die Frage, ob sich ein Verteidiger in Ballnähe befindet. Pollard und Reep haben hier eine simple «Ja oder nein»-Möglichkeit betrachtet. Die Firma Hudl Statsbomb geht heute noch weiter. Die Gründer stellten fest, dass die meisten Expected-Goals-Modelle nicht genau genug waren. So landeten Schüsse mit einer Torwahrscheinlichkeit von 40 Prozent in wesentlich weniger als 40 Prozent der Fälle im Tor. Er erklärte sich dies mit mangelhaften Daten. Statsbomb begann also, selbst Daten zu erheben. Die Firma bietet den sogenannten Freeze Frame an. Dabei wird die Spielsituation direkt vor dem Torschuss eingefroren und die Position aller Spieler bestimmt. Die Position der Gegenspieler fließt als zusätzliche Variable in die Auswertung ein.

Mit diesem Verfahren gelingt es Hudl Statsbomb, einen nicht ganz unwichtigen Faktor einzubeziehen: den Torhüter. Dieser ist der entscheidende Gegenspieler für jeden Stürmer, der ein Tor erzielen will. In frühere Expected-Goals-Modelle floss die Position des Torhüters nicht ein, da hierfür keine Daten vorlagen. Das führte zu absurden Verzerrungen. So konnte man anhand klassi-

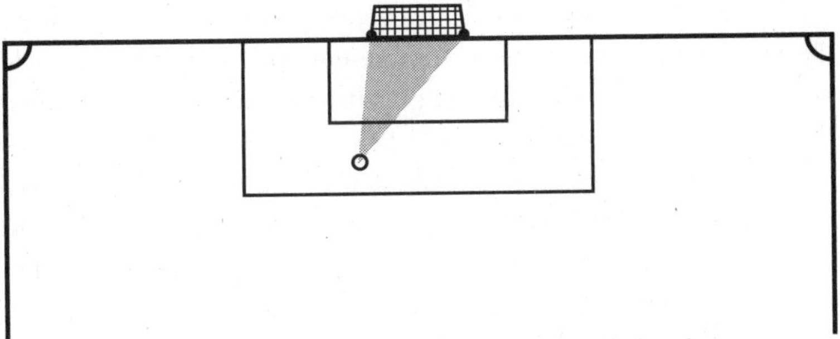

Der Tormund bezeichnet das Dreieck, das sich zwischen dem Ort der Abgabe des Schusses und beiden Pfosten ziehen lässt.

scher Event-Daten nicht erkennen, ob ein Stürmer den Torhüter bereits umdribbelt hatte und den Ball nur noch ins leere Tor schieben musste. Mit den Freeze Frames von Hudl Statsbomb oder Tracking-Daten lässt sich diese Lücke schließen.

Viele Modelle nutzen die Freeze-Frame-Daten, um den sogenannten Tormund zu betrachten. Dabei wird ein Dreieck gebildet zwischen der Position des Balls und den beiden Pfosten. Die Torwahrscheinlichkeit sinkt, je mehr Gegenspieler sich in diesem Bereich befinden. Je größer die Fläche ohne Gegner vor dem Tor, desto leichter fällt das Toreschießen. Mithilfe von Daten wie diesen wurden Expected-Goals-Modelle in den vergangenen Jahren immer weiter verfeinert.

Findige Leser werden bemerkt haben, dass ich bei Expected-Goals-Modellen den Plural nutze. Das ist kein Zufall. Es gibt nicht einen einzigen, endgültigen Expected-Goals-Wert. Das bedingt sich aus der Erhebung dieser Werte. Die Modelle stützen sich auf historische Daten. Welche Daten man in die Berechnung einfließen lässt, entscheidet maßgeblich über die Torwahrscheinlichkeiten der einzelnen Schüsse. Je mehr Daten man aus unterschiedlichen Wettbewerben nutzt, umso breiter gefächert ist die Datenbank.

Ich könnte – in der Theorie zumindest – auch sämtliche Kreisligen Deutschlands auswerten und daraus ein Expected-Goals-Modell erstellen. In der Kreisliga dürfte die Torwahrscheinlichkeit des exakt gleichen Schusses jedoch eine völlig andere sein als in der Bundesliga. Die Qualität der Schützen ist schlechter als im Profifußball, genauso die Qualität der Torhüter. Die Wahrscheinlichkeit, dass ein Kreisliga-Spieler einen Schuss aus zwanzig Metern in den Winkel schlenzt, ist wesentlich niedriger als bei einem Profispieler.

Welche Daten man in ein Expected-Goals-Modell einfließen lässt, ist eine Wissenschaft für sich. Die meisten dieser Modelle werden mit Daten aus den großen Profiligen gefüttert. Welche Saisons sie auswählen, welche Ligen die Daten genau umfassen, welche Ereignisse herausgefiltert werden: All dies lässt sich von außen nicht beurteilen. Die logische Folge lautet: Unterschiedliche Anbieter ermitteln unterschiedliche Werte. Kaum ein Schuss erzielt bei zwei Anbietern den exakt gleichen Expected-Goals-Wert.

Ein – zugegebenermaßen extremes – Beispiel aus der Praxis: Am 10. Spieltag der Saison 2023/24 besiegte der spätere Meister Bayer Leverkusen die TSG Hoffenheim mit 3:2. Laut Daten der Firma Statsbomb hat sich Leverkusen Abschlüsse herausgespielt, die zusammengerechnet eine höhere Torwahrscheinlichkeit hatten als die des Gegners. Leverkusen erreichte 1,48 Expected Goals, Gegner Hoffenheim nur 1,27. Bei anderen Anbietern ergibt sich ein gänzlich anderes Bild. Die offiziellen Daten der Bundesliga weisen für Leverkusen einen nahezu identischen Wert von 1,49 auf, für Hoffenheim jedoch liegt er bei 1,82. Die Seite Understat.com wiederum vermeldet 1,05 Expected Goals für Leverkusen und 1,27 für Hoffenheim. Am stärksten ist der Unterschied beider Teams beim Anbieter Opta: 1,03 für Leverkusen zu 1,74 für Hoffenheim.

Diese Ambivalenz muss man bei Expected-Goals-Werten stets mitdenken. Viele Daten-Enthusiasten haben sogar ihr eigenes

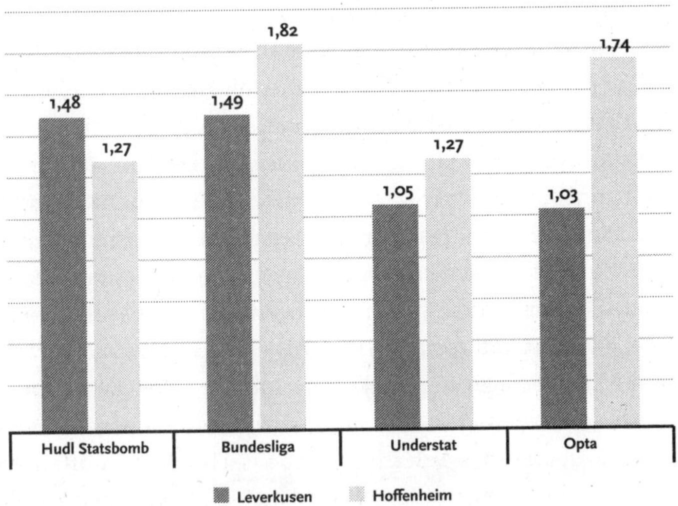

Verschiedene Anbieter spucken für das Spiel Leverkusen gegen Hoffenheim unterschiedliche Expected-Goals-Werte aus.

Modell entwickelt. Diese Modelle sind mit unterschiedlichen Rohdaten gefüttert. Auf Social Media werden immer wieder Expected-Goals-Werte gepostet, deren Herkunft kaum nachzuvollziehen ist. Nicht jeder Wert ist vertrauenswürdig. Es gibt unter Datenanalysten nicht umsonst den Witz: «Treffen sich zwei Statistiker zum Fußballschauen. Am Ende des Spiels haben sie acht Expected-Goals-Modelle entwickelt.»

Woran lässt sich ein gutes Expected-Goals-Modell erkennen? Es gibt mehrere Prüfverfahren, die sich anwenden lassen. Das simpelste: Man vergleicht den Expected-Goals-Wert eines Schusses mit der tatsächlichen Anzahl der erzielten Tore. Ein Schuss, der eine Torwahrscheinlichkeit von 40 Prozent hat, sollte in 40 Prozent der Fälle auch im Tor landen. Wenn sich also 1000 Schüsse mit einer Torwahrscheinlichkeit von 40 Prozent in meiner Datenbank befinden, sollten dabei 400 Tore herausgesprungen sein. Ein bisschen Varianz ist nicht zu vermeiden. Aber wenn dauerhaft nur 20 Prozent der 40-prozentigen Torgelegenheiten im Tor landen, wurde das Modell mit den falschen Daten trainiert.

Expected-Goals-Modelle sollten jedoch nicht nur für einzelne Schüsse funktionieren. Sie sollten letzten Endes auch mit der Anzahl der erzielten Tore korrespondieren. Wenn in einer Liga dauerhaft mehr Tore fallen, als dies nach den ermittelten Torwahrscheinlichkeiten der Fall sein sollte, bedarf es einer Überarbeitung des Modells. Das gilt auch bezogen auf einzelne Spiele. Aus mathematischer Sicht folgt die Anzahl der Tore pro Spiel im Fußball statistischen Gesetzen. Mithilfe einer Poisson-Binominalverteilung lässt sich bestimmen, wie wahrscheinlich es ist, dass in einem Spiel ein, zwei oder fünf Tore fallen. Wenn laut Expected Goals ständig in Spielen fünf oder null Tore, aber nie zwei Tore hätten fallen sollen, ist das Modell fehlerhaft.

All diese Tests könnte man durchführen. Der Konjunktiv deutet die Einschränkung an: Für den Otto Normalverbraucher erscheint es utopisch, solch eine Berechnung durchzuführen. Selbst Statistik-Nerds dürfte sie schwerfallen. Die wenigsten Expected-Goals-Modelle sind vollumfänglich öffentlich verfügbar. Selbst Forscher kommen nur schwer an die notwendigen Daten, ohne die Gebühren der Datenanbieter zu bezahlen. Es wäre eine große Mühe, die Expected-Goals-Werte mehrerer Anbieter mit den real erzielten Toren zu vergleichen – eine Arbeit, die selbst ich nicht leisten kann. Insofern bleibt uns einfachen Fußball-Fans wenig anderes übrig, als den großen Anbietern einen Vertrauensvorschuss zu geben.

***

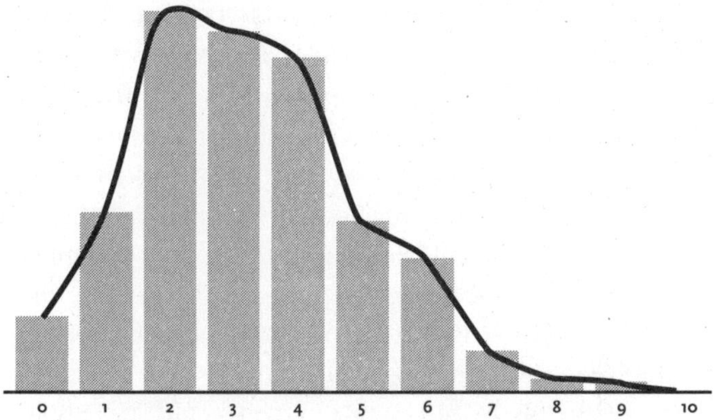

Die Anzahl der Tore pro Spiel in der Saison 2023/24. Spiele mit insgesamt zwei Toren waren am häufigsten vertreten.

Nun, da wir geklärt haben, wie Expected-Goals-Modelle funktionieren, bleibt noch eine wichtige Frage: Wozu betreibt man den ganzen Aufwand? Was bringt es, die Erfolgswahrscheinlichkeit eines Schusses zu messen?

Expected-Goals-Modelle machen etwas berechenbar, das jeder Fußball-Fan tief im Inneren bereits wusste: Nicht jede Torchance ist gleich viel wert. Dank Expected Goals können wir dieses Gefühl jetzt in Zahlen fassen. Das hilft nicht unbedingt bei jedem einzelnen Schuss weiter. Ob ein Stürmer nun eine Chance mit einem Expected-Goals-Wert von 0,53 oder 0,35 verballert, ändert wenig an der Enttäuschung über die vergebene Möglichkeit.

Expected Goals helfen aber, die Leistungen auf dem Platz zu bewerten. Das Gefühl, dass das Endergebnis nicht die Leistung beider Teams widerspiegelt, ist so alt wie der Sport selbst. Im Fußball kann es schon einmal vorkommen, dass ein Team zig gute Chancen vergibt, während der Gegner aus einer Halbchance das entscheidende 0:1 erzielt. Dank Expected Goals kann man dieses

Gefühl nun in Zahlen gießen. Wenn beide Teams in dieser Partie eine durchschnittliche Chancenverwertung an den Tag gelegt hätten, wäre es 2,56 zu 0,02 Tore ausgegangen – und nicht 0:1!

Expected Goals haben sich zum wichtigsten Kennwert des Fußballs gemausert, da sie eine bittere Wahrheit aufdecken: Der Zufall spielt im Fußball eine wesentliche Rolle. Tore fallen selten. Rund 60 Prozent aller Spiele im Profibereich enden unentschieden oder mit nur einem Tor Unterschied. Die maßgebliche Variable, die über Sieg oder Niederlage entscheidet, ist die Verwertung der eigenen Chancen. Expected Goals geben Auskunft darüber, wie gut einem Team dies gelingt.

Selbstredend bleiben Tore und Punkte die einzig harte Währung im Fußball. Gleichzeitig gibt die Tabelle nicht immer den wahren Leistungsstand der Teams wieder. Im Fußball kommt es häufig vor, dass Teams Glücks- oder Pechsträhnen durchlaufen. Drei unglücklich verlorene Spiele können eine Mannschaft ans Tabellenende fallen lassen. Ein Sportdirektor, der wissen möchte, ob er seinen Trainer austauschen soll, kann die Expected Goals zurate ziehen. Wenn die Mannschaft sich Chance um Chance herausspielt, aber immer wieder vor dem Tor versagt, sollte vielleicht nicht der Trainer ausgetauscht werden – sondern die Angriffsreihe.

Wenn ein Team über längere Strecken mehr Tore erzielt, als es nach Expected Goals zu erwarten wäre, spricht man auf Neudeutsch von einer Overperformance. In der Geschichte des Fußballs gab es jede Menge Beispiele von Teams, die über einen mittelgroßen Zeitraum verdammt viel aus verdammt wenig herausgeholt haben. Das historisch berühmteste Beispiel ist die Meistermannschaft von Leicester City. Unter Trainer Claudio Ranieri holte die Mannschaft in der Saison 2015/16 völlig überraschend den Titel in der englischen Premier League. Dabei ließ der Außenseiter die

	Team	Pkt
1	Leicester	81
2	Arsenal	71
3	Tottenham	70
4	Manchester City	66
5	Manchester United	66
6	Southampton	63
7	West Ham	62
8	Liverpool	60
9	Stoke	51
10	Chelsea	50
11	Everton	47
12	Swansea	47
13	Watford	45
14	West Bromwich Albion	43
15	Crystal Palace	42
16	Bournemouth	42
17	Sunderland	39
18	Newcastle United	37
19	Norwich	34
20	Aston Villa	17

	Team	Pkt
1	Arsenal	77
2	Manchester City	70
3	Tottenham	69
4	Leicester	69
5	Liverpool	63
6	Southampton	61
7	Chelsea	60
8	Manchester United	56
9	Everton	53
10	West Ham	50
11	Stoke	48
12	Watford	48
13	Crystal Palace	45
14	Bournemouth	44
15	Swansea	42
16	West Bromwich Albion	42
17	Sunderland	41
18	Newcastle United	40
19	Norwich	39
20	Aston Villa	30

Links: Die reale Premier-League-Tabelle der Saison 2015/16.
Rechts: Die Tabelle nach Expected Points.

finanziell wesentlich besser ausgestatteten Klubs aus Manchester und London hinter sich.

Ein Grundpfeiler des Erfolgs der «Foxes» war ihre wahnwitzige Effizienz. Mithilfe der Expected Goals lassen sich fiktive Tabellen berechnen. Dabei wandeln Statistiker die Expected Goals in Expected Points um, sprich: Wie viele Punkte hätte das Team geholt, wenn alle Spiele exakt so ausgegangen wären, wie es nach den Expected Goals hätte sein sollen? Laut der Statistik-Webseite Understat.com hätte Leicester dann in der Meistersaison nicht 81 Punkte geholt – sondern nur 69. Damit wären sie nicht auf dem ersten, sondern auf dem vierten Rang gelandet. Vizemeister Arsenal hingegen wäre statt 71 auf 77 Punkte gekommen.

Diese Art der Overperformance findet sich häufig im Fußball. Zahlreichen Teams ist es gelungen, über eine Saison hinweg mehr Tore zu schießen, als ihnen nach Expected Goals zugestanden hätten. Nur die wenigsten Teams schaffen es, solch eine Leistung über längere Zeit aufrechtzuerhalten. Leicester gelang dies nicht. Schon in der folgenden Saison landete der Verein wieder im Mittelfeld. Auch bei den Expected Points sackten sie ab: Statt der prognostizierten 48 Punkte holten sie nur 44.

Diesen Effekt bezeichnet man in der Mathematik als Regression zur Mitte. Dabei rücken extreme Messwerte immer näher zum Durchschnittswert, je mehr Messungen man durchführt. Ein gutes Beispiel ist der Münzwurf. Die Wahrscheinlichkeit, dass die Münze auf der Zahl landet, liegt bei exakt 50 Prozent. Dennoch ist es möglich, dass ich nach zehn Würfen achtmal die Zahl geworfen habe. Je häufiger ich aber die Münze werfe, umso wahrscheinlicher wird es, dass sie in rund 50 Prozent der Fälle auf der Zahl landet. Nach 10 000 Würfen wird sich das Verhältnis 50:50 angenähert haben. Auf lange Sicht gleichen sich extreme Messwerte aus.

Bei den Expected Goals ist dies nicht anders. Der VfL Wolfsburg etwa hat zwischen 2015 und 2025 durchgehend in der Bundesliga gespielt. In der Saison 2016/17 sind die Wölfe dem Abstieg nur über die Relegation entronnen. In jener Spielzeit haben sie zehn Tore weniger erzielt, als sie nach Expected Goals hätten erzielen sollen. Vier Jahre später erreichte der Verein als Vierter die Champions League. In jener Spielzeit hatten sie besonders viel Zielwasser getrunken. Sie schossen neun Tore mehr, als ihnen nach Expected Goals zugestanden hätten. Man könnte meinen, der Expected-Goals-Wert hat mit der Wolfsburger Realität wenig zu tun. Betrachtet man die zehn Spielzeiten jedoch nicht isoliert, sondern gemeinsam, ergibt sich ein anderes Bild. Zusammengerechnet hat Wolfsburg in den zehn Spielzeiten fünf Tore weniger erzielt, als ihnen nach Expected Goals zugestanden hätten. Das ist eine Abweichung von nicht einmal 0,5 Toren pro Saison. Die extremen Werte in den einzelnen Saisons haben sich über längere Zeit ausbalanciert.

Dennoch versuche ich, die Regression zur Mitte als Argumentation in Analysen zu vermeiden. Dafür gibt es zwei Gründe. Der erste lautet, dass die Regression zur Mitte keine planbare mathematische Gesetzmäßigkeit darstellt. Es gibt Teams, die wenige Wochen lang eine unerwartete Stärkephasen haben. Anderen Mannschaften gelingt dies über Monate oder Jahre. Den richtigen Zeitpunkt vorauszusagen, wann ein Overperformer zu einem Underperformer wird oder umgekehrt, ist nahezu unmöglich. Im Finanzwesen gibt es den schönen Spruch: «Die Börse kann länger irrational sein als du solvent.» Ähnliches gilt für Sportwetten-Enthusiasten, die sich gänzlich auf Expected Goals verlassen.

Hinzu kommt, dass es kein Zufall sein muss, wenn eine Mannschaft ihren Expected-Goals-Wert überbietet. Expected Goals geben die Erfolgswahrscheinlichkeit eines durchschnittlichen Schusses wieder. Dabei werden alle Schüsse von allen Schützen gleich gewichtet. Der Wert an sich macht keinen Unterschied, ob der Schuss abgefeuert wird von einem Spitzenspieler wie Harry Kane oder dem Ersatzstürmer eines Abstiegskandidaten.

Wenig überraschend gelingt es Spitzenteams eher, die erwartete Anzahl an Toren zu überbieten, als Abstiegskandidaten. Der FC Bayern München hat zwischen 2015 und 2025 in sieben von zehn Saisons mehr Tore erzielt, als nach Expected Goals zu erwarten gewesen wäre. Zusammengenommen haben sie in diesen zehn Jahren 67 Tore mehr erzielt als erwartet. Auch Borussia Dortmund

(+60) und Bayer Leverkusen (+46) haben in diesem Zeitraum die Erwartungen übertroffen. Sie verfügen schlicht über die besseren Spieler als die Konkurrenz.

Im Gegensatz dazu waren die Absteiger bei den Expected Goals praktisch immer Underperformer. Nur vier der letzten 21 Absteigern gelang es, mehr Tore zu schießen, als nach Expected Goals zu erwarten gewesen wäre. Zwei davon lagen zudem nur gerade so über dem erwarteten Wert. Eine These würde lauten: Bundesligisten, die während einer Saison das Pech verfolgt, steigen eher ab. Wahrscheinlich funktioniert die Logik jedoch andersherum: Weil diesen Teams die Qualität fehlt, benötigen sie mehr Möglichkeiten zum Toreschießen als die Konkurrenz. So haben der 1. FC Köln und Mainz 05 – zwei Vereine, die in den vergangenen Jahren meist im Abstiegskampf steckten – beim Verhältnis zwischen Expected Goals und erzielten Toren schlecht abgeschnitten.

Die logische Schlussfolgerung: Spielern von Spitzenvereinen gelingt es eher, den Ball im Tor unterzubringen, als Akteuren von einem Abstiegskandidaten. Doch auch diese Logik gilt nicht uneingeschränkt. Die Werte des FC Bayern etwa schwanken extrem von Spielzeit zu Spielzeit. Als der FC Bayern unter Hansi Flick 2021 das Triple gewann, erzielten sie in der Bundesliga 23 Tore mehr als erwartet. In der darauffolgenden Spielzeit sah es gänzlich anders aus: Die Bayern hätten eigentlich zwei Tore mehr erzielen müssen, als sie es letztlich taten.

Was bedeutet das für die Arbeit mit Expected-Goals-Werten? Sie können darauf hinweisen, ob eine Mannschaft über oder unter ihren Möglichkeiten punktet. Sie zeigen zudem auf, ob ein Stürmer seine Möglichkeiten verwertet oder nicht. In der Regel nähern sich die Werte nach einer Zeit dem Durchschnitt an. Tun sie das nicht, scheint eine Mannschaft oder ein Spieler über besondere Fähigkeiten zu verfügen (oder eben nicht).

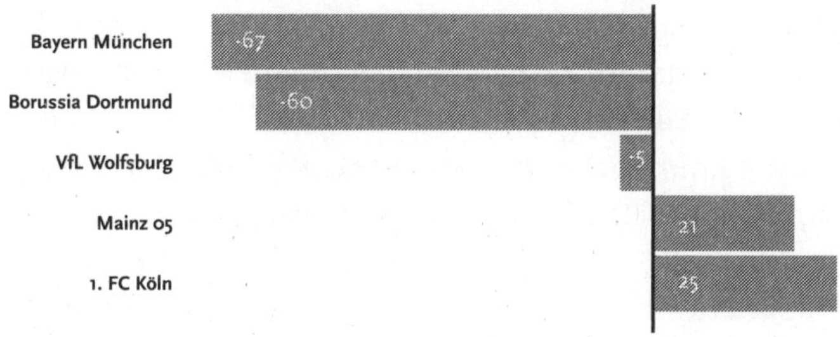

Vergleich zwischen realen Toren und Expected Goals über die vergangenen zehn Bundesliga-Jahre (2015 bis 2025).

Mathematik-Professor David Sumpter hat vor einigen Jahren untersucht, was die wahre Leistung eines Teams wiedergibt: die Expected Goals? Oder die tatsächlich erzielten Tore? Dafür verglich er die Varianz bei den Expected-Goals-Werten mit der Varianz bei den erzielten Toren. Sein Vorschlag: Betrachtet man einen Zeitraum zwischen drei und sechs Spielen, geben Expected Goals die Leistung eines Teams gut wieder. Bei einer Zeitspanne zwischen 6 und 17 Spielen lohnt es sich, die Expected Goals mit den erzielten Toren zu vergleichen, um Gründe zu finden, warum die Werte voneinander abweichen. Wenn ein Team mehr als eine Halbserie Over- oder Underperformer ist, liegt der Schluss nahe: Sie sind einfach ziemlich gut. Oder schlecht.

Sumpters Zahlen sollte man nicht als akribische Wissenschaft betrachten. Gibt man leicht veränderte Werte in die Gleichung, verändern sich die Werte, bis wann Expected Goals bei der Analyse einer Teamleistung helfen. Die Grundlogik scheint mir jedoch solide zu sein. Über kurze und mittlere Zeiträume helfen Expected Goals, die wahre Leistungsfähigkeit eines Vereins einzuschätzen. Über einen langen Zeitraum lügt die Tabelle eher nicht – wobei das durchaus bedeuten kann, eine Zehn-Jahres-Tabelle betrachten zu müssen.

Es ist indes kein Zufall, dass Teams wie Bayern München, Manchester City oder Real Madrid seit Jahren ihre Expected Goals überbieten. Sie sind die finanzkräftigsten Teams in ihrer Liga. Sie haben Spieler wie Erling Haaland, Harry Kane, Robert Lewandowski oder Kylian Mbappé in ihren Reihen. Diese Superstars machen auch aus wenig Expected Goals viele reale Tore. Die Logik leuchtet auf den ersten Blick ein.

Zumindest für einige der genannten Kandidaten gilt dies. Erling Haaland hat in seinen sechs Saisons bei Borussia Dortmund und Manchester City sechs Tore mehr erzielt, als zu erwarten gewesen wäre. Dabei hat er vor allem in seiner Zeit in Dortmund herausragend performt. Bei City hingegen hat er weniger aus seinen Chancen gemacht als ein durchschnittlicher Stürmer. Ähnlich wankelmütig war Harry Kane in den vergangenen Jahren – auf eine Saison mit Überperformance folgte stets eine, in der er unter den Erwartungen blieb. Selbst Cristiano Ronaldo, einem der besten Stürmer aller Zeiten, gelang es zuletzt in der Saison 2014/15, seine Expected-Goals-Werte nennenswert zu überbieten. Der einzige Stürmer, der das verlässlich tut, ist Kylian Mbappé. Im Schnitt schießt er zwei Tore pro Saison mehr, als es die Expected Goals vermuten ließen.

Ich habe dieses Phänomen etwas genauer untersucht und dabei auf die Seite Understat.com zurückgegriffen. Sie bietet Expected-Goals-Werte seit der Spielzeit 2014/15. So konnte ich mir die 100 besten Torschützen der Bundesliga der letzten zehn Jahre genau anschauen. Wer erzielte mehr Tore, als es durch Expected Goals zu erwarten gewesen wäre? Und wer hätte eigentlich viel mehr Tore schießen sollen?

In absoluten Werten gemessen führt ein unerwarteter Name die Liste an: Julian Brandt. Er hat in über zehn Jahren 17 Tore mehr als erwartet erzielt. Nun ist dies keine allzu große Überraschung: Brandt kickte in den elf untersuchten Saisons durchgehend in der

Bundesliga. Als Stammspieler von Bayer Leverkusen und Borussia Dortmund verpasste er kaum ein Spiel. Unter den Top-100-Torschützen stand er die fünftmeisten Minuten auf dem Platz. Er hatte also schlicht wesentlich mehr Gelegenheiten, Tore zu erzielen, als die meisten Konkurrenten.

Um diesen Effekt auszugleichen, behelfen sich Statistiker mit einem Trick: Die absoluten Werte werden umgerechnet, bis sie vergleichbar sind. Dazu rechnet man aus, wie hoch die Über- oder Unterperformance eines Spielers auf 90 Minuten gerechnet war. Hierbei wird der ermittelte absolute Wert durch die Anzahl der gespielten Minuten geteilt. Anschließend wird er mit 90 multipliziert. Diese Werte pro 90 Minuten sind in der Fußballstatistik Usus.

Wendet man diese Rechnung an, fällt Brandt auf den 19. Rang. Führender in der Tabelle ist nun Haaland. Er hat in seiner Zeit in Dortmund pro 90 Minuten 0,2 Tore mehr erzielt, als zu erwarten gewesen wäre – ein wahnsinnig hoher Wert. Der Zweitplatzierte Benjamin Šeško liegt bei 0,16 Toren. In den Top 10 finden sich weitere bekannte Stürmer: Alexander Meier von Eintracht Frankfurt etwa oder Joker-König Nils Petersen.

Die übrigen Namen sind interessanter. Arjen Robben kommt auf den drittbesten Wert. Jadon Sancho liegt auf Rang fünf, Emil Forsberg landet auf Rang 10. Auch Serge Gnabry (11.), Jamal Musiala (13.) und Kai Havertz (20.) finden sich unter den zwanzig effizientesten Torschützen.

Interessant wird es, wenn man die zwanzig effizientesten Schützen mit den zwanzig ineffizientesten vergleicht. Am Ende der Liste finden sich plötzlich kaum mehr Mittelfeldspieler. Sondern fast ausschließlich Mittelstürmer. Neun der zehn abschlussschwächsten Angreifer sind klassische Mittelstürmer, wie sie aus dem Lehrbuch des Fußballs stammen könnten. Den letzten Rang belegt mit André Silva ein Stürmer-Star, der einst für knapp 25 Millionen

Euro von Eintracht Frankfurt zu RB Leipzig wechselte. Er hat pro 90 Minuten 0,12 Tore weniger erzielt als erwartet. Unter den Flop-Ten finden sich ebenfalls Nationalstürmer Tim Kleindienst, Torjäger Serhou Guirassy und Superstar Pierre-Emerick Aubameyang. Die einzige Ausnahme stellt Flügelflitzer Dodi Lukébakio dar – und selbst dieser hat beizeiten als vorderster Stürmer agiert. Es drängt sich die Frage auf: Warum sind die besten Mittelfeldspieler wesentlich effizienter als einige der besten Stürmer der Liga? Sollten Spieler wie Musiala oder Brandt lieber selbst den Abschluss suchen, anstatt den Ball zu Kane oder Guirassy weiterzuleiten? Oder ist die Bundesliga einfach zu blöd, ordentliche Stürmer zu verpflichten?

Ein Problem bei meiner Art, die Abschlussstärke eines Spielers zu beurteilen, sind Fernschüsse. Dank Expected Goals wissen wir, dass Schüsse außerhalb des Strafraums nur eine geringe Erfolgswahrscheinlichkeit haben. Jeder Fußball-Fan kann das nachvollziehen: Wenn der Ball aus zwanzig Metern in den Winkel fliegt, lag ein besonders schönes Tor vor – weil wir wissen, dass aus dieser Entfernung kaum ein Schuss im Tor landet. Die meisten Schüsse von außerhalb des Strafraums haben entsprechend einen Expected-Goals-Wert von 0,01. Nur jeder 100. dieser Schüsse landet im Tor! Gelingt einem Fernschützen nun das Kunststück, aus dreißig Metern ins Tor zu treffen, liegt der Schütze 0,99 über Expected Goals. Selbst wenn er vorher 50 Fernschüsse neben das Tor gesetzt hat, erreicht er noch immer ein Plus von 0,49! Es ist kein Zufall, dass die effizientesten Spieler exzellente Fernschützen sind wie Arjen Robben, Jadon Sancho oder Maximilian Philipp: Sie holen aus schwierigen Situationen das Bestmögliche heraus. Stürmer haben es hier schwerer: Selbst wenn sie ein Tor schießen, erhalten sie weniger Expected Goals gutgeschrieben als ein Mittelfeldspieler. Schlimmer noch: Wenn ein Angreifer eine 50:50-Chance ver-

	Name	xG/90
1	Erling Haaland	0,20
2	Benjamin Šeško	0,16
3	Arjen Robben	0,16
4	Alexander Meier	0,15
5	Jadon Sancho	0,14
6	Nils Petersen	0,12
7	Chicharito	0,12
8	Patrik Schick	0,11
9	Maximilian Philipp	0,09
10	Emil Forsberg	0,09
11	Serge Gnabry	0,09
12	Daniel Didavi	0,09
13	Jamal Musiala	0,08
14	Bas Dost	0,08
15	Lucas Alario	0,07
16	André Hahn	0,07
17	Jonas Wind	0,07
18	Marius Bülter	0,07
19	Julian Brandt	0,07
20	Kai Havertz	0,06

	Name	xG/90
81	Thorgan Hazard	-0,04
82	Florian Niederlechner	-0,04
83	Jhon Córdoba	-0,05
84	Jonathan Burkardt	-0,05
85	Breel Embolo	-0,05
86	C. Baumgartner	-0,05
87	Thomas Müller	-0,05
88	Mario Gómez	-0,05
89	Yussuf Poulsen	-0,05
90	Klaas-Jan Huntelaar	-0,05
91	P.-E. Aubameyang	-0,06
92	Dodi Lukébakio	-0,08
93	Serhou Guirassy	-0,08
94	Ádám Szalai	-0,08
95	Lucas Höler	-0,08
96	Marcus Thuram	-0,08
97	Vedad Ibišević	-0,08
98	Tim Kleindienst	-0,09
99	Alfred Finnbogason	-0,09
100	André Silva	-0,12

Links: Die 20 effizientesten Schützen unter den 100 besten Bundesliga-Torschützen zwischen 2015 und 2025. Rechts: Die 20 ineffizientesten Schützen.

semmelt, wird er in der Effizienztabelle mit 0,5 Abzug bestraft. Ein Mittelfeldspieler müsste fünfzig Fernschüsse versemmeln, um auf diesen Wert zu kommen.

Hinzu kommt ein weiteres Problem für Stürmer. Die Forscher Jesse Davis und Pieter Robberechts haben einen wissenschaftlichen Aufsatz verfasst mit dem Titel «Biases in Expected Goal Models Confound Finishing Ability». Der Begriff «Bias» bedeutet übersetzt Verzerrung oder Vorurteil. Es geht darum, herauszufinden, inwiefern statistische Modelle die ihnen zugrunde liegenden Daten verzerren.

Davis und Robberechts haben für ihre Arbeit Daten des Anbieters Statsbomb ausgewertet. Dabei haben sie den sogenannten Messi-Test angewandt. Dieser ist unter Fußballdaten-Enthusiasten ein klassischer Weg, die Korrektheit eines Modells zu ermitteln. Vereinfacht gesagt funktioniert er so: Messi ist der beste Spieler der Welt. Er führt in allen statistischen Kategorien: Er erspielt sich mehr Chancen als jeder andere Spieler, er verwertet diese besser, er kreiert mehr Möglichkeiten für seine Mitspieler und dribbelt erfolgreicher als jeder andere Spieler auf dem Planeten. Wenn der Argentinier in einem statistischen Modell nicht ganz vorne auftaucht, ist dies in der Regel nicht Messis Schuld – vielmehr liegt das statistische Modell falsch.

Bei ihrer Analyse fanden Davis und Robberechts heraus, dass klassische Expected-Goals-Modelle Messis Effizienz um 17 Prozent unterschätzen. Das liegt an den zugrunde liegenden Daten. Expected-Goals-Modelle werden mit historischen Daten gefüttert. Darin sind nicht alle Schusspositionen gleichermaßen vertreten. Das ist logisch: Die meisten Mannschaften wollen ihre Stürmer im Strafraum in Position bringen. Diese schießen wesentlich häufiger auf das Tor als Mittelfeldspieler oder Verteidiger. Das führt zu einer Verzerrung: Der durchschnittliche Schuss, der im Strafraum abgegeben wird, wird von Stürmern abgegeben – also Spielern, die überdurchschnittlich gut schießen können. Besonders im Fall von Messi sei dies laut den Forschern relevant: Die Expected-Goals-Modelle werden unter anderem mit seinen Schüssen gefüttert. Kaum ein Spieler schoss in den vergangenen zehn Jahren häufiger auf das Tor. Wenn Messi jetzt einen neuen Torschuss abgibt, misst er sich immer ein Stück weit auch mit sich selbst.

Das ist die Krux des Expected-Goals-Werts: Ihm ist es völlig gleichgültig, welcher Spieler einen Schuss abgibt. Es ist ja gerade nicht der Sinn, einen Wert für jeden einzelnen Spieler zu kreieren; dazu wäre die Datenlage zu klein. Allerdings verzerrt der Wert dadurch auch in die ein oder andere Richtung.

Aus diesem Grund haben die Forschenden mithilfe von maschinellem Lernen ein Expected-Goals-Modell entwickelt, das die Schüsse einzelner Spieler nicht mit allen Spielern vergleicht – sondern nur mit denen ähnlicher Spieler. Auch wurden die vergangenen Schüsse des bestimmten Spielers herausgenommen. Die Expected-Goals-Werte eines Stürmers werden also nur mit denen anderer Stürmer verglichen. Bei diesem Verfahren schneidet Messi um 29 Prozent besser ab als ein durchschnittlicher Stürmer. Sie haben damit nachgewiesen: Klassische Expected-Goals-Modelle unterschätzen die Abschlussqualität des Argentiniers relativ zu anderen Spielern massiv.

Robert Bajons und Tobias Harringer gingen noch einen Schritt weiter. Die Forschenden von der Wirtschaftsuniversität Wien stellten in einem Aufsatz die ketzerische Frage: «One xG model to rule them all?» Übersetzt bedeutet diese Anspielung auf J. R. R. Tolkiens Werk *Der Herr der Ringe*: «Ein Expected-Goals-Modell, um sie zu knechten?» Sie haben sich angeschaut, ob es überhaupt Sinn ergibt, ein einzelnes Expected-Goals-Modell für sämtliche Anwendungsfälle herzustellen – oder ob es nicht sinniger ist, für verschiedene Anwendungsbereiche auch unterschiedliche Expected-Goals-Modelle zu nutzen.

Zwar hatten die beiden nur wenige Daten der Firma Statsbomb zur Verfügung, da diese Daten für wissenschaftliche Zwecke gratis herausgibt – allerdings nur von Spielzeiten, die weit in der Vergangenheit liegen. Dennoch gelang es Bajons und Harringer, unterschiedliche Expected-Goals-Werte für unterschiedliche Zwecke zu basteln, die in verschiedenen Benchmarks genauer abschneiden als die klassischen Statsbomb-Werte. So haben die Forscher unter anderem eigene Modelle zur Bewertung von Stürmern entwickelt oder eigene Kennzahlen für einzelne Ligen. Ein Modell für die Bundesliga etwa wurde bei ihnen nur mit Daten aus der Bundesliga gefüttert.

Was man aus diesen Erläuterungen ziehen kann: Expected Goals können, wenn man sie falsch interpretiert, zu einer verzerrten Wahrnehmung der Wirklichkeit führen. Schließlich käme niemand auf die Idee, Robert Lewandowski als schlechten Stürmer zu bezeichnen. Immerhin ist er der zweiterfolgreichste Stürmer der Bundesliga-Geschichte, nur geschlagen vom legendären Gerd Müller. Doch in der oben aufgeführten Effizienztabelle stünde er gerade einmal auf Rang 75. Er mag zwar 312 Tore in der Bundesliga geschossen haben. Laut seinen Expected Goals hätte er aber sogar noch weit mehr schießen müssen.

Dennoch können gerade Expected Goals helfen, die Stärken des Stürmers Lewandowski zu beschreiben. Er mag zwar kein Overperformer in Sachen Effizienz sein. Aber er spielt sich seit Jahren konstant Chancen heraus. Seit der Saison 2015/16 hat er in jeder Saison rund 30 Expected Goals erspielt. Lewandowskis astronomisch hohe Anzahl an Toren erklärt sich nicht durch seine Chancenverwertung. Sondern dadurch, dass kein zweiter Stürmer derart häufig in derart gute Abschlusssituationen gelangt. Das ist seine wahre Stärke: Er legt sich den Ball mit dem ersten Kontakt stets so vor, dass er mit dem zweiten auf das Tor schießen kann.

Es gilt also: Expected Goals können bei der Analyse von Stürmern durchaus helfen. Man muss nur wissen, wie man sie benutzt. Vereine, die einen Stürmer suchen, tun gut daran, nicht zuvorderst auf die Effizienz zu schauen. Diese schwankt stark und gibt nur selten die wahre Stärke eines Stürmers wieder. Spieler wie Benjamin

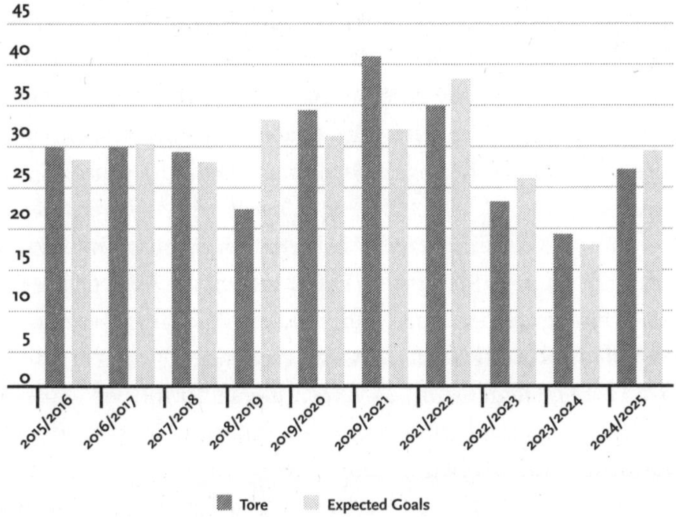

Robert Lewandowskis real erzielte Tore im Vergleich mit seinen Expected Goals

Šeško, Lucas Alario oder Jonas Wind mögen zu den effizientesten Stürmern der letzten Jahre gehören. Sie konnten diese Effizienz aber nicht halten. Die Regression zur Mitte traf sie hart. Wichtiger ist, dass ein Stürmer permanent in gute Abschlusssituationen gelangt, wieder und wieder, über viele Spielzeiten hinweg. Dann ist es letztlich egal, ob er in einer Saison vier Tore über oder unter den Erwartungen bleibt; er wird so oder so Tore schießen. So lassen sich auch über Expected Goals Top-Stürmer wie Guirassy oder Kleindienst herausfiltern, ohne allein auf ihre schlechte Abschlussquote zu blicken.

Post-Shot Expected Goals: Wie man Torhüter bewertet

Expected Goals sind ein guter Indikator, um die Stärken von ganzen Mannschaften oder einzelnen Feldspielern zu messen. Für Torhüter eignet sich die Kennzahl jedoch nur bedingt. Nehmen wir an, eine angreifende Mannschaft erspielt sich einen Expected-Goals-Wert von 2,5. Allerdings landet keiner ihrer Schüsse im Tor. Man könnte sich zu dem Schluss verleiten lassen, dass der gegnerische Torhüter eine gute Leistung vollbracht hat. Allerdings ist es ebenso gut möglich, dass alle Schüsse des angreifenden Teams zehn Meter am Tor vorbeigeflogen sind. Der Torhüter selbst musste keinen einzigen Schuss halten. Insofern sagt der Expected-Goals-Wert von 2,5 wenig aus über die Leistung des Keepers.

Um dessen Leistung zu bewerten, gibt es eine Abwandlung des Expected-Goals-Konzepts: die sogenannten Post-Shot Expected Goals. Klassische Expected Goals werden in just jenem Moment gemessen, kurz bevor der Stürmer den Ball trifft. Sie funktionieren unabhängig von der Frage, wie gut der Abschluss gelingt. Post-Shot Expected Goals setzen, wie der Name bereits andeutet, direkt nach dem abgegebenen Schuss an. Sie stellen die Frage: Wie hoch ist die Wahrscheinlichkeit, dass exakt dieser Schuss mit exakt dieser Flugbahn im Tor landen wird?

Ein paar Beispiele: Ein Angreifer schießt aus elf Metern auf das Tor. Sein Schuss geht weit am Tor vorbei. Die Wahrscheinlichkeit, dass exakt dieser Schuss im Tor landet, liegt bei null. Der Post-Shot-Expected-Goals-Wert ist damit ebenfalls null. Steht ein Verteidiger zwischen Schuss und Tor, ist die Wahrscheinlichkeit auf einen Torerfolg größer als null. Der Ball könnte schließlich vom Verteidiger ins eigene Tor abgefälscht werden oder durch seine Beine rutschen. Die Torwahrscheinlichkeit ist aber noch immer gering, da in aller Regel der Verteidiger den Schuss blocken wird. Wenn der Angreifer jedoch einen Schuss abgibt, der mit 150 Kilometern pro Stunde an allen Verteidigern vorbei in Richtung Winkel saust, sieht die Sache wieder anders aus. Nun wird der Schuss mit einer hohen Wahrscheinlichkeit im Tor landen.

Vergleicht man die Post-Shot Expected Goals mit den klassischen Expected Goals, lässt sich die Schussqualität eines einzelnen Spielers hervorragend messen. Wenn ein Angreifer regelmäßig aus Positionen, die eine niedrige Torwahrscheinlichkeit haben, Bälle in Richtung Winkel des gegnerischen Tors schickt, verfügt er über eine gute Schusstechnik. Wenn Stürmer selbst aus besten Positionen ständig danebenschießen, liegt ein Problem vor. Allerdings ist auch hier wie bei klassischen Expected-Goals-Modellen die Varianz sehr hoch.

Vor allem eignet sich dieser Wert, um die Qualität eines Torhüters zu messen. Gute Torhüter halten Schüsse, an die durchschnittliche Torhüter nicht herankommen. Post-Shot Expected Goals machen messbar, ob ein Torhüter kaum eine Chance hatte, den Ball zu halten – oder ob er einen Schuss durchgelassen hat, den seine Kollegen in 99 Prozent der Fälle gefangen hätten.

Um die Qualität eines Torhüters zu messen, kann man die Post-Shot Expected Goals mit den real erzielten Toren vergleichen. Ein Beispiel: Bei einer 0:1-Niederlage ließ der Torhüter einen Schuss passieren. Die Post-Shot Expected Goals lagen jedoch bei 3,5. Die Post-Shot Expected Goals minus die Anzahl der erzielten Tore ergibt 2,5. Der Torhüter hat also einen um 2,5 höheren Wert erzielt, als ein durchschnittlicher Keeper es in diesem Spiel geschafft hätte. Wenn der Gegner in diesem Spiel hingegen nur einen Kullerschuss mit einem Post-Shot-Expected-Goals-Wert von 0,01 abgegeben hätte, hätte der Torhüter kein gutes Spiel gemacht. Die Differenz aus Post-Shot Expected Goals und Toren würde dann bei –0,99 liegen.

Diese Werte müssen noch nicht viel bedeuten, wenn man sie für ein einzelnes Spiel betrachtet. Glück und Tagesform beeinflussen die Post-Shot Expected Goals genauso wie die Pre-Shot Expected Goals. Viele Kleinigkeiten können die Werte verzerren. So fließt die Position der Verteidiger nicht in jedes Modell. Torhüter könnten einen leichten Ball durchgelassen haben, weil ein anderer Spieler ihnen die Sicht versperrte. Andere wesentliche Ereignisse, die für die Beurteilung einer Torwartleistung wichtig sind, fließen in den Wert gar nicht hinein, etwa das Abfangen von Flanken. Vielleicht hat der Torhüter aber gerade über seine Strafraumbeherrschung große Chancen verhindert, die in der Statistik gar nicht auftauchen, weil sie nicht zu Schüssen geführt haben.

Genau wie bei den Expected Goals lassen sich aber auch mithilfe dieses Werts mittel- und langfristige Trends erkennen. Über einen längeren Zeitraum gemessen, halten die meisten Torhüter so viele Bälle, wie sie halten sollten. Abweichungen nach unten oder nach oben sind über kurze oder mittlere Distanz möglich. Aber wie schon den Stürmern gelingt es Torhütern selten, kurze Phasen der Overperformance langfristig zu halten.

Ein – zugegebenermaßen äußerst krasses – Beispiel für diesen Effekt waren die Leistungen von Augsburgs Torhüter Finn Dahmen im Kalenderjahr 2025. Anfang 2025 rotierte FCA-Coach Jess Thorup den Ersatzkeeper ins Team. Er bedankte sich mit großartigen Leistungen. In den ersten elf Spielen des Jahres kassierte Augsburg gerade einmal drei Gegentore. Zwischenzeitlich hielt Dahmen seinen Kasten 683 Minuten am Stück sauber. Nur drei Bundesliga-Torhütern war es zuvor gelungen, länger am Stück ohne Gegentor zu bleiben: Manuel Neuer, Oliver Kahn und Timo Hildebrand. In jenen elf Spielen ließ Dahmen insgesamt 5,6 Tore weniger zu, als nach Post-Shot Expected Goals erwartbar gewesen wäre.

Dahmens Serie hielt nicht an, und der FC Augsburg beendete die Saison mit vier Niederlagen am Stück. Der Verein entließ Thorup und verpflichtete Sandro Wagner als dessen Nachfolger. Der Bundesliganovize fuhr jedoch keine besseren Ergebnisse ein. Nach nicht einmal einem halben Jahr musste er gehen. Dahmen hatte seinen Anteil daran: In den letzten elf Spielen unter Wagner fiel Augsburgs Keeper in eine regelrechte Formkrise. Plötzlich ließ er 7,5 Gegentore mehr zu, als er nach Post-Shot Expected Goals hätte durchlassen dürfen. Das kostete Augsburg den ein oder anderen Punkt – und Wagner letztlich den Job.

Wagners Aus einzig an der Form des Torhüters festzumachen, wäre zu kurz gedacht. Dafür ist der Fußball zu komplex. Dieses Beispiel zeigt aber: Der Post-Shot-Expected-Goals-Wert ist sehr gut darin, Formschwankungen von Torhütern offenzulegen. Ein und derselbe Torhüter hält im Januar und Februar praktisch jeden Ball – und lässt dann im Oktober und November leichte Schüsse passieren. Auch das sollte in die Bewertung der Ergebnisse von Teams einfließen. Die große Frage lautet: Welche dieser beiden Phasen gibt Dahmens wahre Stärke korrekt wieder? Ist er ein guter Torhüter, der einmal eine schlechte Phase hatte? Oder ein unterdurchschnittlicher Keeper, der über einige Wochen eine Traumform erwischt hat? Oder ist beides gleichzeitig wahr?

Die Antwort lautet wie so oft: Wir brauchen mehr Daten. Jeder Torhüter durchläuft Stärke- und Schwächeperioden. Post-Shot Expected Goals können helfen, diese Perioden zu erkennen. Wie auch bei Stürmern gilt: Konstanz ist im Zweifel höher zu gewichten als extreme Effizienz. Kaum einer wird Manuel Neuers Stellung als herausragender Torhüter anzweifeln. Bei den Post-Shot Expected Goals gehörte er allerdings nie zu den Overperformern. Dafür gelang es ihm über ein Jahrzehnt lang, in jeder Saison ungefähr so viele Tore zu verhindern, wie es von ihm erwartet wurde. Diese Konstanz unterscheidet ihn von vielen Konkurrenten.

Expected Assists: Expected Goals für Vorlagen

In welcher Form man Expected Goals auch misst, sie haben einen Haken: Sie fokussieren sich vollkommen auf Schüsse. Wenn ein Spieler keinen Schuss abgibt, entsteht kein Expected-Goals-Wert. Doch nicht jede Chance in einem Fußballspiel beinhaltet einen Schuss. Denken Sie an folgendes Beispiel: Ein Mittelfeldspieler schickt seinen Stürmer mit einem zentimetergenauen Pass hinter die gegnerische Abwehr. Der Stürmer muss nur noch den Torhüter überwinden. Er entscheidet sich dafür, den Torhüter zu umkurven, anstatt den Ball an ihm vorbeizuschießen. Ein Fehler: Der Torhüter schnappt ihm die Kugel vom Fuß weg. Chance vergeben. In einem Expected-Goals-Modell wird diese Chance nie auftauchen.

Für einen Spieler ist diese Lücke besonders bitter: den Vorlagengeber. Er hat einen piekfeinen Pass gespielt. Hätte der Stürmer den Schuss gewählt, hätte die Mannschaft einen hohen xG-Wert zugeschrieben bekommen – und damit auch der Vorlagengeber. Tatsächlich wurde in der Frühphase der Expected Goals versucht, die Kreativität der Vorlagengeber mithilfe der von ihnen kreierten Expected Goals zu messen. Das hat aber diverse Haken. Zum einen fehlen jene Szenen, in denen der Angreifer keinen Schuss abgibt. Zum anderen schätzen Expected Goals den Beitrag des Vorlagengebers falsch ein. 1986 erzielte Diego Maradona im Viertelfinale der Weltmeisterschaft einen Treffer, der als «Tor des Jahrhunderts» in die Geschichte einging. Argentiniens Superstar lief mit dem Ball am Fuß vom Mittelkreis in den gegnerischen Strafraum, umkurvte die halbe englische Mannschaft und ließ letztlich auch noch Torhüter Peter Shilton stehen. Statsbomb schreibt Maradonas Schuss ins leere Tor einen Expected-Goals-Wert von 0,61 zu. Würde man den Expected-Goals-Wert auch dem Vorlagengeber gutschreiben, hätte Héctor Enrique eine Riesenchance aufgelegt. Dabei hatte er nichts anderes getan, als am Mittelkreis dem neben ihm stehenden Maradona den Ball zu überlassen. Nicht gerade ein Akt herausragender Kreativität.

Aus diesem Grund hat sich im Fußball neben dem Expected-Goals-Wert eine weitere Metrik etabliert: Expected Assists. Die Berechnung funktioniert ähnlich wie die der Expected Goals, nur dass hier die Vorlagen betrachtet werden. Für jeden Pass wird die Wahrscheinlichkeit berechnet, dass ein Stürmer das Zuspiel in einen Torschuss umwandeln kann. Dazu fließen verschiedene Variablen hinein. Von welchem Ort aus wurde der Ball gespielt? Wo wurde der Pass angenommen? Wie sind Entfernung und Winkel zum Tor? Befinden sich Gegenspieler direkt um den Passempfänger herum? Um welche Spielsituation handelt es sich – einen regulären Angriff, einen Konter oder Standard? Kam der Ball flach, halbhoch oder hoch? All diese Faktoren fließen in die Wahrscheinlichkeit ein, dass auf den Pass ein Torschuss folgt. Anschließend wird berechnet, wie hoch die Wahrscheinlichkeit ist, dass der Schuss auch im Tor landet.

Mithilfe dieser Metrik kann man die von mir beschriebenen Situationen besser einordnen als allein mit dem Expected-Goals-Wert. Zurück zu unserem obigen Beispiel: Der Mittelfeldspieler, der den Ball hinter die Abwehr spielt, erhält einen vergleichsweise hohen Expected-Assists-Wert. Zwar hat der Stürmer nicht auf das Tor geschossen. Er hätte es aber mit einer hohen Erfolgswahrscheinlichkeit tun können, wenn er darauf verzichtet hätte, den Torwart umdribbeln zu wollen. Entsprechend fällt der Expected-Assists-Wert für den Passgeber hoch aus. Maradonas Teamkollege Héctor Enrique wiederum bekäme einen geringen Expected-Assists-Wert. Schließlich kommt es im Fußball eher selten vor, dass ein Spieler am Mittelkreis den Ball erhält und anschließend einen Schuss im Fünfmeterraum abgibt.

Mithilfe von Expected Assists lassen sich die Aktionen der Vorlagengeber gut quantifizieren. Wer einen Blick auf die Bestenlisten der Expected-Assists-Tabellen wirft, entdeckt klangvolle Namen. Kevin de Bruyne führte die Liste in den vergangenen Jahren an, doch auch Luka Modric, Antoine Griezmann, Trent Alexander-Arnold und der unvermeidliche Lionel Messi tauchen weit vorne auf. In der Bundesliga wies in den vergangenen zehn Jahren vor allem ein Spieler einen konstant hohen Expected-Assists-Wert auf: Thomas Müller. Das mag auf den ersten Blick seltsam anmuten. Müller ist ein Tausendsassa, der jedoch nicht bekannt ist für seine tödlichen Pässe. Was Müller jedoch auszeichnet, ist seine Orientierung im Raum. Immer wieder stiehlt er sich im oder um den Strafraum davon und läuft sich frei. So kommt er häufig in Positionen, aus denen er seinen Mitspieler mit simplen Pässen große Chancen auflegen kann.

Ohne Müllers Fähigkeiten kleinreden zu wollen: Dies stellt eins der größten Probleme des Expected-Assists-Werts dar. Ein Vorlagengeber, dem im Strafraum einen Zwei-Meter-Pass zu einem Mitspieler gelingt, erhält einen hohen Expected-Assists-Wert. Dabei ist dieser Pass wesentlich leichter zu spielen als ein Dreißig-Meter-Ball hinter die Abwehr. Aus diesem Grund tauchen auch Stürmer häufig weit vorne auf beim Expected-Assists-Wert: Sie stehen einfach oft in Positionen, in denen ein simpler Assist möglich ist.

Das ist kein Fehler des Expected-Assists-Werts: Er misst schließlich genau das, was er messen soll. Es erschwert jedoch die Interpretation des Werts. Ein hoher Expected-Assists-Wert bedeutet nicht automatisch, dass ein Spieler besonders kreativ ist. Ein niedriger Wert muss auch nicht gegen die Kreativität eines Spielers sprechen. Der vorletzte oder vorvorletzte Pass tauchen in diesem Modell nicht auf.

Diese Verzerrung erklärt auch, warum Expected-Assists-Werte

nicht annähernd so gut die Leistungen eines Teams vorhersagen wie Expected-Goals-Werte. In der von mir untersuchten Bundesliga-Saison 2023/24 wurden rund 48 Prozent der Spiele von jenem Team gewonnen, das einen höheren Expected-Assists-Wert vorwies. Expected Assists korrelieren deutlich schwächer mit der Anzahl an Toren als der Expected-Goals-Wert. Ein Grund hierfür liegt darin, dass Expected-Assists-Werte einen wesentlichen Faktor vollständig ausklammern: Elfmeter und Freistöße. Knapp 10 Prozent aller Tore wurden über Elfmeter oder direkt verwandelte Freistöße erzielt. Da diese keinen Vorlagengeber aufweisen, tauchen sie auch in Expected-Assists-Modellen nicht auf.

Zugleich ist es wichtig, noch einen weiteren Faktor zu erklären, der für Expected-Goals-Modelle und gegen jegliche andere Form spricht, Eventualitäten im Fußball zu messen. Expected Goals stellen eine Was-wäre-wenn-Frage: Was wäre, wenn der real existierende Schuss ein aus statistisch gesehen durchschnittlicher Schuss gewesen wäre? Expected Assists hingegen eröffnen eine weitere Was-wäre-wenn-Ebene: Was wäre, wenn der Passempfänger den Pass für einen Torschuss genutzt hätte – und was hätte aus diesem Torschuss werden können? Je mehr hypothetische Szenarien in ein Modell einfließen, umso weiter entfernt es sich von der beobachteten Realität.

An dieser Stelle möchte ich auf die größte Kritik an Expected-Goals-Modellen eingehen. Klassischerweise werden dafür Hereingaben ins Feld geführt, bei denen der Stürmer ganz knapp den Ball verpasst. Wäre er nur wenige Zentimeter weiter vorne gestanden, hätte er den Ball ins leere Tor schieben können. Das sind große Torchancen, empören sich Gegner von Expected-Goals-Modellen, die in keinem Wert auftauchen! Tatsächlich sind diese Szenen interessant, wenn man die Qualitäten von Stürmern oder Vorlagengebern messen will – mehr dazu später. Allerdings behaupte ich: Um ein realistisches Abbild der Qualitätsverhältnisse eines Spiels oder einer Mannschaft zu erhalten, sind sie zu vernachlässigen. Schließlich werden hier mehrere hypothetische Ebenen aufgemacht: Der Vorlagengeber hätte den Ball anders spielen, der Stürmer anders starten, die Szene also ganz anders ablaufen müssen. Fakt ist nun einmal: Der Stürmer stand nicht so, dass er einen Schuss hätte abgeben können. Also lag die Torwahrscheinlichkeit bei null Prozent.

Eishockey-Legende Wayne Gretzky sagte einst den schönen Satz: «Man vergibt 100 Prozent aller Schüsse, die man nicht abgibt.» Aus diesem Grund bleiben Expected Goals die beste Metrik, um die Qualität von Mannschaften zu messen – zumindest aktuell noch.

Expected Threat: Die Quantifizierung von allem

Expected Goals liefern nicht sämtliche Antworten im Fußball. Schüsse mögen wesentlich häufiger vorkommen als Tore. Doch Fußballspieler verbringen die wenigste Zeit eines Spiels damit, auf das Tor zu schießen. In der Bundesliga-Saison 2023/24 kamen auf jeden Torschuss im Schnitt 31 Pässe. Um die Qualität von Spielern zu messen, braucht es andere Kennwerte als Expected Goals oder Expected Assists.

Im Jahr 2018 stellte Karun Singh auf seinem Blog *karun.in* ein neues statistisches Modell vor. Er taufte es Expected Threat. Singh sah eine Lücke in den klassischen Expected-Goals- und -Assists-Modellen. Diese belohnten zwar den Schützen und den Vorlagengeber. Sie verraten aber nichts über die Qualitäten der Spieler, die einen Angriff einleiten. Singh entwickelte einen Weg, für jede Aktion auf dem Spielfeld die Wahrscheinlichkeit zu berechnen, dass diese zu einem Tor führt. Dazu teilte er das Fußballfeld in

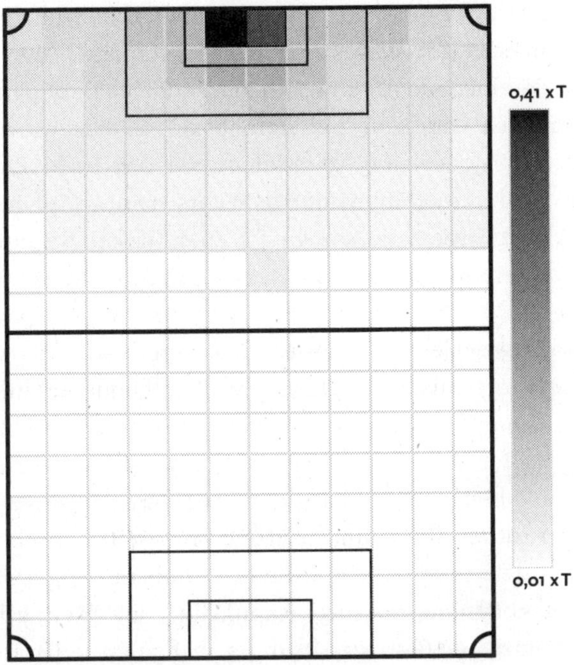

Singhs Expected-Threat-Modell. Das Feld ist in 192 Zonen unterteilt. Je dunkler die Zone, umso höher der Expected-Threat-Wert.

192 Zonen. Singh wollte wissen, wie häufig innerhalb der nächsten fünf Aktionen ein Tor gefallen war, nachdem der Ball in der jeweiligen Zone war. Für jede der 192 Zonen ließ sich anhand historischer Daten ein Wert berechnen.

Allerdings wollte Singh noch viel weiter gehen. Er wollte in seinem Modell nicht nur Schüsse belohnen, sondern auch berechnen, wie andere Aktionen die Torwahrscheinlichkeit beeinflussen. Also ließ er in seinen Expected-Threat-Wert auch Aktionen einfließen, bei denen der Spieler den Ball von einer Zone zu einer anderen befördert – sei es durch ein Dribbling, einen gewonnenen

Zweikampf oder eine sonstige Aktion. Erneut ließ sich berechnen, wie hoch die Wahrscheinlichkeit war, dass die Anschlussaktion zu einem Schuss führte und wie hoch dessen Torwahrscheinlichkeit war. Kurz: ein komplexes Modell. Am Ende hatte er berechnet, dass eine Mannschaft, die den Ball exakt am Mittelpunkt hält, eine einprozentige Wahrscheinlichkeit hat, binnen der nächsten fünf Aktionen ein Tor zu schießen. Bei einer Aktion im Fünfmeterraum liegt die Torwahrscheinlichkeit bei 40 Prozent.

Mithilfe dieser Daten lässt sich nun berechnen, ob eine Aktion eines Spielers die Wahrscheinlichkeit auf ein Tor erhöht oder senkt. In einem Blog-Artikel, in dem er sein Modell erklärt, nimmt Singh ein Tor seines Lieblingsklubs Arsenal als Beispiel. Mesut Özil schlug hierbei einen Pass vom Strafraumeck an den Rand des Fünfmeterraums. Sead Kolašinac passte den Ball anschließend in den Fünfmeterraum zu Pierre-Emerick Aubameyang. Der Stürmer musste den Ball nur noch ins Tor schieben. Für die Zuschauenden war klar: Özils genialer Pass war der maßgebliche Grund, warum dieses Tor überhaupt fallen konnte. Doch klassische Expected-Goals- oder -Assists-Modelle konnten diesen Pass nicht abbilden. Singhs Modell konnte hingegen exakt quantifizieren, welchen Beitrag Özil und welchen Kolašinac geleistet hatten: Özil hatte den Ball von einer Zone mit einer Torwahrscheinlichkeit von 0,077 in eine Zone mit der Torwahrscheinlichkeit von 0,158 befördert – und damit einen positiven Expected-Threat-Wert von 0,081 erzielt. Kolašinac hingegen kommt hier nur auf 0,013, da sein Pass die Torwahrscheinlichkeit nur unwesentlich erhöht hat.

Singhs Modell hat den Vorteil, dass alle Aktionen unabhängig voneinander betrachtet werden. Es ist für die Bewertung von Özils Aktion unerheblich, ob Kolašinac den Ball zu seinem Mitspieler weiterleiten kann oder ihn amateurhaft verstolpert. Wichtig ist nur,

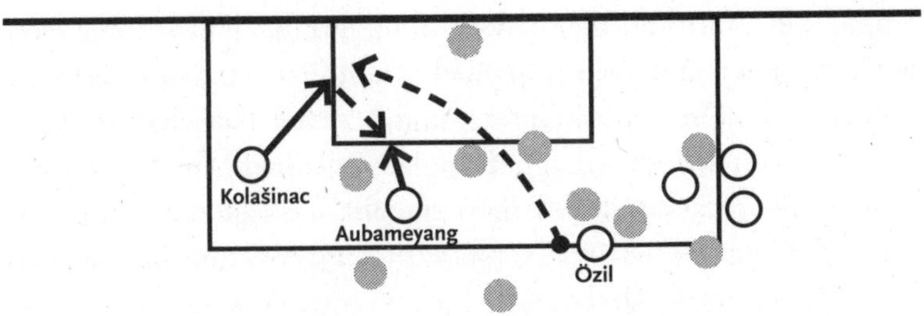

Arsenals Tor nach feinem Pass durch Mesut Özil, das Singh in seinem Blog-Beitrag analysiert.

dass Özils Pass bei ihm ankommt. So lässt sich für jede Aktion individuell messen, welchen Beitrag sie zu einem Angriff geleistet hat.

Diese Art der Berechnung funktioniert nur, wenn man die einzelnen Aktionen eines Angriffs unabhängig voneinander betrachtet. Singh geht davon aus, dass Angriffe aus denselben Zonen immer dieselbe Torwahrscheinlichkeit haben – unabhängig davon, wie der Ball dorthin gelangt ist. Diese Aufteilung ist vor allem aus mathematischer Sicht wichtig: Wenn man Fußball als Kette unabhängiger Aktionen definiert, kann man Wahrscheinlichkeiten relativ simpel mithilfe sogenannter Markow-Ketten berechnen. Singh bediente sich damit einer Idee, die Sarah Rudd bereits einige Jahre zuvor im Fußball etabliert hatte.

Für die Berechnung des Werts ist es ferner egal, wie die Veränderung zwischen den Zonen passiert ist. Wenn Maradona aus der eigenen Hälfte in den gegnerischen Fünfmeterraum dribbelt, erhöht er seinen Expected-Threat-Wert um dieselbe Zahl wie der Mittelfeldspieler, der denselben Raum mit einem Pass überbrückt. Entscheidend ist nur, dass die Aktion erfolgreich ist und dass sich der Ball am Ende in einer anderen Zone befindet als zu Beginn.

Die Idee von Singh war nicht brandneu; schon zuvor hatten sich viele Datenanalysten an einem solchen Modell versucht. Durch

Singhs Blog kam die Idee jedoch endgültig im Fußball an. Zahlreiche Datenanalysten entwickelten daraufhin eigene Modelle, teils unter neuen Namen. Hudl Statsbomb nennt das eigene Expected-Threat-Modell «On Ball Value», bei Opta heißt es «Possession Value». Alle diese Modelle haben gemein, dass sie die Grundidee von Singh adaptieren: Wie verändert sich die Wahrscheinlichkeit eines Torerfolgs durch die Aktionen eines Spielers?

Singhs Expected-Threat-Modell belohnt ausschließlich gute Aktionen. Der Schuh lässt sich jedoch umdrehen. Wenn Özils Pass in den Füßen eines Gegners gelandet wäre, hätte er nicht nur die eigene Wahrscheinlichkeit auf ein Tor gesenkt – er hätte dem Gegner den Ball gegeben. Dadurch steigt wiederum die Wahrscheinlichkeit, dass der Gegner ein Tor schießt. Özil hätte also zwei Abzüge in seinem Expected-Threat-Wert erhalten: einmal für die Beendigung des eigenen Angriffs und einmal für den Beginn des gegnerischen. Expected-Threat-Modelle wurden um ebendiese Facette erweitert. So kann man auch Defensivaktionen einen numerischen Wert zuordnen: Der Spieler, der den Ball erobert, erhöht die Torwahrscheinlichkeit des eigenen Teams.

Auch können die meisten Modelle mittlerweile zwischen verschiedenen Arten von Angriffen unterscheiden. Ein Angriff aus dem normalen Spiel heraus schafft andere Wahrscheinlichkeiten auf einen Torerfolg als eine Standard- oder Kontersituation. Entsprechend werden die Expected-Threat-Werte angepasst, je nachdem, ob es sich um einen Angriff aus dem Spielaufbau, einen Konter oder eine Standardsituation handelt. Manche Modelle gehen noch einen Schritt weiter: Sie beziehen den Spielstand ein. Wenn eine Mannschaft in Führung liegt, erzielt sie statistisch gesehen eher ein Tor, als wenn sie zurückliegt. Auch dies lässt sich in Modellen einkalkulieren.

Dank Expected Threat lassen sich Aussagen treffen über die Qualität einzelner Akteure. Wenn ein Spieler nur Rückpässe spielt, wird er kaum einen hohen Expected-Threat-Wert erreichen. Wenn es einem Spieler gelingt, regelmäßig die Torwahrscheinlichkeit seines Teams zu erhöhen, wird er bald das Interesse der Konkurrenz wecken.

Das Vorgehen der Expected-Threat-Modelle hat zugleich einen Nachteil: Jede Aktion findet in einem Vakuum statt. Für die Bewertung von Özils Aktion ist es unerheblich, wie der Ball zu ihm kam. Jeder Fußball-Fan weiß natürlich, dass dies nicht stimmt. Für die Bewertung einer Aktion ist es durchaus relevant, was zuvor während eines Angriffs passiert ist. Özils Aktion ist deshalb so genial, weil er einen Pass gesehen hat, den kaum ein anderer Spieler gespielt hätte. Kolašinac hingegen musste ohne Gegnerdruck einfach nur einen Querpass spielen – eine Aktion, die eine hohe Erfolgswahrscheinlichkeit hatte, weil der vorherige Pass die Verarbeitung erleichterte. Diese Vereinfachung hat vor allem mathematische Gründe. Nur so lässt sich mit Markow-Ketten rechnen.

In der Tat gibt es Abwandlungen des Expected-Threat-Modells, die komplexer ausfallen. Forschende der Katholischen Universität Leuven haben ein Modell entwickelt, das sie «Valuing Actions by Estimating Probabilities» nennen, kurz: VAEP (zu Deutsch: Aktionen bewerten anhand von Wahrscheinlichkeiten). Hierbei fließen in die Wahrscheinlichkeitsrechnung auch die drei Aktionen ein, die zuvor passiert sind. In ihren Arbeiten beschreiben die Forscher diverse Vorteile dieser Methode. So bestrafen Expected-Threat-Modelle Fehlpässe um den eigenen Strafraum nicht stark genug. VAEP gelingt dies besser.

Dieses Vorgehen hat jedoch auch einen gewaltigen Nachteil: Die Aktionen eines Spielers lassen sich kaum mehr beurteilen, ohne gleichzeitig die Aktionen seiner Mitspieler zu beurteilen. So steigt die Wahrscheinlichkeit eines Torerfolgs, wenn vor einer Aktion bereits viele Pässe gespielt wurden. Auf den ersten Blick erscheint dies logisch: Wenn ein Team den Ball lange in den eigenen Reihen laufen lässt, erhält der Gegner keinen Zugriff. Das angreifende Team macht irgendwas richtig.

An dieser Stelle müssen wir uns das Paradox der klassischen Event-Daten in Erinnerung rufen: Den höchsten Ballbesitzwert erzielen erfolgreiche Teams. Mannschaften wie Manchester City, Bayern München oder der FC Barcelona lassen Ball und Gegner laufen. Gleichzeitig lässt sich nicht abschließend klären, ob der viele Ballbesitz ursächlich ist für ihren Erfolg. Es ist das Henne-Ei-Problem: Haben die Teams so viel Erfolg, weil sie viel Ballbesitz haben? Oder sind sie einfach besser als der Gegner, und der hohe Ballbesitzwert resultiert aus ihrer individuellen Überlegenheit?

Die meisten Ansätze, die auch vergangene Aktionen in ihre Wahrscheinlichkeitsrechnung einfließen lassen, neigen zu einer Überbewertung von Spielern von Ballbesitzteams. Getreu der Logik: Wer mit Joshua Kimmich und Harry Kane in einer Mannschaft spielt, ist automatisch ein besserer Fußballer. Deren starke Aktionen sorgen dafür, dass auch die Aktionen anderer Spieler höhere Erfolgswahrscheinlichkeiten haben.

Um diesen Effekt auszugleichen, setzen die meisten Datenanalysten auf die simpleren, aber eindeutigeren Expected-Threat-Modelle. Sie mögen das Geschehen auf dem Feld zwar vereinfacht darstellen, da sie den Kontext einer Aktion ausblenden. Doch gerade deshalb kann man mithilfe von ihnen Spieler entdecken, die unter dem Radar schlummern – nämlich solche, die in einer schwachen Mannschaft starke Aktionen ausführen.

Expected Threat dient entsprechend vor allem dazu, die Stärken einzelner Spieler zu messen. Gut ist, dass er ein breites Spektrum an Aktionen abdeckt: Nicht nur Özil kann für seinen Pass einen positiven Expected-Threat-Wert erhalten, sondern auch Kolašinac.

Er ermöglicht durch seinen Laufweg erst das Zuspiel seines Mitspielers. Somit liefert ein Expected-Threat-Wert einen komplexen, aber verständlichen Indikator.

Wie stark der Expected-Threat-Wert den Fußball verändert, lässt sich noch nicht mit Sicherheit sagen. Noch ist er vergleichsweise neu. In der breiten Öffentlichkeit hat er bisher keinen Anklang gefunden. Das Leben seines Erfinders hat der Expected-Threat-Wert aber bereits verbessert. Singh arbeitet heute als Datenanalyst für seinen Lieblingsverein Arsenal. Er hilft dem Klub, seine Theorie in der Praxis umzusetzen.

Pitch Control: Der große Auftritt der Tracking-Daten

Singhs Expected Threat speist sich gänzlich aus Event-Daten. Diese Einschränkung hat technische Gründe: Als Singh sein Modell entwarf, arbeitete er für keinen großen Klub. Er hatte keinen Zugriff auf tiefer gehende Zahlen. Die großen Vereine der Welt können hingegen auf Tracking-Daten zugreifen. Sie besitzen zudem das Know-how der besten Datenanalysten sowie die nötige Rechenpower, um Millionen Datenpunkte in ihre Berechnungen einfließen zu lassen. Entsprechend gehen die Modelle, mit denen die großen Klubs arbeiten, weiter in die Tiefe.

Einer der ersten Analysten, die Tracking-Daten gewinnbringend genutzt haben, war Will Spearman. 2018 stellte er auf Konferenzen ein neuartiges Modell vor, das er Pitch Control nannte, zu Deutsch: Feldkontrolle. Pitch Control misst, welcher Bereich des Feldes durch welches Team kontrolliert wird.

Wie funktioniert dieses Modell? Stellen Sie sich vor, ein Spieler von Bayern München und ein Spieler von Borussia Dortmund stehen sich in einem Abstand von zehn Metern gegenüber. Landet der Ball direkt vor den Füßen des Bayern-Spielers, wird er die Kugel mit an Sicherheit grenzender Wahrscheinlichkeit kontrollieren; der nächste Gegenspieler ist schließlich zehn Meter entfernt. Auch wenn der Ball einen oder zwei Meter vor einem der beiden Spieler landet, liegt er noch immer in einem Bereich, der klar von einem der Spieler kontrolliert wird. Er muss einfach zum Ball laufen, und schon hat er die Kontrolle über die Kugel. Landet der Ball jedoch direkt zwischen den beiden Spielern, also in einem Abstand von fünf Metern zu beiden, lässt sich nicht so leicht sagen, wer den Ball bekommen wird. Niemand kontrolliert den Raum, in dem der Ball liegt.

Dieses Gedankenexperiment lässt sich für das gesamte Feld fortsetzen. Jeder Spieler kontrolliert für sein Team all jene Orte, an denen er schneller den Ball erreichen kann als ein Gegenspieler. Würde man jeden Punkt auf dem Feld auf diese Art betrachten, erhielte man ein Voronoi-Diagramm. Das gesamte Feld wird in Zonen aufgeteilt – je nachdem, welche Bereiche welches Team kontrolliert. Auf diese Art lässt sich visualisieren, in welchen Räumen welche Mannschaft ein Übergewicht hat.

Ganz so einfach funktionieren Pitch-Control-Modelle allerdings nicht. Nehmen wir an, der Ball landet vier Meter vom Bayern-Akteur entfernt. Damit liegt er sechs Meter vom BVB-Spieler entfernt. Theoretisch liegt der Ball an einem Punkt, den Bayern München kontrolliert. Aber lässt sich garantieren, dass der Bayern-Akteur zuerst am Ball sein wird? Viel kann auf dem Weg passieren. Vielleicht ist der Rasen nass, und er rutscht aus. Vielleicht ist der BVB-Spieler deutlich schneller oder schafft es durch eine Grätsche, den Ball wegzuschießen. Vielleicht weht der Wind die Kugel zwei Meter in Richtung des Dortmunders.

Pitch-Control-Modelle arbeiten daher – wie alle bisher vorge-

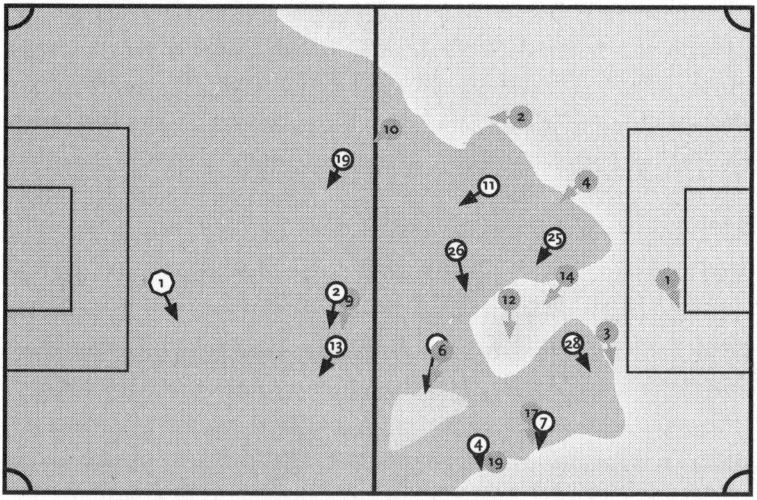

Die Einteilung eines Feldes mithilfe eines Pitch-Control-Modells. Die unterschiedlichen Schattierungen geben an, welches Team welche Zone des Feldes kontrolliert.

stellten Modelle – mit Wahrscheinlichkeiten. Für jeden Punkt auf dem Feld wird die Frage gestellt: Wie wahrscheinlich ist es, dass ein Akteur einer Mannschaft den Ball zuerst erreicht? Dabei fließen unterschiedliche Variablen ein. Wo befindet sich aktuell der Ball? Aus welcher Richtung ist er in diesen Raum gelangt? Ein Pass in den freien Fuß ist wesentlich leichter zu verarbeiten als ein langer Ball, der aus dem Rücken eines Spielers kommt. Auch die Geschwindigkeit der Spieler kann als Variable in die Berechnung einfließen.

Am Ende lässt sich für jeden Punkt auf dem Feld bestimmen, welches Team mit welcher Wahrscheinlichkeit an den Ball gelangen wird. Im Anschluss können Datenanalysten visualisieren, welche Teile des Feldes wie gut von den Teams abgedeckt sind. Das bietet revolutionäre Einblicke in das Spielgeschehen. Über Pitch-Control-Modelle lässt sich viel über die Taktik von Teams lernen, über die Rollen einzelner Spieler sowie ihre Fähigkeiten, das Spiel zu kontrollieren oder potenziell freie Räume zu lesen. All diese Facetten werden im dritten Teil des Buchs eine wichtige Rolle spielen.

Dieses Kapitel dreht sich jedoch um die Frage, wie die einzelnen Modelle funktionieren und was ihre Vor- und Nachteile sind. Hier stellt sich zunächst die Frage: Was lässt sich mit Pitch-Control-Werten berechnen? Die Antwort ist dieselbe wie bei nahezu allen Statistikmodellen im Fußball: die Wahrscheinlichkeit eines Torerfolgs.

Genau aus diesem Grund hat der FC Liverpool den Erfinder des Modells, Will Spearman, verpflichtet. Sie wollten sein Pitch-Control-Modell nutzen, um ihr eigenes Expected-Threat-Modell mit Tracking-Daten weiterzuentwickeln. Sobald der FC Liverpool weiß, welches Team welchen Raum kontrolliert, lassen sich zahllose Was-wäre-wenn-Fragen beantworten. Spearman selbst nannte in seiner allerersten Arbeit zu dem Thema ein leicht verständliches Beispiel. «Wie können wir den Wert eines Spielers quantifizieren, der am zweiten Pfosten völlig ungedeckt auf eine Flanke wartet, die nie geschlagen wird?» Klassische Modelle messen nur Aktionen, die tatsächlich geschehen sind – egal, ob Expected Goals für Schüsse oder Expected Threat für Pässe.

Mithilfe von Tracking und Pitch Control lassen sich die Positionen von Spielern auswerten und hypothetische Fragen beantworten. Die Frage aus Spearmans Arbeit lässt sich in Wenn-dann-Szenarien unterteilen: Wenn der Spieler auf dem Flügel den freien Mitspieler am zweiten Pfosten gesehen hätte: Wie hoch wäre die Wahrscheinlichkeit gewesen, dass die Flanke ankommt? Und wenn die Flanke angekommen wäre: Wie hoch wäre die Wahrscheinlichkeit gewesen, dass der Spieler den Ball versenkt?

Diese Was-wäre-wenn-Fragen lassen sich für jeden Spieler in jeder Situation klären. Mithilfe von Pitch Control lässt sich die Wahrscheinlichkeit des Erfolgs für jeden Pass vorhersagen. Wie hoch ist die Wahrscheinlichkeit, dass ein Ball in einem Bereich mit 50 Prozent Kontrolle von einem bestimmten Spieler verarbeitet wird? Der FC Liverpool kann das für seine Spieler sehr genau vorhersagen. Mit Spearmans Modell misst der Verein, wie die einzelnen Aktionen eines Spielers sich auf die Partie auswirken.

So lässt sich auch der Einfluss von Spielern belegen, die selbst nicht den Ball erhalten. Stellen Sie sich einen Außenstürmer vor, der ein sehr gutes Timing für den Lauf hinter die Abwehr hat. Er startet genau im richtigen Moment und hängt die gegnerischen Verteidiger ab. Immer wieder schafft er es, den Raum hinter der gegnerischen Abwehr zu kontrollieren. Aber seine Mitspieler übersehen ihn, oder es fehlt ihnen das technische Geschick, den Ball zu ihm zu passen. Mithilfe von Pitch Control lässt sich die Nützlichkeit dieses Spielers herausstellen, selbst wenn er kein einziges Zuspiel erhält.

Während ich bei Expected-Goals-Modellen stark ins Detail gegangen bin, wie die einzelnen Modelle ihre Werte ermitteln, fällt dies bei Pitch-Control-basierten Rechnungen nicht so leicht. Zum einen liegt das an der hohen Zugangsschwelle dieser Modelle. Die meisten Klubs halten ihre Berechnungen unter Verschluss. Welche Variablen genau hineinfließen, wissen nur die Datenanalysten der Klubs. Zumal es – anders als bei Expected-Goals-Modellen – ohne den Einsatz von viel Zeit und Geld nicht möglich ist, ein eigenes Pitch-Control-Modell zu erstellen. Bei einem Bierabend zweier Datenanalysten mögen acht Expected-Goals-Modelle entstehen; ohne ein sechs- bis siebenstelliges Investment in die nötige Dateninfrastruktur entsteht kein einziges Pitch-Control-Modell.

Zum anderen sind die Berechnungen derart komplex, dass diese von Hand kaum mehr zu leisten sind. Im ersten Kapitel habe ich eine Neuerung im Bereich des Trackings vorgestellt: das dreidimensionale Tracking. Zusätzlich zu der zweidimensionalen Position im Raum wird die Position von rund 30 Körperpartien vermessen. So lässt sich ein dreidimensionales Bild eines Spielers erstellen. Dies kann bei Pitch-Control-Modellen helfen: Ein Spieler, der am Boden liegt, kann selbst einen drei Meter entfernten Ball nicht erreichen. Ein gutes Pitch-Control-Modell bedenkt solche Details.

Es gibt viele Gründe, warum ein Spieler einen Raum nicht so kontrollieren kann, wie man es in der Theorie vermuten könnte. Vielleicht schaut er in die falsche Richtung; vielleicht blockiert jemand sein Sichtfeld; vielleicht befindet er sich gerade dabei, zu einer Grätsche anzusetzen. Kein Mensch kann alle diese Ereignisse katalogisieren und so aufbereiten, dass ein Modell alle Eventualitäten abdeckt. Es entstünde eine zu hohe Menge an Ausnahmen und Wenn-dann-Schleifen.

Hier kommt die künstliche Intelligenz ins Spiel. Immer mehr Vereine werfen all ihre Daten in den Computer. Eine künstliche Intelligenz soll Muster in den Daten finden und so die Modelle verbessern. Gerade im Bereich Pitch Control kann der Computer Zusammenhänge herstellen, die ein Mensch vielleicht nicht gesehen hätte. Getreu dem Motto: Wenn Spieler X den linken Fuß vorne stehen hat, ist er eine halbe Sekunde langsamer am Ball, als wenn sein rechter Fuß vorne steht.

Es fällt mir als Computer-Laie schwer, die Vorgänge innerhalb der künstlichen Intelligenz nachzuvollziehen. Vor allem erschwert es von außen den Blick auf die Frage, wie aussagekräftig die Daten eines Pitch-Control-Modells sind. Fließen die richtigen Daten ein? Werden sie korrekt gewichtet? Noch mehr als bei anderen Modellen ist hier das Vertrauen in die Fähigkeiten der Datenanalysten und Programmierer gefragt.

Die größte Schwierigkeit von Pitch-Control-Modellen findet sich in der Tatsache, dass die Öffentlichkeit diese Werte kaum nutzen kann. Während sich Expected-Goals- oder -Assists-Werte auf vielen Websites finden, bleiben die Pitch-Control-Werte unter Verschluss. Die Vereine machen ein großes Geheimnis aus ihren Berechnungen. Sie wollen sich einen Vorsprung auf die Konkurrenz erarbeiten und diesen nicht verspielen. So kann man als Außenstehender die Stärken und Schwächen von KI-basierten Modellen kaum beurteilen.

Viele Analysten halten solche Modelle für den Heiligen Gral der Fußballdaten. Der Heilige Gral wurde jedoch nie gefunden – und auch die perfekte Symbiose aus Expected Threat und Pitch Control muss erst noch entwickelt werden. Der Mehrwert, so Kritiker, sei aktuell noch gering: Solche Modelle würden nur zeigen, dass die Wahrscheinlichkeit auf einen Torerfolg lange Zeit nahe null ist, ehe sie im gegnerischen Strafraum plötzlich explodiert. Den Beitrag der Spieler messen zu können, mag wertvoll sein. Es sei jedoch keine revolutionäre Erkenntnis, die den Fußball verändert. Noch nicht.

Superstars aus Slowenien? Wie man unterschiedliche Ligen vergleicht

An dieser Stelle ergibt es Sinn, ein kleines Zwischenfazit zu ziehen. Expected-Modelle helfen, die Arbeit mit Daten von einer quantitativen auf eine qualitative Ebene zu heben. Früher konnte man über Daten nur die Aussage treffen, wie häufig ein Spieler eine Aktion ausgeführt hat. Heute können Datenanalysten sagen, wie qualitativ hochwertig eine Aktion war.

Wenn man Spieler anhand qualitativer Daten misst, entsteht

jedoch ein Problem. Quantitative Daten kann man absolut miteinander vergleichen. Zehn gelaufene Kilometer sind zehn gelaufene Kilometer, egal, ob man dabei das Trikot von Bayern München oder meines alten Kreisliga-Vereins Lauenburger SV trägt.

Nun stellen Sie sich einen Spieler vor, der wahnwitzige Expected-Threat-Werte erzielt. Wenn er am Ball ist, findet er einen Weg, die Kugel nach vorne zu befördern – sei es durch einen genialen Pass oder ein Dribbling. Er erzielt Werte, die selbst Weltklasse-Spieler kaum erreichen. Allerdings tut er dies nicht in der Bundesliga oder Premier League – sondern in der slowenischen Nogometna Liga. Ohne despektierlich gegenüber dem slowenischen Fußball sein zu wollen: Die Leistung ist nicht so beeindruckend, als wenn dies einem Spieler in der Bundesliga gelänge. Ein durchschnittlicher Verteidiger der slowenischen Liga ist leichter zu überwinden als die Hünen aus der Bundesliga. Entsprechend lässt sich die Leistung aus der slowenischen Liga nicht eins zu eins vergleichen mit derselben Leistung, die ein Spieler in einer der großen Ligen Europas erbringt.

Wie kann man nun die Daten eines Spielers aus Slowenien mit denen eines Spielers aus Deutschland vergleichen? Diese Frage treibt den Fußball seit Jahren um. Es gibt Positivbeispiele für Spieler, die in höchst unterschiedlichen Ligen funktioniert haben. Shinji Kagawa wechselte aus der japanischen Liga zu Borussia Dortmund und mauserte sich binnen kürzester Zeit zum Starspieler. Für jeden Kagawa gibt es jedoch einen Dejan Joveljić: Eintracht Frankfurt verpflichtete den Stürmer 2019 für vier Millionen Euro, nachdem er in der serbischen Super Liga herausgestochen war. Doch für Frankfurt absolvierte er gerade einmal vier Spiele in der deutschen Bundesliga, ehe der Verein ihn aufgrund schwacher Leistungen verlieh. Mittlerweile hat er sein Glück in der US-amerikanischen Major League Soccer gefunden.

Wie kann ein Verein seine Daten so aufbereiten, dass sich Spieler aus unterschiedlichen Ländern vergleichen lassen? Eine Möglichkeit: Die Werte der Spieler erhalten einen Bonus oder Malus, je nachdem, in welcher Liga sie spielen. Dazu rechnet man um, wie viel der Wert aus der einen Liga in einer anderen Liga wert wäre. Ein simplifiziertes Beispiel: Ich lege fest, dass die deutsche Liga exakt doppelt so stark ist wie die serbische. Wenn ein Spieler in der serbischen Liga 1,2 Expected Goals pro 90 Minuten erreicht, würde der Wert im Vergleich mit einem Bundesliga-Spieler auf 0,6 halbiert.

Doch wie stellt man fest, dass die Bundesliga exakt doppelt so stark ist wie die serbische Super Liga? Der simpelste Weg lautet, ein Elo-Ranking zu erstellen. Diese Art der Rankings wird vor allem im Schach genutzt. Hierbei wird der Sieg in einer Schachpartie gemäß der Leistungsstärke des Gegenspielers gewichtet. Ein starker Spieler, der einen schwachen Spieler besiegt, erhält nur wenig Punkte. Schließlich war sein Sieg erwartbar und wenig eindrucksvoll. Wenn der schwächere Spieler jedoch gewinnt, fällt sein Punktgewinn höher aus. So werden Außenseitererfolge stärker belohnt als Favoritensiege. Nach vielen Spielen erhält man eine Rangliste. Wer stetig starke Gegner besiegt, wird ganz vorne auftauchen.

Im Fußball funktioniert das Ranking exakt so. Wenn zwei Vereine aufeinandertreffen, können sie Punkte erzielen. Favoritensiege werden hierbei weniger belohnt als Außenseitererfolge. Gleichzeitig kann man solch ein Ranking auch für Ligen ermitteln. Immer wenn ein deutsches Team ein serbisches besiegt, sammelt die Bundesliga Punkte. Die serbische indes verliert Zähler. Es lassen sich auch beide Arten des Elo-Ratings kombinieren: Wenn das zehntbeste Team der Bundesliga das beste Team der serbischen Liga besiegt, ist der Qualitätsunterschied zwischen den Ligen umso gewichtiger. Mithilfe einer möglichst großen Datenbank an Spielen kann man ein solides Elo-Ranking erstellen.

Ein Elo-Rating hat aber auch einen gewichtigen Nachteil: Spiele zwischen verschiedenen Ligen kommen relativ selten vor. Nicht umsonst wurde das Wertungssystem für Schach entwickelt; eine Sportart, bei der Spieler ständig Partien gegeneinander bestreiten. Fußballspiele sind seltener, zumal auf europäischer Ebene. Sie treten aber noch häufig genug auf, um halbwegs fundierte Aussagen zu treffen – auch dank der neu gegründeten Conference League. Hier sind viele Teams aus kleineren Ligen vertreten.

Spätestens wenn man den europäischen Kontinent verlässt, stoßen Elo-Rankings jedoch an ihre Grenzen. Die Datenbasis für interkontinentale Spiele ist äußerst klein. So gab es in den vergangenen Jahrzehnten praktisch keine Duelle zwischen asiatischen und europäischen Klubteams. Die Fifa Klub WM ist derzeit der größte Wettbewerb, bei dem es zu Pflichtspielen zwischen diesen Kontinenten kommt.

Aus genau diesem Grund brauchen Elo-Ratings lange, ehe sie Änderungen in der Ligenstärke entdecken. Die saudi-arabische Liga ist hierfür das beste Beispiel. Bis vor wenigen Jahren war die Saudi Professional League vom Niveau her überschaubar. Das wollte das Königshaus ändern. Der saudische Staatsfonds spendierte den lokalen Spitzenvereinen daraufhin eine Einkaufstour quer durch Europa. Allein Spitzenklub Al-Hilal investierte seit 2023 über 500 Millionen Euro in neue Spieler. Wer sich auf Elo-Rankings basierende Indizes anschaut, wird von dieser Kauftour jedoch kaum etwas mitbekommen haben. Im Power-Ranking der Firma Opta schwankt die saudische Liga zwischen Rang 30 und 40 weltweit. Sie befindet sich auf einer Höhe mit der kolumbischen oder schwedischen Liga. Zum Vergleich: Die deutsche Zweite Bundesliga findet sich auf Rang 18 (Stand: Januar 2026).

Die saudische Liga besteht wahrlich mehr aus Schein als Sein. Nur wenige Teams haben vom Staatsfonds Geld erhalten. Die meisten Kicker stammen nach wie vor aus Saudi-Arabien und haben schon vor dem Kaufrausch in der Liga gespielt. Dennoch erscheint es seltsam, dass eine Liga, in der Cristiano Ronaldo oder Darwin Núñez spielen, deutlich schlechter sein soll als die Zweite Bundesliga.

Diese Bewertung offenbart ein Problem von Elo-Rankings. Vereine wie Al-Hilal haben kaum eine Chance, nach oben zu klettern: Sie spielen in der heimischen Liga wie auch in der asiatischen Champions League hauptsächlich gegen Teams, die niedriger platziert sind. Um im weltweiten Ranking zu steigen, müssten sie regelmäßig gegen Top-Teams aus Europa punkten. Al-Hilal ist genau das bei der erstmals ausgetragenen Klub-WM 2025 gelungen. In den USA konnten sie Manchester City besiegen und gegen Real Madrid ein Remis holen. Doch diese wenigen Spiele helfen kaum, das gesamte Rating zu beeinflussen. So brauchen Elo-Rankings vergleichsweise lange, Veränderungen wie den Kaufrausch saudi-arabischer oder nordamerikanischer Teams einzupreisen.

Der alternative Weg wäre, im eigenen Elo-Ranking jüngste Leistungen massiv höher zu gewichten als Spiele aus der Vergangenheit. Doch auch diese Idee hat ihre Tücken. Fußball ist ein Spiel der Zufälle. Manchester City erreichte gegen Al-Hilal in neunzig Minuten und Verlängerung einen Expected-Goals-Wert von knapp sechs Treffern. Sie schossen jedoch nur drei Tore. Al-Hilal hingegen zauberte aus zwei Expected Goals vier Tore. Ist dieser glückliche Erfolg wirklich geeignet, die gesamte saudi-arabische Liga aufzuwerten?

Ein Mittelweg lautet, neben Toren auch Expected-Goals-Daten einfließen zu lassen. Diese geben einen besseren Einblick in die wahre Leistungsfähigkeit eines Teams. Manche Datenanalysten lassen auch die künstliche Intelligenz dabei helfen, die Stärken einzelner Ligen zu gewichten. Dazu werden möglichst viele Ergebnisse und Expected-Daten von einer KI sortiert und gewichtet. Die Formeln bleiben im Dunkeln. Selbst wenn ein Klub ein funktionierendes Elo-Rating entwickelt hat: Er wird die Konkurrenz kaum wissen lassen, wie die eigene Rechnung funktioniert.

Es gibt einen alternativen Weg, Daten aus verschiedenen Ligen miteinander zu vergleichen: über Transfers. Wenn Spieler in der serbischen Liga regelmäßig treffen, in der Bundesliga aber kaum spielen, wird sich dieser Qualitätsunterschied in den Daten niederschlagen. Man kann die Metriken eines Spielers vor und nach dem Wechsel der Liga vergleichen.

Ein Beispiel: Zwischen der österreichischen und der deutschen Bundesliga herrscht ein reger Personalaustausch. Deutsche Klubs bedienen sich gerne bei ihren südlichen Nachbarn. Für alle Spieler lässt sich vergleichen, wie gut sie in der österreichischen Liga performt haben – und wie ihre Werte anschließend in der deutschen Liga ausfallen. Über all diese Spieler lässt sich ein Durchschnitt ermitteln, wie stark sich ihre Werte nach dem Wechsel verändert haben. So könnte es etwa sein, dass viele Spieler nach dem Wechsel nach Deutschland im Schnitt 0,5 Expected Goals pro 90 Minuten weniger erreichen als in Österreich. Man kann – genügend Daten vorausgesetzt – dann vielleicht irgendwann davon ausgehen, dass man Spielern in der österreichischen Liga im Vergleich mit Bundesliga-Spielern 0,5 Expected Goals pro neunzig Minuten abziehen muss.

Doch solch eine Rechnung funktioniert nicht immer: Nicht alle Ligen tauschen so regelmäßig Spieler aus wie die deutsche und die österreichische. Also muss man auch hier wieder über Umwege gehen. So lässt sich über Daten sehr gut voraussagen, wie Spieler der Zweiten Bundesliga in der ersten Liga performen – Wechsel zwischen den Ligen passieren recht häufig. Wechselt nun ein Spieler aus der zweiten spanischen Liga in die erste deutsche, kann man über zwei Ecken rechnen: Man kann den Abstand zwischen zweiter und erster spanischer sowie zweiter und erster deutscher Liga vergleichen. So erhält man einen Erwartungswert, wie gut ein Spieler aus der zweiten spanischen Liga in der Bundesliga performen sollte.

Wenn die Datenbasis breit genug ist, erhält man am Ende ein großes Spinnennetz aus Ligen auf der gesamten Welt. Bei knapp 80000 Transfers pro Jahr verfügt man schnell über eine große Datenbank. Nun kann man einen Algorithmus entwickeln, der all die verschiedenen Ligen miteinander vergleicht.

Egal, ob man Ergebnisse für ein Elo-Ranking nutzt, mithilfe von Expected-Goals-Daten arbeitet oder Transfers als Grundlage nimmt: Fast alle Klubs haben Wege entwickelt, die Stärken unterschiedlicher Spieler aus unterschiedlichen Ligen zu vergleichen. Sie können umrechnen, wie viel die Leistung eines serbischen Spielers in der Bundesliga wert wäre. Nur so lässt sich mit qualitativen Daten gewinnbringend arbeiten.

Packing: Eine deutsche Erfolgsgeschichte

2016 ließ sich die ARD etwas Besonderes einfallen. Für die Berichterstattung zur Europameisterschaft wollte der öffentlich-rechtliche Sender das neumodische Thema Fußballdaten beleuchten. Anstatt die bekannten Event-Daten zu nutzen, tat sich die ARD mit der Firma Impect zusammen. Die Ex-Bundesliga-Spieler Jens Hegeler und Stefan Reinartz hatten diese Firma zwei Jahre zuvor gegründet. Ihre Mission: Kennzahlen entwickeln, die mehr aussagen als die klassischen Event-Daten. Als Spieler waren sie es leid, anhand der Anzahl der gespielten Pässe oder gewonnenen Zweikämpfe bewertet zu werden. Diese Daten gingen ihnen nicht genug in die Tiefe. Sie entwickelten ihr eigenes Datenmodell und tauften es «Packing».

Die Idee der ARD, Packing einem Millionenpublikum zu präsentieren, ging eher nach hinten los. Experte Mehmet Scholl bewarb das Packing zwar wie ein Marktschreier. Den meisten Fans hing das Thema aber bald zum Hals heraus. Die breite Öffentlichkeit hat den Packing-Wert nicht angenommen. Für die Firma Impect war das Medienecho dennoch ein großer Erfolg. Zahlreiche Fußballteams wurden auf den neuen Wert aufmerksam. Seitdem hat Impect seinen Kundenkreis stetig erweitert. Besonders unter deutschen Vereinen erfreut sich der Packing-Wert höchster Beliebtheit. Die Firma wuchs derart, dass die Konkurrenz auf sie aufmerksam wurde. 2025 schlug die australische Firma Catapult zu. Knapp 80 Millionen Euro soll ihr der Kauf von Impect wert gewesen sein. Hegeler und Reinartz haben mit dem Verkauf mehr verdient als zu ihrer Zeit als Bundesliga-Spieler.

Was versteckt sich hinter Packing? Der Wert befindet sich an der Schnittstelle zwischen Event- und Tracking-Daten. Packing soll verraten, wie viele gegnerische Spieler mit einer Offensivaktion aus dem Spiel genommen werden. Ein Beispiel: Ein Mittelfeldspieler läuft im Konter auf zwei gegnerische Verteidiger zu. Er spielt einen Pass zwischen die Verteidiger hindurch, direkt in den Laufweg seines Mitspielers. Dieser kann nun allein auf den Torwart zustürmen. Der Mittelfeldspieler hat, der Logik des Packing zufolge, zwei Gegenspieler «gepackt», sprich: Er hat sie mit einem Pass überspielt.

Impect weitet diese Grunddefinition auf jede Aktion im Spiel aus. Der Abwehrspieler spielt einen Pass zwischen die gegnerischen Linien an vier Gegnern vorbei? Er erhält einen Packing-Wert von vier. Der Außenstürmer lässt zwei Gegenspieler mit einem

Trick stehen? Er erzielt einen Packing-Wert von zwei. Der Stürmer schießt allein stehend am Torhüter vorbei? Das macht einen Packing-Wert von eins. Auch umgekehrt funktioniert der Wert: Ein Stürmer, der allein vorm Tor steht, verfällt dem Wahn und spielt einen Pass zurück zum eigenen Torwart? Das gibt einen Abzug von zehn, schließlich hat er zehn gegnerische Spieler zurück ins Spiel gebracht. Auch wenn ich dem Gegner den Ball in den Fuß spiele, kann Packing dies messen. Wenn sich nach einem Ballverlust nur noch drei eigene Verteidiger zwischen Gegner und Tor befinden, gibt es einen entsprechenden Abzug. Der Unglücksrabe hat mit seinem Fehlpass nicht nur die Gegenspieler zurück ins Spiel geholt, die zuvor noch verteidigt hatten. Er hat zugleich dafür gesorgt, dass der Gegner mehrere seiner Mitspieler aus dem Spiel genommen hat.

Packing betrachtet dabei alle Spieler, die sich zwischen dem Ball und dem gegnerischen Tor befinden. Dazu wird ein Halbkreis um den Ball gezogen. Wird der Ball nach außen gespielt, wird kein Spieler überspielt – es befinden sich schließlich noch immer gleich viele Spieler zwischen Ball und gegnerischem Tor. Packing belohnt nur Aktionen in Richtung des gegnerischen Tors.

Am Ende einer Partie kann man für beide Teams und jeden einzelnen Spieler einen exakten Wert berechnen. Er sagt aus, wie viele Spieler ein Team oder ein Akteur während eines Spiels überspielt hat. Jedem Fußball-Fan leuchtet ein, dass ein hoher Wert erstrebenswert ist. Das Ziel eines Fußballspiels ist es, Tore zu schießen. Um ein Tor zu schießen, muss ich die gegnerische Verteidigung überspielen. Ein Team, das dies häufiger schafft als der Gegner, erhöht seine Chancen auf den Sieg. Ein Spieler, der in jedem Spiel zahllose Gegenspieler überspielt, ist für seine Mannschaft von unschätzbarem Wert.

Um den Wert zu verfeinern, fließen weitere Variablen in die

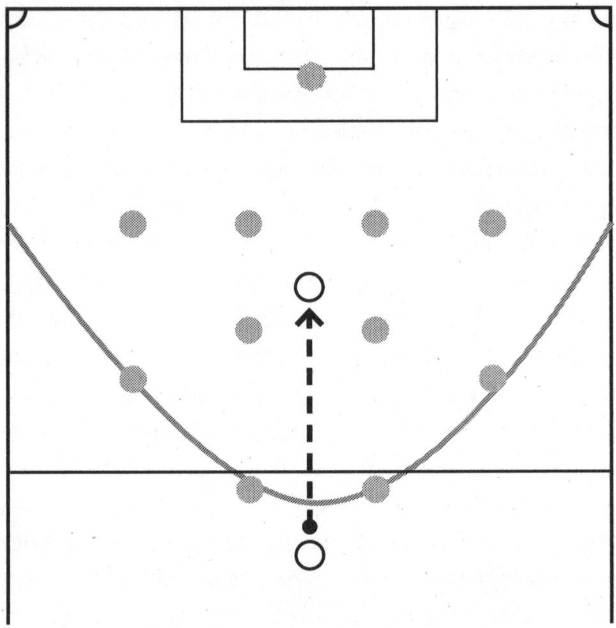

Packing belohnt Pässe nach vorne. In diesem Beispiel werden sechs Spieler gepackt. Für die überspielten Verteidiger zählen nur die sechs tiefsten Akteure, also: zwei überspielte Verteidiger.

Berechnung hinein. Die Köpfe hinter Packing haben schnell festgestellt, dass nicht jeder überspielte Gegenspieler gleich viel wert sein sollte. Den Ball im Spielaufbau am ersten gegnerischen Spieler vorbeizubringen, ist weniger wertvoll, als den gegnerischen Torhüter auszudribbeln. Als wichtigste Kennzahl hat sich daher der Packing-Wert für die überspielten Verteidiger herausgebildet. Dabei erhält man nur einen positiven Bonus, wenn man die sechs tiefsten Akteure des Gegners überspielt.

Zugleich ist nicht jeder Pass, der Gegenspieler aus der Partie nimmt, gleich wertvoll. Ein Beispiel: Ein offensiver Mittelfeldspieler steht vor der gegnerischen Abwehrkette frei. Szenario 1: Der Mitspieler passt ihm den Ball flach zu. Damit überspielt er vier Gegenspieler. Der angespielte Angreifer hat keinen Gegner in seiner Nähe. Er kann sich umdrehen und mit dem Ball auf die verbliebenen Verteidiger zulaufen. Szenario 2: Der Ball kommt hoch aus der Abwehr zu dem Spieler vor der gegnerischen Abwehr geflogen. Auch mit diesem Zuspiel werden vier Gegner überspielt. Das Verarbeiten des hohen Balls fällt ihm jedoch schwer, denn gleich zwei Gegenspieler in seiner Nähe stürzen sich auf ihn. Er muss den Ball erst kontrollieren und dann auch noch die Gegenspieler abwehren. Nominell mögen beide Pässe dieselbe Anzahl an Gegnern aus dem Spiel genommen haben. Die Gefahr, die das erste Szenario ausstrahlt, ist ungleich höher.

Packing-Werte bedenken daher eine breite Zahl an Variablen. Zunächst einmal wird gemessen, wie hoch der Druck ist, den der Gegner ausübt. Je näher ein Gegenspieler beim Passempfänger steht, umso mehr Abzüge gibt es für den Packing-Wert. Auch die Art des Zuspiels sowie die Spielsituation fließen in die Berechnung mit ein. Ein flacher Pass im Konter ist leichter zu verarbeiten als eine hohe Hereingabe bei einem Standard. So spuckt Packing am Ende selten eine ganze Zahl an überspielten Verteidigern heraus, sondern einen Kommawert. Für das erste Szenario läge der Packing-Wert nahe vier, da vier Gegenspieler aus der Partie genommen wurden und der angespielte Akteur den Ball sofort weiterverarbeiten kann. Für das Szenario 2 dürfte der Wert wesentlich geringer ausfallen. Zum Beispiel könnte er bei 2,3 oder 0,8 liegen – je nachdem, wie viele Abzüge es für das hohe Zuspiel und den Druck durch die Gegenspieler gibt.

Die Erklärung des Werts deutet bereits an: Packing ist kein Nebenprodukt von Event- oder Tracking-Daten. Er wird für jede Aktion auf dem Feld einzeln erhoben. Dazu muss nicht nur gezählt werden, wie viele Gegner mit einer Aktion aus dem Spiel genommen oder ins Spiel zurückgebracht werden. Es muss auch die Spielsituation definiert werden. Zudem muss der Druck auf den ballführenden Spieler quantifiziert werden. Dazu werden die Abstände zwischen den Spielern gemessen. Zuletzt fließt auch noch die Folgeaktion ein. Wenn der Stürmer den Ball gleich wieder verliert, gibt es Abzüge für denjenigen, der den Ball zu ihm gebracht hat. Ergo: Packing ist ein gänzlich eigener Wert, der für jede Aktion individuell ermittelt wird.

Entsprechend hat Impect ein Team aufgebaut, das eigenständig Spiele auswertet. Die Firma hat ein Büro auf den Philippinen eröffnet. Hier sitzen Operatoren, die Packing-Werte ermitteln. Das funktioniert ähnlich wie die Ermittlung von Event-Daten, nur dass die Zahl der zu betrachtenden Faktoren größer ist. Immer wieder muss das Spiel angehalten werden. Dann wird die Position einzelner Akteure markiert, und die Abstände zum Ball werden vermessen. Anfangs hat die Analyse eines einzelnen Spiels über zehn Stunden Arbeitszeit gekostet. Moderne Tracking-Daten und KI-Lösungen haben dabei geholfen, diesen Prozess zu automatisieren. Doch noch immer benötigt es Menschen, die Ungereimtheiten auflösen.

Wer Packing-Daten kauft, erhält einen vollständig eigenen Wert, den sonst keine Firma auf der Welt anbietet. Das ist der große Vorteil für Impect. Das Vorgehen birgt aber auch Risiken. Da mehrere Variablen in die Berechnung einfließen, lässt sich der Wert von außen nicht reproduzieren. Das soll nicht bedeuten, dass es Gründe gäbe, Impect zu misstrauen. Als Kunde muss man sich aber bewusst sein: Noch mehr als bei Event- und Tracking-Daten muss man darauf vertrauen, dass die Erhebung einwandfrei läuft.

Dass Packing einen Nutzen im Fußball hat, dürfte indes unstreitig sein. Der Wert mag in seiner Berechnung komplex sein, ist in seiner Logik aber äußerst intuitiv. Gute Spieler schaffen es, den Ball an der gegnerischen Abwehr vorbeizubugsieren. Packing belohnt diese Spieler. Es ist dabei egal, ob ihnen dies über Pässe gelingt, ob sie Dribbelkönige sind oder ob sie die richtigen Laufwege wählen. Zugleich bestraft der Wert Spieler, die den Ball verlieren oder nach hinten spielen.

Entsprechend kann man den Packing-Wert nutzen, um die Stärken einzelner Spieler einzuschätzen. Man kann nicht nur herausfinden, welche Spieler die gewinnbringendsten Pässe spielen. Auch lässt sich ermitteln, welche Spieler über ein besonders starkes Raumgefühl verfügen. Wenn ein Angreifer wieder und wieder hinter die gegnerische Abwehr gelangt und Zuspiele annimmt, wird er hohe Packing-Werte in der Ballannahme erzielen. Auch defensive Aktionen belohnt Packing: Wer den Ball gewinnt, bringt seine Mitspieler zurück in die Partie.

Die neueste Innovation der Firma ist ein eigenes Expected-Threat-Modell, in das die Variablen fließen, die für das Packing ohnehin erhoben werden. Das Expected-Threat-Modell speist sich nicht nur aus der Position auf dem Feld, sondern auch aus dem Druck auf den ballführenden Spieler sowie aus der Anzahl der Akteure, die sich zwischen Ball und Tor befinden. Diese drei Variablen werden so kombiniert, dass sich insgesamt rund 300 verschiedene Torwahrscheinlichkeiten ergeben. Hat eine Mannschaft zum Beispiel den Ball an der Mittellinie, während sich alle Gegenspieler hinter dem Ball befinden, liegt die Torwahrscheinlichkeit bei 1 Prozent. Befördert sie den Ball nun in den gegnerischen Strafraum und überspielt dabei alle gegnerischen Akteure bis auf einen, steigt die Torwahrscheinlichkeit auf 40 Prozent. Der Spieler hat die Torwahrscheinlichkeit von 1 auf 40 Prozent erhöht. Er erhält also einen Expected-Threat-Wert von 0,39.

Der Vorteil gegenüber klassischen Expected-Threat-Modellen

liegt auf der Hand: Packing liefert mehr Kontext über die aktuelle Spielsituation. So kann auch ein Pass an der Mittellinie den Expected-Threat-Wert massiv steigern, wenn dabei mehrere Gegenspieler überspielt werden. Zugleich bleibt der Wert in seiner Berechnung nachvollziehbar, anders als bei Modellen, die mit Pitch Control und künstlicher Intelligenz arbeiten. Der Haken ist derselbe wie bei den originären Packing-Werten: Man muss darauf vertrauen, dass die ermittelten Torwahrscheinlichkeiten für die einzelnen Zustände korrekt sind. Es ist als Außenstehender kaum möglich, mithilfe von Packing-Werten ein eigenes Expected-Threat-Modell zu erstellen.

Das Vertrauen der Fußballvereine hat Impect mit dem eigenen Modell gewonnen. In Deutschland ist die Firma längst Marktführer. Praktisch jeder Profiverein, bei dem ich einen Einblick erhaschen konnte, arbeitet mit Packing-Werten. Impect arbeitet derweil daran, immer mehr Ligen abzudecken. So können auch Teams aus der dritten oder vierten Liga auf Wunsch die eigenen Spiele auswerten lassen. Auch wenn sich Packing in der ARD nicht durchsetzen konnte, ist der Wert aus dem Profifußball nicht mehr wegzudenken.

Defensive Statistiken: Gelegenheit macht Diebe

Die vorgestellten Modelle bezogen sich bislang maßgeblich auf die Aktionen, die ein Spieler oder eine Mannschaft mit dem Ball vollführen. Dabei ist der Angriff nur ein kleiner Teil des Fußballspiels. Der Fußball tut sich jedoch schwer damit, defensive Qualitäten genauso zu messen, wie dies mit offensiven Aktionen der Fall ist. Sicher: Expected-Threat-Modelle oder das Packing können auch defensive Aktionen quantifizieren. Wenn ein Spieler einen

Ball erobert, bringt er seine eigenen Mitspieler zurück ins Spiel. Das verrät aber wenig über die Art der defensiven Aktion. Die entstehenden Daten sind eher Nebenprodukte der Messung offensiver Aktionen.

Es gibt Event-Daten, die defensive Aktionen quantifizieren. Die Zweikampfstatistik wurde bereits eingangs dieses Kapitels beleuchtet. Für jedes Duell auf dem Feld kann man einen Sieger oder Verlierer bestimmen. Dies ist jedoch gar nicht so einfach: Nicht immer produziert ein Zweikampf einen eindeutigen Gewinner. Manchmal braucht es gar keinen gewonnenen Zweikampf für eine gute defensive Aktion: Wenn ich den Gegner derart störe, dass er seinen Pass nicht zum Mitspieler oder den Schuss nicht auf das Tor bringt, wird mein Trainer nach dem Spiel zufrieden sein. Dennoch können Zweikämpfe helfen, das Geschehen auf dem Feld zu analysieren. Wenn ein Verteidiger wieder und wieder von seinem Gegenspieler ausgedribbelt wird, wird sich dies in seinen Zweikampfwerten niederschlagen.

Ein Zweikampf findet per Definition zwischen zwei Akteuren statt. Alternativ kann man nur die Aktion des Defensivspielers notieren, unabhängig von ihrem Ausgang. Die Firma Opta wertet ein Event aus, das sie «Pressures» nennt: Immer wenn ein Spieler den Gegner unter Druck setzt, wird dieses Event ausgelöst. Dabei ist es irrelevant, ob der Verteidiger den Ball gewinnt oder nicht. Es geht einzig darum, dass er möglichst nahe an den Gegenspieler gelangt.

Um den Ball zu gewinnen, muss ein Verteidiger mit dem Gegner nicht immer auf Trikotfühlung gehen. Eine weitere defensive Statistik sind die sogenannten Interceptions, zu Deutsch: abgefangene Pässe. Wenn ein Verteidiger einen gespielten Pass des Gegners abfängt und danach die Kontrolle über den Ball hat, wird dies als abgefangener Pass bezeichnet. Hierbei werden Spieler belohnt, die ohne einen Zweikampf an den Ball gelangen.

Nicht immer, wenn ein Verteidiger einen Pass abfängt, kontrolliert er anschließend die Kugel. Gerade im eigenen Strafraum gibt es Momente, in denen der Verteidiger den Ball einfach nur wegbefördern möchte. Diese Aktionen werden im Englischen als «Clearance» bezeichnet. Darunter fallen jegliche Klärungsaktionen, sei es mit dem Fuß oder dem Kopf. Wohin der Ball fliegt, ist egal. Hauptsache, die Gefahr für das eigene Tor wird gebannt.

Wenn der Gegner zum Schuss kommt, gibt es eine letzte Möglichkeit für einen Verteidiger, sich auszuzeichnen: indem er den Schuss blockt. Auch dies wird als eigene Event-Datenkategorie ausgewiesen. Dabei wird nicht unterschieden, ob der Verteidiger anschließend den Ball hat oder ihn einfach nur ablenkt. Manche Anbieter messen auch die Anzahl der geblockten Pässe und der geblockten Flanken. Diese unterscheiden sich von den abgefangenen Pässen dadurch, dass der Verteidiger anschließend nicht die Kontrolle über den Ball hat.

Die Schwierigkeit, die bei der Arbeit mit diesen Kennzahlen entsteht, haben wir bereits bei den offensiven Zahlen kennengelernt. Diese Zahlen sagen etwas über die Quantität der Aktionen aus, allerdings wenig über die Qualität. Ein Spieler kann in einem Spiel zehn Zweikämpfe gewinnen. Wenn ihm dies am Flügel gelingt, weit weg vom eigenen Tor, ist dies jedoch weit weniger wertvoll, als wenn er dem gegnerischen Stürmer im eigenen Strafraum den Ball abnimmt. Hinter einem geblockten Schuss kann sich ein leicht abgefälschter Schuss aus dreißig Metern verstecken – oder eine heroische Heldentat, bei der ein Verteidiger die Kugel von der Linie kratzt.

Hinzu kommt ein Phänomen, das wir ebenfalls bereits kennenlernen durften: Nimmt man nur die absoluten Werte, dominieren Akteure mit viel Spielzeit. Zur Veranschaulichung habe ich für die Saison 2023/24 die Spieler mit den besten Defensivwerten herausgesucht. Dazu habe ich verschiedene defensive Werte addiert:

die Zahl der abgefangenen Pässe, die gewonnenen Zweikämpfe sowie die geklärten Bälle. Nimmt man nur die absoluten Werte, dominieren Akteure mit viel Spielzeit. Die meisten erfolgreichen Defensivaktionen hat Timo Hübers vom 1. FC Köln vollführt, dicht gefolgt von Patrick Mainka vom 1. FC Heidenheim und Bernardo aus Bochum. Sie alle haben so gut wie keine Minute der Saison verpasst, anders als Akteure von Spitzenteams, die öfter geschont wurden. Aus diesem Grund ergibt es auch hier Sinn, die Werte pro 90 gespielten Minuten umzurechnen. So kann ein Spieler wie Mats Hummels, der in jener Spielzeit nur 1500 Minuten auf dem Feld stand (also nicht einmal die Hälfte der möglichen Spielminuten), mit Stammspielern verglichen werden. Er springt bei den Werten pro neunzig Minuten direkt auf Rang zwei hinter Hübers.

Dennoch fällt auch bei den auf neunzig Minuten genormten Werten etwas auf. Die Liste wird dominiert von Spielern, die bei Abstiegskandidaten unter Vertrag standen. Hübers führt sie noch immer an. Max Wöber von Borussia Mönchengladbach landet auf Rang vier, Christoph Zimmermann von Absteiger Darmstadt auf Rang fünf. Die Teams dieser Spieler haben die meisten Tore in der Liga kassiert. Wie kann es sein, dass ausgerechnet diese Verteidiger bessere defensive Werte erzielen als Spieler von defensivstarken Teams aus dem oberen Tabellendrittel?

Die defensiven Events funktionieren nach der Logik «Gelegenheit macht Diebe». Ein Spieler kann nur einen Schuss blocken, wenn der Gegner zuvor in eine Schussposition gelangt ist. Ein defensives Tackling kann man nur ausführen, wenn der Gegner den Ball hat. Dasselbe gilt für abgefangene Pässe oder geklärte Bälle. Aus diesem Grund ergibt es nur begrenzt Sinn, die Werte auf neunzig Minuten umzurechnen. Viel eher muss man miteinbeziehen, dass Teams unterschiedlich lange den Ball haben. So hatten Bayern München und Bayer Leverkusen in der Spielzeit 2023/24 deutlich

Def all		
1	Hübers	KOE
2	Mainka	FCH
3	Bernardo	BOC
4	Uduokhai	FCA
5	Pacho	SGE
6	Leite	FCU
7	Chabot	KOE
8	Van den Berg	M05
9	Anton	VfB
10	Elvedi	BMG

Def per 90		
1	Hübers	KOE
2	Hummels	BVB
3	Brooks	TSG
4	Wöber	BMG
5	Zimmermann	D98
6	Friedl	SVW
7	Mainka	FCH
8	Ordets	BOC
9	Stach	TSG
10	Mittelstädt	VfB

Def Ballb.		
1	Hummels	BVB
2	Mittelstädt	VfB
3	Brooks	TSG
4	Zagadou	VfB
5	Anton	VfB
6	Kim	FCB
7	Hübers	KOE
8	Wöber	BMG
9	Friedl	SVW
10	Stach	TSG

Die statistisch besten Verteidiger der Bundesliga 2023/24. Links: absolute Werte. Mitte: Werte per 90 Minuten. Rechts: Werte nach gegnerischem Ballbesitz.

länger den Ball in den eigenen Reihen als andere Bundesligisten. Ihre Verteidiger hatten entsprechend weniger Zeit, defensive Aktionen auszuführen.

Datenanalysten haben eine Lösung für dieses Problem gefunden. Die defensiven Werte werden nicht nach Minuten berechnet – sondern in Relation zum gegnerischen Ballbesitzwert. Wenn man die defensiven Statistiken der Saison 2023/24 herunterrechnet auf Minuten ohne Ballbesitz, tauchen auch Verteidiger der Top-Teams auf der Liste auf. Hummels führt nun die Liste an, gefolgt von Maximilian Mittelstädt von Vizemeister VfB Stuttgart und John Anthony Brooks von der TSG Hoffenheim. Auch Nationalverteidiger Waldemar Anton und Bayern Münchens Min-Jae Kim finden sich weit vorne wieder. Hübers hingegen rutscht auf Rang sieben ab. Zimmermann oder Mainka fallen gänzlich aus den Top 10. Diese Liste deckt sich eher mit dem Bauchgefühl, welche Bundesliga-Verteidiger besonders gut performen.

Es hat sich daher in Statistiker-Kreisen etabliert, dass defensive

Werte immer in Relation zum Ballbesitz der eigenen Teams gesetzt werden. Nur so lassen sich Verteidiger verschiedener Teams ehrlich miteinander vergleichen.

Selbst die nach Ballbesitz bereinigte Liste hat ein großes Manko: Es befindet sich kein einziger Akteur vom damaligen Meister Bayer Leverkusen auf ihr. Dabei hat die Werkself in 34 Ligaspielen nur 24 Gegentore kassiert, weniger als jeder andere Bundesligist. Sie haben die wenigsten Schüsse zugelassen und den niedrigsten Wert bei den zugelassenen Expected Goals. Man müsste meinen, dass gerade die Verteidiger der Werkself solch eine Liste dominieren sollten. Doch der erste Leverkusener taucht erst auf Rang 31 auf. Es ist der aggressive Mittelfeldspieler Exequiel Palacios. Jonathan Tah, Abwehrchef und nach Meinung der meisten Experten bester Verteidiger der Saison, landet auf Rang 50. Kapitän Granit Xhaka taucht gar nicht erst in den Top 100 auf. Wie kann es sein, dass ausgerechnet das defensiv stärkste Team der Saison keinen statistisch herausragenden Verteidiger hervorgebracht hat?

Das Fehlen von Leverkusener Spielern in den defensiven Top-Listen verdeutlicht eine massive Lücke in der traditionellen statistischen Erfassung von Defensivaktionen. Ich bezeichne es als Präventionsparadox. Dieser Begriff erlangte während der Corona-Pandemie traurige Berühmtheit. Er beschreibt ein Dilemma bei der Eindämmung einer Pandemie: Wenn die Bevölkerung sich an alle Schutzmaßnahmen hält, wird die Pandemie eingedämmt. Zugleich fällt der Grund für die Schutzmaßnahmen weg. Irgendwann fragt sich die Bevölkerung, wozu die Schutzmaßnahmen überhaupt gut waren – es sei ja schließlich nichts passiert.

Dieses Prinzip lässt sich auch auf Defensivstatistiken anwenden. Die besten Defensivreihen benötigen häufig nur wenige Defensivaktionen, um an den Ball zu gelangen. Leverkusen gelang dies in der Meistersaison besonders eindrucksvoll: Ihr Pressing funktionierte derart gut, dass der Gegner nur selten in die Leverkusener Hälfte gelangte. Es ist das Präventionsparadoxon in Aktion: Weil Leverkusen Angriffe bereits im Keim erstickte, konnten sich Bayers Verteidiger nicht so auszeichnen wie die Abwehrspieler anderer Teams.

In vielen Fällen gilt: Je weniger defensive Events eine Mannschaft ausführt, umso stabiler verteidigt sie. Event-Daten eignen sich aus diesem Grund nicht so sehr, die defensive Qualität einzelner Spieler zu bewerten. Verteidiger Robert Huth fasste es einst in einem Interview treffend zusammen: Er habe immer dann ein gutes Spiel gemacht, wenn er in keiner Statistik herausrage. Dann sei sein Stellungsspiel so gut gewesen, dass sein Gegenspieler gar nicht erst an den Ball gelangt sei.

Für dieses statistische Dilemma gibt es eine Lösung. Sie kommt – mal wieder – in Form von Tracking-Daten. Pitch Control ist das wohl beste Modell, um das Stellungsspiel eines Verteidigers zu messen. Es verrät, wie gut es einem Verteidiger gelingt, die wichtigsten Räume auf dem Feld zu schließen. Ein Mittelfeldspieler, der weite Teile des Zentrums kontrolliert, ist für seine Mannschaft von unschätzbarem Wert.

Um die Qualitäten von Defensivspielern einzuschätzen, hat der FC Liverpool ein Konzept entwickelt, das er «defensive Verantwortung» getauft hat. Hierbei wird gemessen, welcher Spieler sich in der Nähe eines Gegenspielers befindet, sobald dieser eine Aktion ausführt. Wenn ein Gegenspieler etwa in einem Raum zum Schuss gelangt, in dem normalerweise der linke Verteidiger steht, wird diesem der Schuss negativ angelastet. Andersherum lässt sich so auch ein positiver Wert messen: Wenn ein Gegenspieler einen Fehlpass spielt, nachdem er von einem Verteidiger bedrängt wurde, wird dem Verteidiger dieser Fehlpass zugeschrieben. So lassen sich Verteidiger desselben Teams miteinander vergleichen: Wenn der Gegner stets aus dem halbrechten Raum auf das Tor schießt, leistet diese Abwehrseite schlechtere Arbeit als die gegenüberliegende.

Beim Thema Pitch Control befinden wir uns jedoch wieder in einer großen schwarzen Box. Wie genau diese Modelle funktionieren, lässt sich von außen schlecht beurteilen. Es ist daher nur wichtig, zu begreifen, dass Profiklubs Defensivspieler kaum anhand ihrer Event-Daten bewerten. Uns Zuschauenden stehen jedoch häufig nur diese Daten zur Verfügung. Das macht es für die breite Öffentlichkeit schwerer, anhand von Daten Verteidiger zu bewerten. Einen Nationalverteidiger wie Jonathan Tah könnte man anhand allgemein zugänglicher Statistiken nicht richtig einschätzen.

Noch mehr defensive Kennzahlen: PPDA und HOPS

In meiner täglichen Arbeit spielen defensive Kennwerte kaum eine Rolle. In vielen Fällen bedeuten hohe Werte in einer oder mehreren defensiven Statistiken nicht, dass eine Mannschaft auch gut verteidigt hat. Selbst wenn man nicht mit absoluten, sondern mit relativen Werten arbeitet, lässt sich kaum eine Aussage treffen über die Qualität einzelner Teams oder Spieler.

Ich habe bereits festgestellt, dass die Zweikampfquote nicht mit dem Ergebnis einer Partie korreliert. Bayer Leverkusen blieb in der Saison 2023/24 fünfzehnmal ohne Gegentor. Nur in fünf dieser Partien gewannen sie mehr Zweikämpfe als der Gegner. Auch Tah findet man nicht unter den Spielern mit der besten Zweikampfquote; er hat in jener Spielzeit nur knapp über 50 Prozent seiner Duelle gewonnen. Sie merken, liebe Leserinnen und Leser: Die Zweikampfquote und ich werden in diesem Leben keine Freunde mehr.

Eine defensive Kennzahl nutze ich in meinen Analysen dennoch gerne. Es handelt sich um den Wert «Passes per Defensive Action», kurz: PPDA (zu Deutsch: Pässe pro defensiver Aktion). Hierbei wird die Anzahl der gegnerischen Pässe durch die Anzahl der eigenen Defensivaktionen geteilt. Je mehr Pässe der Gegner spielt, ehe die defensive Mannschaft zu einem Tackling ansetzt, einen Pass abfängt oder einen Schuss blockt, umso höher fällt der Wert aus. Spielt der Gegner 15-mal so viele Pässe, wie die eigene Mannschaft Defensivaktionen ausführt, liegt der Wert bei 15.

Was verrät dieser Wert? Mithilfe von PPDA lässt sich eine Aussage treffen über die Intensität der verteidigenden Mannschaft. Wenn sich ein Team an den eigenen Strafraum zurückzieht, übt sie kaum Druck auf den Gegner aus. Die Angreifer können sich in aller Ruhe den Ball zuspielen, um eine Lücke in der gegnerischen Defensivreihe zu finden. Die Anzahl der Pässe wird hoch sein, die Anzahl der Defensivaktionen eher niedrig. Anders sieht dies aus, wenn eine Mannschaft ein Pressing über das gesamte Feld aufzieht. Der Gegner wird ständig in Zweikämpfe gezwungen. Der PPDA-Wert wird niedrig ausfallen, da der Gegner wenig Pässe pro Defensivaktionen spielt.

PPDA kann etwas über die Spielweise einer Mannschaft verraten. Eine Mannschaft, die über lange Zeit einen geringen PPDA-Wert aufweist, verteidigt intensiver. Sie setzt in der Regel auf ein höheres Pressing. Die Pressing-intensivsten Teams der Liga haben in der Regel einen PPDA-Wert unter zehn. PPDA kann man auch in Verbindung mit anderen Werten nutzen. Wenn man den Wert mit der Höhe der Abwehrlinie kombiniert oder mit der Zahl der geführten Zweikämpfe in der gegnerischen Hälfte, lässt sich leicht die Pressinghöhe einer Mannschaft bestimmen. PPDA hilft also, das Pressing eines Teams einzuschätzen, ohne dass man eine Partie zwingend verfolgt haben muss. Auch kann man den PPDA nach

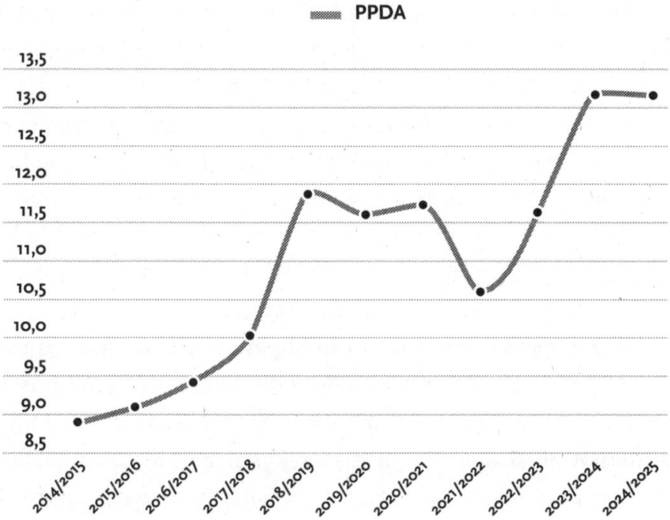

Der durchschnittliche PPDA-Wert der Bundesliga.
Datenquelle: Understat.com.

dem Spielstand aufschlüsseln. So lässt sich herausfinden, welche Teams nach einer Führung passiver agieren.

PPDA kann auch helfen, einzelne Partien zu analysieren. Ein Spiel, bei dem beide Teams 50 Prozent Ballbesitz haben, kann ganz unterschiedlich verlaufen. Mal jagen sich beide Teams derart intensiv, dass der Ball ständig den Besitzer wechselt. Mal ziehen sich beide Teams abwechselnd so weit zurück, dass die jeweils andere Mannschaft die Kugel lange in den eigenen Reihen halten kann. Über PPDA lassen sich beide Arten von Spielen voneinander unterscheiden.

Mithilfe des PPDA-Werts lässt sich auch nachverfolgen, wie sich der Fußball in einer Liga über längere Zeit verändert. Vor fünf bis zehn Jahren wurden in der Bundesliga noch weniger Pässe gespielt pro defensiver Aktion. Bayern München hatte unter Trainer Pep Guardiola einen PPDA-Wert, der bei sechs lag. Auch Steffen Baumgarts Kölner oder Peter Bosz' Bayer Leverkusen hatte einen ähnlich niedrigen Wert. Aktuell gibt es kaum mehr Teams, die unter zehn liegen. Immer mehr Bundesligisten spielen im Aufbau viele Pässe, treiben also die Zahl der eigenen Pässe nach oben. Solche Beobachtungen lassen sich mithilfe des PPDA-Werts bestätigen.

Unfehlbar ist auch diese Kennzahl nicht. Ein Team könnte etwa versuchen, ein hohes Pressing auszuführen. Der Gegner jedoch spielt bereits Pässe, bevor die verteidigende Mannschaft in einen Zweikampf gelangt. Der PPDA-Wert fällt hoch aus, obwohl der Versuch eines hohen Pressings vorliegt. Genauso ist der PPDA-Wert vom Gegner abhängig: Wenn dieser jeden Ball sofort nach vorne schlägt, wird der Wert geringer ausfallen, ohne dass man selbst etwas dafür tun musste. Nicht immer erzählt der PPDA-Wert eine kohärente Geschichte. Dennoch nutze ich ihn gerne, um allgemeine Trends bei Mannschaften oder in ganzen Ligen nachzuverfolgen.

Ein statistisches Event habe ich bisher außen vor gelassen: Kopfbälle. Theoretisch könnte man Kopfbälle anderen Events zuordnen. Ein Schuss oder ein Pass kann mit dem Kopf abgegeben werden. Nicht immer kann ein Spieler jedoch frei köpfen. Häufig treffen zwei oder sogar mehr Spieler in einem Luftzweikampf aufeinander. Aus statistischer Sicht werden diese Duelle nicht als klassische Zweikämpfe gewertet. Sie funktionieren anders als ein Zweikampf am Boden: Körperlichkeit und vor allem Sprungkraft sind hier gefragt. Daher haben die Statistikanbieter für diese Zweikämpfe ein eigenes Event kreiert.

Kopfballduelle haben in der Regel einen Gewinner und einen Verlierer. Der Spieler, der zuerst an den Ball gelangt, ist Sieger des Duells. Für ein Kopfballduell ist es unerheblich, ob ein Verteidiger den Ball wegköpfen oder ein Stürmer die Kugel ins Tor köpfen möchte. Beide werden gleich bewertet für das gleiche Duell. Ob der Stürmer den Ball neben das Tor setzt oder der Verteidiger ihn direkt zu einem Gegenspieler köpft, ist unerheblich. Es geht nur darum, wer zuerst an den Ball gelangt.

Mithilfe dieser Event-Datenkategorie lässt sich die Zahl der gewonnenen Kopfballduelle ausgeben. Es gibt absolute Werte: Wie viele Kopfballduelle hat ein Spieler geführt? Wie viele hat er gewonnen, wie viele verloren? In der Saison 2023/24 hat Stürmer Tim Kleindienst die meisten Kopfballduelle bestritten und auch gewonnen. Außerdem lässt sich ein relativer Wert berechnen: Wie viel Prozent der geführten Kopfballduelle hat ein Spieler gewonnen? Bei der Quote der gewonnenen Kopfbälle ragen vor allem Verteidiger heraus. Dan-Axel Zagadou hat in besagter Saison 80 Prozent seiner Kopfballduelle erfolgreich bestritten. Auch Jeff Chabot und der in den klassischen Defensivstatistiken geschmähte Jonathan Tah tauchen weit vorne auf.

Die Kennzahl hat jedoch ein Manko: Kopfballduell ist nicht gleich Kopfballduell. Sich gegen den 1,94 Meter großen Kleindienst durchzusetzen, ist ein schwierigeres Unterfangen, als den 1,68 Meter kleinen Romano Schmid zu überspringen. Die Firma Hudl Statsbomb hat einen Kennwert entwickelt, der diese Problematik adressiert. Sie nennen ihn Header Oriented Performance System, kurz: HOPS (zu Deutsch: kopfballorientiertes Leistungssystem).

Der Gag, den Kennwert unbedingt HOPS nennen zu wollen, lag bei der Namensgebung eindeutig im Vordergrund. Denn es handelt sich weniger um ein Leistungs- als um ein Klassifizierungssystem. HOPS funktioniert wie das Elo-Rating im Schach: Ein Favorit, der einen Außenseiter bezwingt, erhält hierbei weniger Punkte als ein Underdog, der einen starken Gegner besiegt.

HOPS funktioniert nach einem ähnlichen Muster. Es wird ein Glicko-Rating-System angewandt. Mithilfe dieses Systems lässt sich für die Teilnehmer eines Kopfballduells der Erwartungswert für den jeweiligen Sieg bestimmen. Wenn ein Verteidiger ständig Kopfballduelle gewinnt, wird sein Wert steigen. Am Ende lässt sich mithilfe des Rating-Systems berechnen, wie wahrscheinlich ein Verteidiger ein Kopfballduell gegen einen absolut durchschnittlichen Gegner gewinnt. Dies ist der HOPS-Wert. Ein Spieler mit einem HOPS-Wert von 0,75 sollte rund 75 Prozent seiner Kopfballduelle gegen einen durchschnittlichen Gegner gewinnen.

Der Wert besteht übrigens auch den Messi-Test. Nur dass im Falle von Kopfbällen nicht Messi in den Augen der meisten Experten als Nonplusultra gilt – sondern Virgil van Dijk. Liverpools Innenverteidiger hat über Jahre die besten Stürmer an den Rand der Verzweiflung getrieben. Kein Spieler in den großen Ligen erreicht einen derart hohen HOPS-Score. Der HOPS-Wert hilft also, die Kopfballstärke unterschiedlicher Spieler miteinander zu vergleichen.

Physische Daten: Mehr als nur Kilometer zählen

Viele mehr und weniger bekannte Metriken und Kennzahlen wurden im Verlauf dieses Kapitels bereits abgearbeitet. Eine klassische Statistik darf dabei nicht fehlen: die Laufdaten. Nach einem Spiel werden diese Daten gerne herangezogen, um den Einsatz einer Mannschaft zu bewerten. Der Tenor: Je mehr eine Mannschaft läuft, umso besser. Bereits eingangs des Kapitels habe ich festgestellt, dass diese Gleichung nicht aufgeht: Laufleistung und Ergebnis eines Spiels korrelieren in der Bundesliga nicht besonders stark miteinander.

Zumal sich Teile der Korrelation durch einen simplen Faktor erklären lassen: Mannschaften, bei denen ein Spieler früh eine Rote Karte sieht, laufen in der Regel weniger Kilometer als der

Gegner. Das ist keine Überraschung, schließlich fließt ein Spieler weniger in die Statistik ein. Gleichzeitig ist eine Rote Karte eine derartige Schwächung, dass die in Unterzahl spielende Mannschaft in der Regel verliert. Dass Teams solche Spiele mit weniger gelaufenen Kilometern verlieren, liegt nicht an der mangelnden Laufleistung der Spieler – sondern daran, dass eine Unterzahl das jeweilige Team massiv schwächt.

Es gibt noch weitere Gründe, warum die Laufleistung als Metrik für die physische Leistungsfähigkeit eines Spielers trügerisch sein kann. Man kann dies an einem einfachen Beispiel erläutern. Vergleichen Sie folgende zwei Übungen: Bei der ersten Übung gehe ich joggen. Ich habe mir eine schöne Strecke ausgesucht, bei der ich einfach nur geradeaus laufen muss. Ich laufe einen Kilometer am Stück in fünf Minuten, ohne zu pausieren. Bei der zweiten Übung gehe ich anders vor: Ich stecke eine Strecke von zehn Metern Länge ab. Ich laufe hin und wieder zurück, bis ich insgesamt einen Kilometer gelaufen bin. Auch hierfür nehme ich mir exakt fünf Minuten Zeit.

Wenn ich meine Laufdistanz auswerte, komme ich bei beiden Übungen auf dasselbe Ergebnis: Ich bin insgesamt einen Kilometer gelaufen. Dennoch weiß jeder Hobbyathlet, dass die zweite Übung wesentlich mehr anstrengt als die erste. Beim Dauerlauf wiederhole ich dieselbe Bewegung. Bei der zweiten Übung muss ich ständig abbremsen und wieder beschleunigen. Ich muss eine höhere Geschwindigkeit laufen, um die Zeit auszugleichen, die ich durch meine Wendemanöver verliere. Beschleunigen, Sprinten, Abbremsen, Beschleunigen, Sprinten, Abbremsen: Die Abfolge dieser Bewegungen beansprucht meine Muskeln auf wesentlich stärkere Art als ein Dauerlauf.

Aus diesem Grund genügt es nicht, einfach nur die gesamte Laufdistanz eines Spielers zu betrachten, um den physischen Aufwand in einem Fußballspiel zu messen. Ein Unterschied zwischen beiden Übungen liegt in der Geschwindigkeit. Bei der zweiten Übung erreicht man eine höhere Endgeschwindigkeit. Die Geschwindigkeit hilft, den Aufwand besser einzuschätzen. Aus diesem Grund werden im Fußball verschiedene Geschwindigkeitsbereiche unterschieden. Wenn ein Spieler schneller als 25 Kilometer pro Stunde läuft, liegt ein Sprint vor. Bei einer Geschwindigkeit zwischen 25 und 20 Kilometern pro Stunde wird dies als intensiver Lauf gewertet. Diese Geschwindigkeiten sind arbiträr gewählt; theoretisch könnte ich jede andere Geschwindigkeit als Richtwert definieren.

Das Problem: Auch wenn man die Distanz und die Spitzengeschwindigkeit der Spieler misst, fehlen noch immer entscheidende Daten, um die Belastung eines Spielers nachzuvollziehen. Auch das erklärt sich aus unserem Beispiel: Die zweite Übung ist besonders anstrengend, weil ich ständig beschleunige und wieder abbremse. Beide Bewegungen benötigen viel Kraft, um die Geschwindigkeit des Körpers abrupt zu verändern – Isaac Newton lässt grüßen. Das belastet besonders jene Muskelfasern, die für explosive Bewegungen zuständig sind. Sie ermüden schneller.

Um die Belastung eines Spielers korrekt zu vermessen, muss man auch diese Bewegungen miteinbeziehen. Dies geschieht in Teilen, indem man die Geschwindigkeit betrachtet: Wenn diese abrupt ansteigt oder sinkt, liegt eine Be- oder Entschleunigung vor. Um noch tiefer ins Detail zu gehen, werten die Athletiktrainer die Daten der Transponder aus, die die Spieler tragen. Diese können dank Bewegungssensoren exakt die Kräfte messen, die bei einer Be- oder Entschleunigung entstehen.

Jedoch fehlen noch immer entscheidende Daten, um die Belastung durch die Laufleistung zu quantifizieren. In beiden Übungen geht es darum, gerade nach vorne zu laufen. Studien zeigen jedoch, dass nur 15 Prozent aller Bewegungen eines Fußballers gerade nach vorne oder hinten gerichtet sind. Die meiste Zeit eines Spiels bewegen sich Fußballer seitlich. Mal sprinten sie in einem Bogen, mal trippeln sie nach links oder rechts, mal verändern sie die Laufrichtung, um einen Gegenspieler abzuschütteln.

Diese Bewegungen wirken gänzlich anders auf den Körper als ein gerader Lauf. Stellen Sie sich vor, Sie absolvieren den Kilometerlauf nicht auf gerader Strecke, sondern in einem Kreis mit einem Radius von zehn Metern. Hundertmal laufen sie diese Strecke ab. Sie dürften am Ende einen Drehwurm davontragen. Ihr Körper wird zudem ungleichmäßig belastet: Sie lehnen sich in die Kurve, um diese möglichst elegant zu laufen. Auf einer Seite des Körpers dürfte der Muskelkater am nächsten Tag stärker sein als auf der anderen.

Moderne Analysetools nehmen daher alle Arten der Bewegung auf: Sie messen Laufdistanzen genauso wie Beschleunigungen, Entschleunigungen und die Bewegungsrichtung. Mithilfe der Transponder lässt sich genau auswerten, wie hoch die Belastung für einen Spieler ist. Die verschiedenen Bewegungsmesser in den Geräten verraten, wann die Spieler in welcher Geschwindigkeit in welche Richtung gelaufen sind. Diese Daten geben einen wesentlich genaueren Hinweis darauf, wie die Belastung über die Spieldauer ausfällt. Manche der Transponder werten bereits selbst die Daten aus und ermitteln einen Belastungswert für den einzelnen Spieler. Mittlerweile ist diese Art der Auswertung Standard bei den meisten Klubs.

Klubs, die noch einen Schritt weiter gehen möchten, stecken Chips in die Schuhe der Spieler. Damit können sie eine Form der Belastung auswerten, die in den Daten der Transponder fehlt: Schüsse. Diese Bewegung ist die wahrscheinlich wichtigste im Fußball. Wenn ein Spieler gegen den Ball tritt, kostet dies Kraft. Über einen Chip im Schuh lässt sich messen, wie viel Kraft ein Spieler bei einem Schuss aufwendet.

Diese Daten sind für die Athletiktrainer von unschätzbarem Wert.

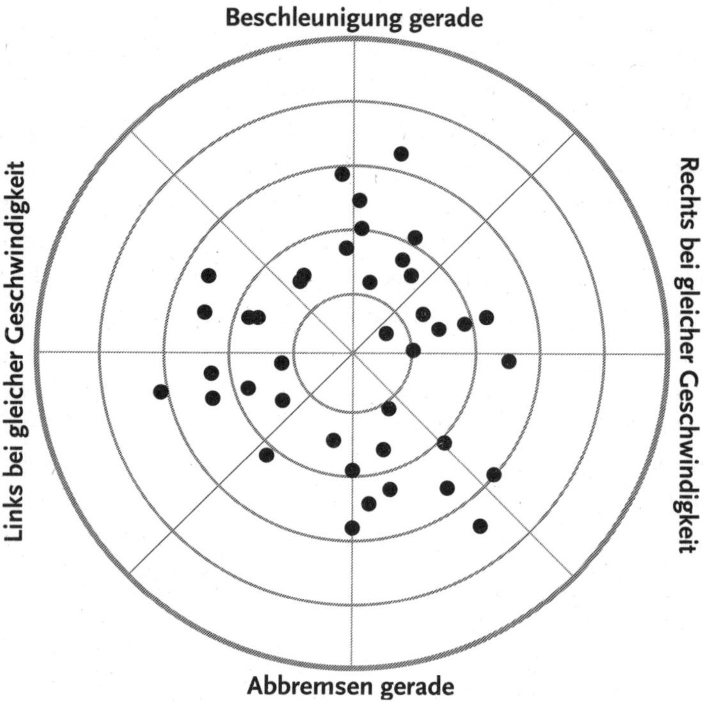

So sieht die Auswertung der Bewegungen eines Fußballspielers aus. Eine Beschleunigung nach rechts taucht rechts oben auf.

Sie geben Auskunft über den Output der Spieler. Ihr Ziel lautet, die Spieler so fit zu bekommen, dass sie möglichst viel in möglichst hoher Intensität laufen können.

Zwar verraten die Laufdaten etwas über den Output der Spieler. Sie sagen allerdings nichts darüber aus, wie der Körper eines Spielers auf die Belastung reagiert. Gerade im Trainingsbetrieb geht es um die Frage, wie weit der Körper an seine Grenzen geführt wird. Nur so kann ein Gleichgewicht hergestellt werden zwischen Phasen der Belastung und der Regeneration.

Im Fußball wird daher die Arbeit mit absoluten Werten langsam, aber sicher durch die Arbeit mit relativen Werten abgelöst. Sprints sind hierfür ein gutes Beispiel: In der Bundesliga schwankt die Spitzengeschwindigkeit der Spieler enorm. In der Saison 2023/24 stellte Eren Dinkçi den Geschwindigkeitsrekord auf. Er erreichte eine Höchstgeschwindigkeit von 36,41 km/h. Klaus Gjasula hingegen war der langsamste aller Spieler, die mehr als 1000 Minuten auf dem Feld standen. Seine Spitzengeschwindigkeit lag bei 30,4 km/h. Wenn beide bei einem Sprint die Marke von 30 km/h erreichen, wäre dies kaum vergleichbar: Gjasula läuft nahe seinem Maximum, während Dinkçi noch Reserven hat. Gjasula belastet seinen Körper individuell gesehen stärker als Dinkçi. Entsprechend arbeiten die Athletiktrainer der Bundesliga-Klubs mit relativen Werten: Sie messen, wie häufig ein Spieler 80, 85 oder 90 Prozent der eigenen Spitzengeschwindigkeit erreicht hat.

Alle Werte zur Laufleistung oder zur Geschwindigkeit sind letztlich aber nur Indikatoren für den Output eines Spielers. Sie geben nur indirekt Aufschluss darüber, was in seinem Körper vorgeht. Für Fitnesstrainer sind daher andere Werte von größerer Bedeutung. Eine klassische Metrik ist die Herzfrequenz: Je schneller das Herz schlägt, umso höher ist die Belastung. Die Fitnesstrainer betrachten dabei, wie nah die Spieler an ihre maximale Herzfrequenz gelangen.

Um die Leistungsfähigkeit eines Spielers zu bestimmen, gibt es noch weiterführende Metriken. Um die relevanten Messwerte zu verstehen, muss ich Sie zunächst mit etwas Biologie belästigen. Entscheidend für die sportliche Leistung sind die Muskeln. Sie bewegen den Körper. Dazu benötigen sie Energie. Bei leichter Belastung wird die Energie mithilfe von Oxidation erzeugt: Der Sauerstoff, den wir beim Atmen aufnehmen, wird zur Energiegewinnung genutzt. Diese Form der Energiegewinnung bezeichnet man als aeroben Stoffwechsel, wobei aerob «sauerstoffbasiert» bedeutet.

Wenn die Belastung zu hoch wird, können die Muskeln den Energiebedarf nicht mehr über den aeroben Stoffwechsel decken. Dies passiert besonders schnell bei intensiven Bewegungen wie Sprints. Der Körper beginnt zunächst, Phosphate für den Energiestoffwechsel zu nutzen. Nach wenigen Sekunden steigt er auf Glukose um. Diese Art der Energiegewinnung bezeichnet man als anaeroben Stoffwechsel. Dies bezeichnet jenen Teil der Energiegewinnung, an dem Sauerstoff nicht beteiligt ist.

Für Sportler ist vor allem die anaerobe Schwelle entscheidend: Ab dieser Grenze verbraucht der Körper mehr Sauerstoff, als er durch die Atmung aufnimmt. Wer sich über längere Zeit im anaeroben Bereich befindet, wird dies in seinen Muskeln spüren: Durch den anaeroben Stoffwechsel bildet sich Laktat, sprich: Milchsäure. Jenseits der anaeroben Schwelle baut der Körper schneller Laktat auf, als er abbauen kann. Dieses verbleibt in den belasteten Muskeln, wodurch die Muskeln zu übersäuern beginnen. Jeder Hobbyfußballer kennt das Gefühl, wenn nach mehreren Sprints die Schenkel glühen. Dies liegt an der Überbelastung und damit Übersäuerung der Muskeln. Über ein zielgenaues Training lässt sich die anaerobe Schwelle nach und nach anheben. Das ist vor allem für Ausdauersportler wichtig: Sie müssen möglichst lange im aeroben Bereich bleiben, damit ihre Muskulatur nicht übermüdet.

Im Fußball ist es unvermeidbar, dass Spieler die anaerobe Schwelle überschreiten. Fußball ist aus physiologischer Sicht ein komplexer Sport: Phasen der Ruhe oder der geringen Belastung wechseln sich ab mit explosiven Sprints und intensiven Läufen. Auch deshalb ist es wichtig, einen Überblick zu behalten, wo die anaerobe Schwelle des individuellen Spielers liegt und wann er sie verlässt.

Zwei Kennzahlen helfen, die Leistungsfähigkeit eines Spielers einzuschätzen und zu optimieren. Die erste ist der Laktatwert. Über die Höhe des Laktatwerts im Blut lässt sich der Zeitpunkt bestimmen, ab dem der Körper auf anaerobe Energiegewinnung setzt. Um ihn zu bestimmen, muss der Sportler nach und nach die Intensität des Trainings steigern. Dazu eignen sich etwa Dauerläufe auf dem Laufband: Der Sportler beginnt mit einem Lauf bei 10 km/h. Nach einer bestimmten Anzahl an Minuten wird der Laktatwert über die Abnahme eines Bluttropfens bestimmt. Danach wird die Laufgeschwindigkeit auf 12 km/h gesteigert. Die Geschwindigkeit wird so lange erhöht, bis der Laktatwert eine bestimmte Schwelle überschritten hat.

Auf ähnliche Weise wird der zweite Kennwert gemessen, der Aufschluss gibt über die Ausdauerfähigkeit: die maximale Sauerstoffaufnahme im Blut, kurz: VO2max. Dieser Wert gibt an, wie viel Sauerstoff der Körper während der höchstmöglichen Belastung aufnimmt. Je mehr Sauerstoff der Körper selbst bei höchster Belastung aufzunehmen vermag, umso besser werden die Muskeln mit Sauerstoff versorgt. Der Körper kann somit länger im aeroben Bereich arbeiten. Um diesen Wert zu bestimmen, müssen Sportler bei höchster Intensität laufen. Dabei tragen sie eine Maske, die misst, wie viel Sauerstoff der Sportler aus der Luft einatmet und wie viel Kohlendioxid er ausatmet.

Mittlerweile gibt es auch Wege, die Sauerstoffsättigung eines Muskels direkt zu messen. Auf diese Art lässt sich exakter sagen, welche Bewegungen welche Muskeln wie stark belasten. Dazu wird ein Sensor auf der Haut oberhalb des Muskels angebracht. Mithilfe von Infrarotstrahlung misst der Sensor die Sauerstoffsättigung innerhalb des Muskels.

Allerdings lassen sich all diese Werte nicht einfach so ermitteln. Kein Fußballer kann während eines Spiels mit einem Atemgerät oder einem Infrarotmessgerät am Oberschenkel herumrennen. Die Werte lassen sich nur in eigens entwickelten Testverfahren überprüfen. Hobbysportler, die einen Laktat- oder einen VO2max-

Test machen wollen, müssen diesen in einem Labor durchführen lassen. Die Kosten betragen 150 bis 500 Euro pro Test, je nachdem, wie detailliert die Werte bestimmt werden. Wenn Sie mit Ihrer Theken-Mannschaft einen solchen Test durchführen wollen, müssen Sie also einen vierstelligen Betrag investieren. Ein Profiverein zahlt diese Investments aus der Portokasse. Die meisten Klubs haben heutzutage entsprechende Geräte selbst angeschafft, um die Tests eigenständig durchführen zu können.

Das Problem der Klubs ist eher ein anderes: Zeit. Um die Ausdauer eines Spielers zu bestimmen, muss er an den Rand seiner Belastungsfähigkeit gelangen. Nur so lassen sich Laktatwerte und der VO2max-Wert genau bestimmen. Mitten in der Saison ist es kaum möglich, diese Testungen durchzuführen: Im Extremfall absolvieren die Spieler alle drei bis vier Tage eine Partie. Zwischen den Spielen bleibt allenfalls Zeit für die Regeneration. Kaum ein Trainer lässt zu, dass seine Spieler zwischen Partien für einen VO2max-Test an ihre Grenzen gehen müssen.

Aus diesem Grund spielen für die Fitnesstrainer der Klubs die althergebrachten Kennzahlen wie gelaufene Kilometer und Herzfrequenz weiterhin eine weitaus wichtigere Rolle. Diese fallen als Nebenprodukte beim Training oder bei Spielen ohnehin ab. Die Kunst lautet, anhand dieser Zahlen die Leistungsfähigkeit eines Spielers zu bestimmen.

Testbatterien: Was Muskeln zu leisten imstande sind

Ausdauer ist eine wichtige Fähigkeit eines Profisportlers. Die Muskeln eines Fußballers müssen aber mehr leisten, als möglichst lange möglichst viel zu laufen. Fußballer müssen kräftig und beweglich sein. Sie müssen schnell sprinten und die Richtung wechseln. Sie müssen im Zweikampf ihren Oberkörper einsetzen. Mal müssen sie einen Ball möglichst hart treffen, mal mit exakt so viel Kraft, dass er beim Mitspieler landet. Insofern ist für einen Fußballer entscheidend, wie stark seine Muskulatur ausgeprägt ist.

Der Mensch hat rund 650 Muskeln. Für Sportler sind manche Muskelgruppen wichtiger als andere. Bei Fußballern ist die Beinmuskulatur hoher Belastung ausgesetzt, vor allem der Quadrizeps und die rückseitige Oberschenkelmuskulatur. Die wenigsten Bewegungen bauen dabei auf einen einzigen Muskel. Viel eher geht es um das Zusammenspiel verschiedener Muskelgruppen. Belastet wird dabei nicht nur die Muskulatur, sondern auch die Sehnen. Diese verbinden die Muskeln miteinander und mit dem Skelett.

Die Arbeit eines Muskels zu messen, ist gar nicht so leicht. Theoretisch kann man mithilfe von Magnetresonanztomografie (MRT) die Beschaffenheit eines Muskels sichtbar machen. Dies geschieht vor allem dann, wenn eine Verletzung vermutet wird. Es ist aber nicht möglich, diese Testverfahren regelmäßig anzuwenden, schon gar nicht während einer Belastung.

Wie im Bereich der Ausdauer lässt sich die Kraft und die Beweglichkeit einzelner Muskeln oder ganzer Muskelgruppen über Umwege messen. Hierzu müssen die Sportler bestimmte Übungen absolvieren. Ein Beispiel für einen solchen Test ist der Counter Movement Jump, zu Deutsch: Gegenbewegungssprung. Hierbei muss der Sportler nach einer ruckartigen Bewegung nach unten einen geraden Sprung in die Luft ausführen. Dabei soll der Körper in die Länge gestreckt bleiben. Je höher er dabei springt und je länger sich der Körper in der Luft befindet, umso besser. Hierdurch lässt sich die Sprungkraft eines Athleten bestimmen.

Es gibt viele weitere solcher Tests. Ein Sprint über dreißig Meter gibt Auskunft über die Explosivität. Die absolute Kraft sowie die

Schnellkraft einzelner Muskelgruppen werden mithilfe von Gewichten oder Druckplatten bestimmt. Um zum Beispiel die Kraft der Oberschenkelmuskulatur zu messen, müssen die Spieler möglichst hohen Druck auf ein Messgerät ausüben. Um die Beweglichkeit zu quantifizieren, werden die Winkel zwischen verschiedenen Körperteilen vermessen.

Wie genau die einzelnen Tests und Kennwerte aussehen, ist an dieser Stelle zweitrangig; jeder Verein hat eigene Testverfahren, denen er vertraut. Wer sich für die Durchführung dieser Tests interessiert, sollte auf dem YouTube-Kanal von Eintracht Frankfurt vorbeischauen. Ein Mitglied der Medienabteilung hat eine solche Testbatterie durchlaufen und sich dabei von einer Kamera begleiten lassen. Das Video vermittelt einen ganz guten Einblick, wie solche Übungen ablaufen.

Wichtig ist die Feststellung, dass diese Tests mittlerweile zum Standard im Fußball gehören. Marktführer in diesem Bereich ist die Firma VALD. In der Spielzeit 2025/26 versorgte sie 17 von 18 Bundesliga-Teams mit Geräten, mit deren Hilfe sich solche Tests durchführen lassen. Die Spieler müssen diese vorgeschriebenen Tests mehrfach pro Saison absolvieren.

Die Zahl der Daten, die sich erheben lassen, ist schier unerschöpflich. Es gibt Testverfahren für Geschwindigkeit, Muskelkraft, Beweglichkeit. Manche Tests werden häufig gemacht, andere lassen sich wegen Zeit- und Kraftaufwand nur selten durchführen. Dadurch, dass viele dieser Tests seit einem Jahrzehnt oder mehr im Fußball etabliert sind, gibt es Richtwerte, an denen sich Spieler und Physios orientieren können. VALD sammelt anonymisierte Daten, um die Vereine auf der ganzen Welt mit Richtwerten zu versorgen. So können Fußballer sehen, wie sie im Vergleich zu einem durchschnittlichen Profifußballer dastehen. Entscheidend sind aber nicht die absoluten Werte, die ein Spieler erreicht. Wichtiger ist die langfristige Begleitung des Athleten: Wenn ein Fußballer plötzlich im Counter Movement Jump deutlich schlechtere Leistungen erzielt als vier Wochen zuvor, gilt dies als Alarmsignal.

Diese Tests sind vor allem wichtig, um muskuläre Dysbalancen rechtzeitig zu erkennen und ihnen vorzubeugen. Bei muskulären Dysbalancen arbeitet ein Muskel stärker als der korrespondierende Muskel auf der anderen Seite. Bei Fußballern ist dies normal: Die meisten Spieler bevorzugen zum Schießen des Balls einen bestimmten Fuß. Dadurch baut sich die Muskulatur in diesem Bein stärker auf. Diese Dysbalance schwächt jedoch andere Arten der Beweglichkeit, beispielsweise bei Richtungswechseln. Zugleich erhöht sich das Verletzungsrisiko, wenn sich der Körper dauerhaft in einer Schieflage befindet. Aus diesem Grund trainieren Fußballer im Fitnessstudio selten beide Körperhälften gleichmäßig. Es geht darum, einen Ausgleich zu schaffen zwischen den Körperseiten.

Besonders wichtig sind diese Messungen nach der Verletzung eines Spielers. Wenn ein Spieler sich eine Verletzung in einem Bein zugezogen hat, gilt es, die Schnellkraft und Beweglichkeit wiederherzustellen. Durch Tests und klare Grenzwerte lässt sich der richtige Zeitpunkt abpassen, an denen ein Spieler auf den Platz zurückkehren kann.

Beweglichkeit ist ein wichtiges Stichwort. Auch hier werden Daten gesammelt, um die Fitness eines Spielers zu optimieren. Dazu gehören Daten zur Belastung der Füße genauso wie eine Analyse des Geh- und Laufstils. Es zeigt sich: Auch der physische Bereich im Fußball ist heutzutage datengetrieben.

Der limitierende Faktor ist auch hier die Zeit. Jeder Trainingstag, der für physische Tests aufgewendet wird, geht für andere Zwecke verloren. Gerade Teams mit einer hohen Belastung müssen gewissenhaft auswählen, wann sie körperlich anstrengende Tests in ihren Alltag integrieren. Insofern gibt es zwar zahllose Metriken, mit denen sich die körperliche Leistungsfähigkeit eines Spielers nachverfolgen ließe. Nicht immer aber werden diese Daten auch in der Praxis genutzt, wie wir im dritten Teil des Buchs feststellen werden.

Fragebögen: Von äußerer zu innerer Belastung

Daten können einen Aufschluss darüber geben, wie fit ein Spieler ist. Wenn ein Spieler von einer Testbatterie zur nächsten plötzlich abfällt, ist seine körperliche Leistungsfähigkeit eingeschränkt. Müdigkeit sorgt für kleinste Verletzungen im Muskelbereich, die wiederum Bewegungen erschweren. Kurz- oder mittelfristig wird sich dies auch in anderen Kennwerten niederschlagen: Ein Spieler, der müde ist, wird weniger Kilometer laufen, weniger Sprints setzen oder früher den roten Bereich seiner Herzfrequenz erreichen.

Das Problem ist, dass es auch hier kaum möglich ist, absolute Werte festzuhalten. Die Muskulatur des einen Spielers mag bereits früh ermüden, während ein anderer Akteur selbst härtesten Belastungen standhält. Hinzu kommt, dass Belastung nicht nur einen physischen, sondern auch einen mentalen Aspekt beinhaltet. In stressigen Phasen des Lebens mag die Schmerzgrenze niedriger liegen, als wenn gerade alles gut läuft.

Möchte man die Belastung eines Fußballers einschätzen, können selbst die ausgiebigsten Tests nicht den wichtigsten Indikator ersetzen: das Körpergefühl des Spielers selbst. Für Profisportler ist der eigene Körper das Kapital. Sie müssen stetig an die Grenze der eigenen Leistungsfähigkeit gehen. Nur so können sie nach und nach ihr volles körperliches Potenzial ausschöpfen. Der Grat zwischen Über- und Unterforderung ist schmal. Ein Außenstehender kann diese

Balance nicht herstellen. Der eigene Körper meldet zurück, wann die Belastung gerade noch ertragbar ist – und wann es zu viel wird.

Ein Buch über Daten würde diese Gewissheit nicht erwähnen, wenn sich das Körpergefühl eines Sportlers nicht auch in Zahlen ausdrücken ließe. Und tatsächlich, das Körpergefühl lässt sich mithilfe des sogenannten Rating of Perceived Exertion messen, kurz: RPE (zu Deutsch: Bewertung der gefühlten Anstrengung). Die Spieler müssen dabei auf einer Skala von eins bis zehn einschätzen, wie stark sie eine Belastung empfunden haben. Eine Wertung von eins beschreibt eine kaum vorhandene Belastung. Ein Wert zwischen vier und sechs sollte bedeuten, dass man stark atmet, aber noch eine Unterhaltung führen kann. Eine Belastung von neun oder zehn lässt sich nur wenige Sekunden ertragen. Nach jeder Form der Belastung – sei es ein Training auf dem Platz, eine Session im Fitnessstudio oder ein Punktspiel – müssen die Spieler einen RPE-Wert vergeben. Dabei lässt sich auch zwischen verschiedenen Formen der Belastung unterscheiden: Manche Klubs nehmen nur einen allgemeinen RPE-Wert, andere schlüsseln ihn nach muskulärer Belastung und Belastung der Atemwege auf.

Dieses Testverfahren mag keine objektiven, vergleichbaren Zahlen liefern; ob ein Spieler eine Belastung als vier, fünf oder sechs definiert, ist komplett subjektiv. Entscheidend ist, dass ein Spieler wieder und wieder Belastungen bewertet. So lässt sich über einen längeren Zeitraum verfolgen, wie ein Spieler selbst seinen Körper wahrnimmt. Wenn ein Spieler plötzlich Trainingseinheiten als schwer wahrnimmt, denen er zwei Wochen zuvor noch eine niedrige Bewertung gegeben hat, liegt offensichtlich ein Problem vor. Gleichzeitig helfen diese Daten dem Trainerteam, das Training zu planen. Wenn mehrere Spieler eine Einheit zur Regeneration als hohe Belastung wahrgenommen haben, hat der Trainer die falschen Übungen ausgewählt.

10	**Maximale Belastung** Nur kurz auszuhalten, Atemlosigkeit, unfähig zu sprechen
8–9	**Sehr starke Aktivität** Kaum auszuhalten, Gespräch nicht mehr möglich
6–7	**Starke Aktivität** Sehr schnelle Atmung, Gespräch kaum mehr möglich
4–5	**Moderate Aktivität** Schnelle Atmung, Gespräch möglich
2–3	**Leichte Aktivität** Lockere Atmung, Gespräch möglich
1	**Sehr leichte Aktivität** Kaum Belastung, Gespräch locker möglich

Beispiel für eine Skala zur Ermittlung des Rating of Perceived Exertion.

RPE-Daten liefern einen Einblick in das Innere eines Spielers. Das Besondere an diesen Daten: Sie kosten in der Erstellung kaum etwas – weder Geld noch Zeit. Viele Klubs haben in ihrem Trainingsbereich Tablets aufgestellt. Die Spieler müssen nur ihren Namen anklicken und anschließend der abgeschlossenen Übung eine Bewertung zuteilen – das war's! Selbst im Amateurbereich lässt sich dieses Verfahren problemlos nutzen.

Fragen zur Belastung sind jedoch nicht die einzigen, die ein Fußballer beantworten muss. Viele Klubs würden am liebsten den gesamten Tagesablauf eines Spielers dokumentieren. Da dies aber nur schwer möglich ist, wird es über Fragebögen abgehandelt. So messen viele Vereine die Schlafqualität der Spieler anhand standardisierter Fragen. Die Spieler müssen dann angeben, wie viel und wie gut sie geschlafen haben.

Diese Verfahren verlassen sich darauf, dass die Spieler Fragen nach ihrem gesundheitlichen Zustand wahrheitsgemäß beantworten. Jeder Psychologe weiß jedoch: Menschen sind nicht immer vertrauenswürdig, wenn sie über sich selbst sprechen. Vielleicht möchte ein Spieler nicht eingestehen, dass er müde ist – aus Angst, seinen Stammplatz zu verlieren. Vielleicht füllt er den Fragebogen zur Schlafqualität falsch aus, weil er verschleiern möchte, dass er bis tief in die Nacht gefeiert hat. Insofern sind die Daten nur so gut wie das Vertrauensverhältnis zwischen Spieler und medizinischer Abteilung.

Goalimpact: Die bessere Plus-minus-Statistik

Schon seit vielen Jahren arbeite ich mit Daten von Goalimpact. Gründer Jörg Seidel kenne ich seit über einem Jahrzehnt. Er hatte sich in jungen Jahren eigentlich nicht für Fußball interessiert. Vor der Europameisterschaft 2004 war er dennoch motiviert, das Tippspiel seiner Bürogemeinschaft zu gewinnen. Der Zahlenfanatiker entwarf ein Rankingsystem, mit dessen Hilfe er sämtliche EM-Teilnehmer bewertete. Überraschenderweise kam heraus, dass Griechenland als Mitfavorit in das Turnier geht. Tatsächlich gewann der große Außenseiter den EM-Titel. Kaum jemand hatte diesen Sieg vorausgesehen. Seidel schon – dabei verstand er nichts von Fußball. Er hatte einfach seinen Daten vertraut.

Nach der Europameisterschaft entwickelte er aus der Grundidee einen eigenen Kennwert: den Goalimpact. Die Metrik ist angelehnt an die sogenannte Plus-minus-Statistik. Diese ist in Sportarten wie

Basketball oder Eishockey verbreitet. Hierbei wird verglichen, wie viele Punkte eine Mannschaft erzielt, wenn ein Spieler auf dem Platz steht – und wie viele sie erzielt, sobald der Spieler auf der Bank sitzt. Das ergibt in diesen Sportarten Sinn, schließlich werden permanent Spieler ein- und wieder ausgewechselt. Im Fußball ist die Statistik in ihrer reinen Form nicht ganz so hilfreich: Wechsel finden nur selten statt. Die vermeintlich besten Akteure spielen auch die meisten Minuten.

Seidel änderte die Herangehensweise. Zwar misst der Goalimpact in erster Linie, wie viele Tore fallen, wenn ein Spieler auf dem Platz steht. Es wird aber immer auch in Relation gesetzt zur Stärke der Mannschaften. Wenn Bayern München etwa im Pokal auf einen Drittligisten trifft, müssten sie angesichts des Klassenunterschieds mit mehreren Toren Vorsprung gewinnen. Ein Sieg mit einem Tor Vorsprung ist hingegen nicht allzu beeindruckend. Passiert aber genau das, erhalten die Spieler auf dem Feld Abzüge in ihrem Goalimpact-Ranking.

Seidel entwickelte einen Algorithmus, mit dessen Hilfe sich der Goalimpact berechnen ließ. Der Vorteil: Der Goalimpact stützt sich allein auf Match-Sheet-Daten. Es fließen nur die Tore, die Ein- und Auswechslungen sowie Platzverweise ein. Das macht den Wert simpel und zugleich effektiv: Seidel konnte auf Daten aus Hunderten von Ligen zurückgreifen, um den Goalimpact zu verfeinern. Für jeden Spieler auf der Welt lässt sich ein Goalimpact berechnen, selbst wenn dieser nur in einer Amateur- oder Jugendliga spielt.

Wie alle Metriken benötigt auch der Goalimpact einen Vertrauensvorschuss. Die Daten aus über zwanzig Jahren beweisen jedoch: Der Goalimpact ist ziemlich gut darin, die Leistungsfähigkeit eines Spielers vorherzusagen. Es lässt sich bereits früh in der Karriere berechnen, welchen Goalimpact der Spieler wahrscheinlich erreichen wird. So kann man früh Talente entdecken. Die Wahrscheinlichkeit, dass ein Spieler so gut oder besser wird als vom Goalimpact vorhergesagt, liegt bei 85 Prozent. Die Jugendspieler, die in ihrem Jahrgang beim Goalimpact-Ranking unter den besten 20 Prozent liegen, haben eine achtmal so hohe Wahrscheinlichkeit auf eine erfolgreiche Karriere im Vergleich zu Spielern aus den unteren 20 Prozent. So hat der Goalimpact Alphonso Davies bereits eine Karriere als Weltklasse-Spieler zugetraut, als dieser noch für die Vancouver Whitecaps in Kanada spielte.

Der Goalimpact verrät dabei nichts über die Gründe, warum ein Spieler gut oder schlecht ist. Gerade das macht ihn so interessant. Thomas Müller etwa war immer ein Akteur, der in klassischen Metriken abfiel. Er erzielte keine überragend hohen Expected-Goals- oder Expected-Threat-Werte. Müllers Wert für Mannschaften ließ sich scheinbar nicht in Zahlen ausdrücken. Doch beim Goalimpact war er lange Zeit der einzige Spieler, der es mit Lionel Messi aufnehmen konnte.

Unfehlbar ist der Wert dennoch nicht. Virgil van Dijk etwa traute der Goalimpact keine besondere Karriere zu. Erst spät, als er schon bei Liverpool Weltklasse-Leistungen gezeigt hatte, spiegelten sich diese auch in seinem Goalimpact-Wert wider. Keine Metrik liegt immer richtig. Der Goalimpact kann jedoch helfen, Dinge zu messen, die sich nur schwer messen lassen: nämlich wie stark ein Spieler die Chancen seines Teams auf Tore beeinflusst. So lautet auch das Motto des Unternehmens hinter dem Wert: «Ein Spieler ist gut, wenn seine Mannschaft mehr Tore erzielt, als sie fängt, sobald er auf dem Feld ist. Egal, wieso oder warum.»

Visualisierungen: Daten greifbar machen

Wenn Sie die Metriken, die in diesem Kapitel vorgestellt wurden, verstanden haben: herzlichen Glückwunsch! Sie wissen mehr über Fußballdaten als die meisten Menschen, die mit dem Sport ihr Geld verdienen. Das mag leicht zynisch klingen, dürfte aber der Wahrheit entsprechen. Die wenigsten sportlich Verantwortlichen könnten Ihnen erklären, was ein Packing-Expected-Threat-Wert pro 90 Minuten sein soll oder wieso Laufleistung in Kilometern keinen adäquaten Messwert für die Belastung eines Spielers darstellt. Die meisten Spieler interessieren sich ohnehin nicht für solche Daten.

Allerdings nützt das Wissen, wie die Kennwerte entstehen, allein wenig. Folgendes Beispiel: Toni Kroos hat während der Europameisterschaft 2016 pro Spiel im Schnitt einen Packing-Wert von rund 80 erzielt. Doch was sagt dieser Wert aus? Um zu wissen, wie gut dieser Wert ist, muss man ihn in Relation setzen. Welchen Wert hat Kroos sonst erzielt? Wie gut waren die anderen Spieler bei der EM? Was ist ein guter und was ein schlechter Packing-Wert? Nützlich ist der Wert erst, wenn Sie wissen: Kein anderer Spieler hat bei jenem Turnier einen höheren Wert erzielt als Kroos.

Die oberste Aufgabe der Datenanalysten lautet, ihre Erkenntnisse für den Laien zu übersetzen. Das bedeutet zweierlei: Einerseits müssen die ermittelten Werte in Relation gesetzt werden. Nur so lässt sich eine Aussage treffen, ob die Leistung eines Spielers oder einer Mannschaft gut oder schlecht war. Andererseits müssen die Werte so verständlich dargestellt werden, dass auch Leute ohne Kenntnisse über die Datenmodelle mit ihnen arbeiten können.

Die wichtigste Aufgabe der Datenanalysten lautet daher, die erhobenen Metriken auf bestmögliche Weise darzustellen. Es gibt viele Wege, Daten zu visualisieren. Einige haben Sie im Verlauf dieses

Buchs bereits kennengelernt. Als ich die defensivstärksten Spieler der Liga herausgesucht habe, habe ich diese in einer Tabelle abgebildet. Ich hätte diese fortführen können, sodass sämtliche Bundesliga-Spieler in dieser Tabelle auftauchen. Dann könnten Sie alle Spieler der Liga anhand ihrer Daten miteinander vergleichen. Aus Platzgründen war dies hier nicht möglich. Vereine machen aber genau dies: Sie bieten ihren Mitarbeitern Datenbanken an, in denen sie Spieler anhand ihrer Kennwerte sortieren können. Im Idealfall erlaubt das Dashboard des Vereins, selbst Filter zu setzen. Sie wollen wissen, welche Innenverteidiger in Lettland zwischen der 75. und 90. Minute die meisten Kopfballduelle gewinnen? Mit nur wenigen Klicks sind Sie schlauer!

Grafiken sind ein weiterer Weg, Informationen darzustellen. Mithilfe von Balkendiagrammen lassen sich die Metriken verschiedener Spieler miteinander vergleichen. Auch hier sind der Fantasie keine Grenzen gesetzt. So habe ich in diesem Kapitel ein Diagramm entworfen, um die Korrelation zwischen verschiedenen Statistiken und der Anzahl der gewonnenen Spiele zu vergleichen. Ich könnte auch die defensivstärksten Spieler der Liga, gewichtet nach dem gegnerischen Ballbesitz, in einem solchen Balkendiagramm darstellen. Es zeigt sich: Mats Hummels hat einen recht großen Vorsprung, und auch der zweitplatzierte Maximilian Mittelstädt ist relativ weit entfernt zum drittplatzierten John Anthony Brooks. Die übrigen Akteure der Top 10 liegen hingegen dicht beieinander.

Wenn ein Verein mehrere Spieler miteinander vergleichen möchte, will er sich nicht auf eine Metrik beschränken. Er möchte verschiedene Kennwerte in einer Grafik visualisieren. Dafür eignen sich sogenannte Spinnennetzdiagramme. Hierbei werden mehrere Metriken in einer Grafik untergebracht. Je weiter nach außen die Linie zeigt, umso höher ist der Wert in der jeweiligen Kategorie. Wenn ich nun die Werte mehrerer Spieler in dieses Spinnennetz-

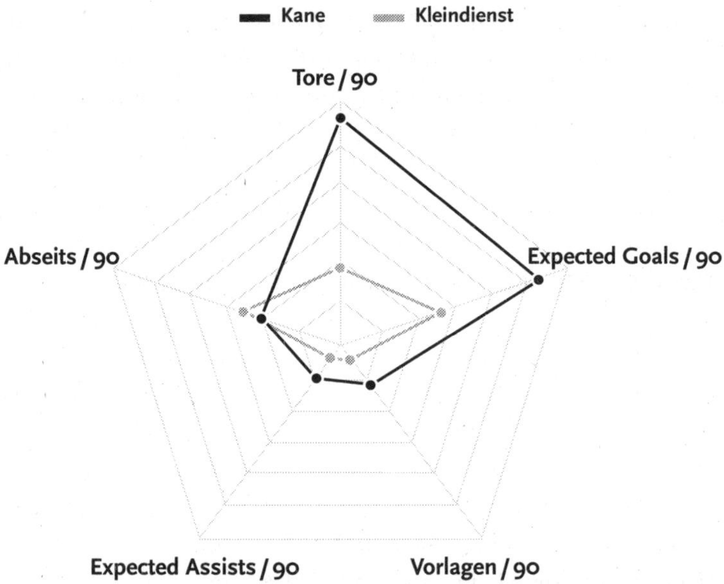

Dieses Spinnennetzdiagramm vergleicht die Leistungen von Harry Kane und Tim Kleindienst in der Saison 2023 / 24.

diagramm eintrage, erhalte ich schnell einen Überblick über ihre Unterschiede. In welchen Metriken performt der eine Spieler besser, in welcher der andere?

Diese Spinnennetzdiagramme – auch Radar Charts oder Netzdiagramme genannt – sind im Fußball weit verbreitet. Welche Daten ich miteinander vergleichen möchte, hängt ganz von den eigenen Präferenzen ab. Wichtig zu verstehen ist, dass die Skalen für die einzelnen Werte unterschiedlich sind: Bei der Passgenauigkeit mag der höchste Wert 100 Prozent betragen. Andere Werte haben eine andere Skala. In der Saison 2023/24 etwa lag der höchste Wert für Expected Goals pro 90 Minuten bei 1,04, wenn man Spieler mit wenigen Minuten Einsatzzeit außen vor lässt. Erzielt wurde dieser

Wert von Harry Kane. Alle anderen Spieler dieser Saison müssen sich an diesem Wert messen lassen. Insofern muss man genau die Beschriftung der jeweiligen Diagramme lesen, um die Grafiken zu verstehen.

Perzentile: Manchmal hilfreich, manchmal irreführend

Wenn man mit absoluten Werten arbeitet, führt dies häufig zu Verzerrungen. Dank Wunderstürmer Harry Kane geht meine Skala bei den erzielten Expected Goals pro 90 Minuten von 0 bis 1,04. Der erzielte Wert von Tim Kleindienst liegt exakt in der Mitte der Skala: bei 0,52 Expected Goals pro 90 Minuten. Optisch kommt Kleindiensts Leistung nicht gerade eindrucksvoll daher, der Graph schlägt nur bis zur Hälfte aus. Dabei ist Kleindiensts Wert durchaus hoch: Von den 291 Akteuren, die in jener Bundesliga-Saison mindestens 1000 Minuten auf dem Feld standen, erzielte Kleindienst den neunthöchsten Wert an Expected Goals pro 90 Minuten. Und das, obwohl er für den 1. FC Heidenheim gespielt hat! Für die meisten Fußballvereine der Welt wäre ein Stürmer mit solch einem Wert eine echte Verstärkung. Für diese Klubs ergibt es nur bedingt Sinn, seine Leistung mit der von Harry Kane zu vergleichen. Letzterer ist für sie unerreichbar.

Manche Datenanalysten setzen auf einen alternativen Weg, um die Kennzahlen eines Spielers darzustellen: Sie arbeiten mit Perzentilen. Hierbei werden die Spieler nicht nach absoluten Werten miteinander verglichen, sondern ihre Position wird in Relation zu den anderen Spielern gestellt. Dazu werden Prozentzahlen herangezogen. Kleindienst etwa hatte einen besseren Expected-Goals-Wert pro 90 Minuten als 97 Prozent aller übrigen Bundesliga-

Akteure. Er landet also im 97. Perzentil aller Bundesliga-Spieler in dieser Metrik.

Wer Spieler auf diese Art vergleicht, erhält einen schnelleren Überblick über die Kräfteverhältnisse zwischen den Spielern. Gleichzeitig gehen Nuancen verloren. Kanes Leistung wirkt weniger beeindruckend, wenn man sie als 100. Perzentil bezeichnet. Zwar wird dadurch sofort deutlich, dass er der beste Spieler in dieser Statistik ist. Zugleich wird nicht mehr ersichtlich, dass schon der neuntbeste Spieler nur noch einen halb so hohen Wert erreichen konnte.

Den Unterschied zwischen beiden Skalen zu kennen, ist gerade im Hinblick auf Kennwerte einzelner Firmen wichtig. In den sozialen Medien machen immer wieder Anbieter auf sich aufmerksam, indem sie Bewertungen einzelner Spieler ausgeben. Da erreicht Kane plötzlich eine 100, Kleindienst hingegen eine 50. Diese Zahlen können durchaus Sinn ergeben, wenn die ihr zugrunde liegende Berechnung stimmt.

Vor allem muss man als Otto Normalverbraucher die Frage stellen: Handelt es sich um eine Kardinalskala? Das bedeutet, dass sich mit den Zahlen klassische Rechenoperationen durchführen lassen. Harry Kanes Wert ist in diesem Fall exakt doppelt so hoch wie der von Kleindienst. Oder handelt es sich um eine Ordinalskala? Diese bringt einzelne Variablen in eine Reihenfolge, sagt aber nichts aus über ihre Abstände zueinander. Dies ist bei Perzentilen der Fall.

Fazit: Vertrauen ist gut, Kontrolle ist besser

Im Bereich der Datenanalyse gibt es im Wochentakt neue Entwicklungen. Ständig werden Firmen gegründet, die eigene Kennwerte entwickeln. Sie versprechen revolutionäre Einblicke in den Fußball.

Gerne wird dazu eine künstliche Intelligenz genutzt. So kann man dem eigenen Produkt den Stempel «Powered by AI» verpassen. Als Außenstehender lässt sich kaum beurteilen, wie sich die Metriken zusammensetzen, speziell, wenn eine KI involviert ist.

Ich möchte damit nicht behaupten, dass einzig die in diesem Kapitel vorgestellten Werte vertrauenswürdig sind. Wie gesagt: Die Welt der Datenanalyse befindet sich ständig im Fluss. Wenn Sie eins aus diesem Kapitel mitnehmen, sollte dies eine gesunde Neugier sein. Wer eine Zahl im Fußball liest, muss sich als Erstes die Frage stellen: Was bedeutet die Zahl? Wie setzt sich der Wert zusammen? Und wie lässt sich anhand der Zahl ein Spieler mit einem anderen vergleichen?

Mit dieser Neugier geht auch immer eine gewisse Skepsis einher. Sobald man unter die Haube so mancher Kennwerte blickt, entpuppen sich die getätigten Versprechungen nicht selten als Marktgeschrei. Manche Firmen nehmen einfach die in diesem Kapitel vorgestellten Metriken, würfeln sie wild zusammen und verkaufen ihre so gewonnene Zahl als ultimativen Heilsbringer. Andere Firmen verkaufen einen Wert als datengetrieben, setzen aber in Wahrheit auf die Bewertung durch Menschen. Wie immer im Leben gilt: Vertrauen ist gut. Kontrolle ist besser.

3

DATEN IN DER PRAXIS

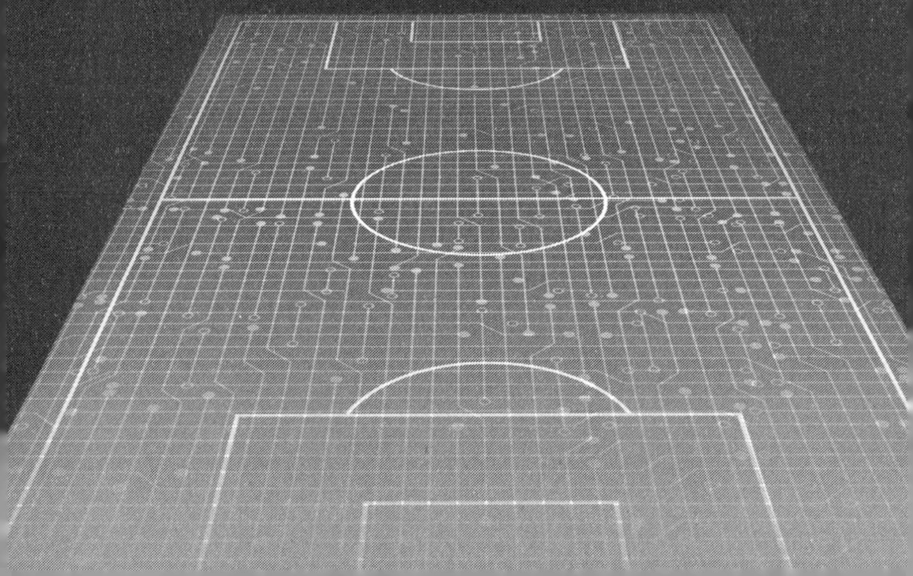

Alle Theorie ist grau. Besonders dann, wenn diese Theorie aus komplexen mathematischen Modellen besteht. Die Metriken, die ich im zweiten Teil des Buchs vorgestellt habe, stehen mittlerweile allen größeren Vereinen zur Verfügung. Kleinere Klubs kaufen Werte wie Expected Goals oder Expected Threat vom Statistikanbieter ihrer Wahl. Die großen Vereine entwickeln selbst eigene Modelle, darunter auch komplexere wie Pitch Control.

Doch wie sieht die Arbeit mit diesen Werten in der Praxis aus? Um diese Frage dreht sich der dritte Teil dieses Buchs. Daten werden im Fußball für unterschiedlichste Zwecke benötigt. Manche Teams versuchen, mithilfe von Zahlen den Superstar von morgen zu finden. Andere Vereine möchten sich im taktischen Bereich weiterentwickeln und nutzen dafür zunehmend datengetriebene Ansätze. Wiederum andere legen einen hohen Fokus auf athletische Daten. Sie wollen die Fitness ihrer Spieler verbessern und zugleich Verletzungen vorbeugen.

Scouting: Der Durchbruch für die Daten

Statistiken gibt es im Fußball seit Jahrzehnten. Doch lange Zeit nahm der Profifußball Datenanalysten nicht ernst. Was nützt es, ein Fußballspiel mithilfe von Zahlen aufzuschlüsseln? Der Fußball hat in der Vergangenheit auch ohne Daten funktioniert! Zahlen können nie den geschulten Blick eines Kenners ersetzen! Dass Fußballdaten letztlich nur das Geschehen auf dem Feld in Zahlen ausdrücken, interessierte lange die wenigsten.

Was hat die Fußballklubs zu der Erkenntnis geführt, dass Daten in der täglichen Arbeit tatsächlich weiterhelfen? Wieso beschäftigen Vereine wie der FC Liverpool oder der FC Arsenal eine zweistellige Zahl an Datenanalysten? Haben die Daten-Nerds die Klubs mit ihren Argumenten überzeugt? Daran glaube ich weniger. Fußballklubs sind auch Wirtschaftsunternehmen. Und in der Wirtschaft treibt vor allem ein Faktor Veränderungen an: das liebe Geld.

In den vergangenen Jahren floss immer mehr Kapital in den Sport. Sponsoren zahlen Millionen, um mit Klubs und Fußballern werben zu können. TV-Anstalten bieten immer höhere Summen, um die Spiele der großen Ligen zu übertragen. Investoren und reiche Geschäftsleute kaufen Vereine auf der ganzen Welt. Das führt dazu, dass die Umsätze der Profivereine massiv steigen. Zu Beginn des Jahrtausends erwirtschafteten die Bundesliga-Vereine zusammengerechnet knapp eine Milliarde Euro. In der Saison 2024/25 lag der Umsatz der Erstligisten bei über sechs Milliarden Euro.

Die stetig steigenden Summen befeuern die Inflation im Fußballgeschäft. Bis in die späten Achtziger war es die Ausnahme, dass Vereine über eine Million D-Mark für den Transfer eines Spielers bezahlten. Doch seitdem große Klubs immer mehr Geld umsetzen, ist der Transfermarkt explodiert. Besonders deutlich ist diese Entwicklung in der Bundesliga zu sehen: Im Jahr 1990 investierten alle

Bundesligisten zusammengenommen knapp 30 Millionen Euro in neue Spieler. Mittlerweile kratzt die Liga an der Milliardenmarke. Weltweit hatte der Transfermarkt im Jahr 2025 ein Volumen von fast 10 Milliarden US-Dollar.

In Teilen folgt die Logik des Transfermarkts einer Kreislaufwirtschaft: Wenn Bayern München 100 Millionen Euro für Harry Kane ausgibt, kann Tottenham dieses Geld in andere Spieler reinvestieren – wobei Teile der Summe versickern, beispielsweise für Zahlungen an Berater oder als Handgelder für die Spieler. So oder so: Für viele Vereine sind Transferzahlungen ein großer Ausgabe- und Einnahmeposten.

Dadurch, dass Vereine gänzlich andere Summen auf dem Transfermarkt umsetzen als früher, hat sich auch dessen Bedeutung verändert. Früher tauschten die Klubs Spieler in erster Linie aus, weil sie sich eine sportliche Verbesserung erhofften. Auch heute stecken hinter Transfers zuvorderst sportliche Überlegungen. Jedoch kommt noch eine andere Hoffnung hinzu: dass die eigenen Spieler für möglichst hohe Summen verkauft werden können. Das ist der einfachste Weg für einen Profiverein, an frisches Kapital zu gelangen.

Das Beispiel Eintracht Frankfurt zeigt, wie ein geschicktes Vorgehen auf dem Transfermarkt einen Klub wiederbeleben kann. Nach der Jahrtausendwende war der einstige Spitzenverein zu einer Fahrstuhlmannschaft geschrumpft. In der Bundesliga kämpfte der Klub häufig gegen den Abstieg. In der Spielzeit 2015/16 konnte sich die Eintracht erst in der Relegation retten. In den folgenden Jahren entdeckte der Verein zahllose Talente: Spieler wie Ante Rebić, André Silva, Luka Jović oder Omar Marmoush verpflichtete der Klub für wenig Geld. In Frankfurt entwickelten sie sich zu Topspielern, und der Verein konnte sie für hohe Summen verkaufen. So entwickelte sich der Klub finanziell von einem der ärmsten zu einem der reichsten Vereine der Liga. Der Lohn: Die Eintracht gewann den DFB-Pokal, holte einen Europa-League-Titel und qualifiziert sich mittlerweile regelmäßig für die Champions League.

Fehlgeleitete Transfers hingegen können einen Verein nach unten ziehen. Werder Bremen war zu Beginn des Jahrtausends Stammgast in der Champions League. Auf dem Höhepunkt seines Erfolgs gab der Verein um das Jahr 2010 herum hohe Summen für neue Spieler aus. Doch Akteure wie Carlos Alberto, Wesley oder Mehmet Ekici konnten die Erwartungen nicht erfüllen. Als Werder mehrfach die Qualifikation für den Europapokal verpasste, verdüsterte sich das finanzielle Bild. Die Negativentwicklung gipfelte im Abstieg in die Zweite Bundesliga im Jahr 2021.

Beide Beispiele unterstreichen: Für Vereine gehört die Frage, welche Spieler sie verpflichten, zu den wichtigsten Entscheidungen, die sie treffen müssen. Der Kauf eines Spielers kann einen Klub finanziell retten oder ruinieren. Bei einem einzigen Transfer wird eine Millionensumme bewegt. Hinzu kommt: Die Gehälter sind der größte Ausgabeposten für jeden Klub. Der Anteil der Personalkosten an den Ausgaben liegt bei vielen Vereinen jenseits der 50 Prozent. Welche Spieler der Klub verpflichtet, entscheidet über Wohl und Wehe des gesamten Unternehmens.

Insofern fiel es Datenanalysten ab den 2010er-Jahren leichter, in diesem Teilbereich des Fußballs ernst genommen zu werden. Die Entscheidungen, die Sportdirektoren in Transferfragen treffen, müssen aus allen Perspektiven abgesichert sein. Englische Verantwortliche müssen die Besitzer der Vereine überzeugen; in deutschen Vereinen segnen Aufsichtsräte teure Transfers ab. So oder so: Wer möglichst viele Argumente auf seiner Seite weiß, kann auch Skeptiker überzeugen. Zahlen haben den ungemeinen Vorteil, dass sie objektiv klingen. Es ist schwer, einer Statistik zu widersprechen.

Zugleich hat die Ausweitung des Transfermarkts den Fußball stark globalisiert. Fußballteams rekrutieren ihre Spieler längst nicht mehr nur aus der nahen Umgebung. Um die Jahrtausendwende herum begannen die meisten Vereine, Scouting-Abteilungen aufzubauen. Diese hatten die Aufgabe, auf der ganzen Welt Ausschau zu halten nach Talenten. Die Bundesliga-Klubs wollen die Stars von morgen entdecken, bevor die Konkurrenz dies tut. Dafür stellen die Klubs Talentspäher an, auf Neudeutsch: Scouts.

Selbst der beste Scout hat jedoch nur 24 Stunden pro Tag zur Verfügung. Die Zahl der Spiele, die ein einzelner Mensch schauen kann, ist beschränkt. Das haben wir bereits im ersten Kapitel festgestellt, als wir Charles Reeps Lebenswerk betrachtet haben. Laut Fifa gibt es auf der Welt fast 130 000 Männer, die mit Fußballspielen Geld verdienen. Selbst wenn nur ein Prozent davon das Talent hätte, in der deutschen Bundesliga zu bestehen: Wer soll im Detail die Stärken und Schwächen von 1300 Fußballern analysieren? Wie soll man überhaupt herausfinden, wo diese Spieler kicken?

Genau hier kommen Daten ins Spiel. Selbst Bundesliga-Teams, deren Verantwortliche Zahlen skeptisch gegenüberstehen, nutzen im ersten Schritt ihres Scoutings immer Daten. Man schaut auf die nackten Zahlen und fragt sich: Welcher Spieler deutet mit seinen Kennzahlen an, dass er das Potenzial hat, in der Bundesliga zu bestehen? Den richtigen Fußballer zu finden, ist wie die Suche nach der Nadel im Heuhaufen. Mit Daten mag man sie nicht automatisch finden. Man kann aber das Heu vorsortieren, sodass die Suche leichter fällt.

Zu den Pionieren des Daten-Scoutings gehörten entsprechend Klubs, die nicht an der Spitze der Nahrungskette standen. Um welche Klubs es hier geht, mag aus heutiger Sicht seltsam wirken: Der FC Arsenal und Tottenham Hotspur begannen schon während der Nullerjahre, eigene Datenabteilungen aufzubauen. 2010 übernahm die Fenway Sports Group den FC Liverpool. Diese veränderte die Strategie des Vereins und setzte fortan stark auf datengetriebenes Scouting.

All diese Namen klingen nach europäischem Geldadel. Als sie jedoch begonnen haben, auf Daten zu setzen, waren sie im Vergleich zu den europäischen Spitzenklubs eher kleine Fische. Tottenham oder Liverpool konnten es sich um das Jahr 2010 herum nicht leisten, Geld rauszuhauen wie die traditionellen Topklubs aus Madrid und München oder ihre neureichen Konkurrenten Chelsea oder Manchester City. Sie mussten intelligent vorgehen, den Markt sondieren, Schnäppchen jagen. Genau das taten sie mithilfe von Daten. Es gelang ihnen, Spieler zu entdecken, die andere Klubs nicht auf der Rechnung hatten. So konnten sie sich in der Nahrungskette nach und nach hocharbeiten.

Wie läuft es in der Praxis ab, wenn ein Verein Spieler mithilfe von Daten sucht? Das wollte ich von Edward Sulley erfahren. Sulley ist ein Urgestein der Datenanalyse im Fußball. Zu Beginn des Jahrtausends hat er Pionierarbeit geleistet bei den Bolton Wanderers. 2008 wechselte er zu Manchester City und leitete dort die Abteilung für Analyse. Mittlerweile arbeitet er als Director of Customer Solutions für den Datenlieferanten Hudl.

Bei einer von Hudl ausgerichteten Konferenz hatte ich im November 2025 die Chance, Sulley zu interviewen. Ich hatte mir mehrere Themen zurechtgelegt, über die ich mit ihm sprechen wollte: über seinen Werdegang, über die Evolution der Datenanalyse im Scouting, über die Chancen und Risiken von künstlicher Intelligenz. Als Journalist kann man jedoch selten genau planen, in welche Richtung ein Interview läuft. Mein Gespräch mit Sulley drehte sich nicht in erster Linie um eins der von mir ausgesuchten Themen – sondern um das Computerspiel *Football Manager*.

Football Manager erfreut sich vor allem in Großbritannien größter Beliebtheit. In diesem Computerspiel wird man Manager seines liebsten Fußballvereins. Man kann den 1. FC Heidenheim zur Meisterschaft führen oder mit dem FC Bayern München fünfmal hintereinander die Champions League gewinnen. Der Spieler steuert sämtliche Bereiche des Klubs: Er muss Transfers tätigen und das Training leiten, sich die richtige Taktik überlegen und die passenden Spieler aufstellen. Die Spiele darf man indes nicht selbst bestreiten. Der Computer simuliert den Ausgang. Man kann nur wie ein Trainer von der Seitenlinie aus eingreifen. Jahr für Jahr erscheint ein neuer Teil der beliebten Reihe. Sänger Robbie Williams schrieb in seiner Autobiografie, er sei von *Football Manager* zwischenzeitlich genauso abhängig gewesen wie von Drogen oder Alkohol.

Williams ist nicht der einzige Fan des Spiels. Praktisch jeder Datenanalyst, der heute im Fußball arbeitet, hat als Jugendlicher seine Freizeit mit dem *Football Manager* verbracht. Das ist kein Zufall: Der *Football Manager* ist in seinem Herzen eine riesengroße mathematische Operation. Die Stärken der einzelnen Spieler werden anhand von 36 Attributen bestimmt. Darunter fallen klassische fußballerische Fähigkeiten wie Passen, Schießen oder Dribbeln. Es zählen aber auch physische Kennwerte hinein, etwa Beschleunigung oder Sprunghöhe, sowie mentale Fähigkeiten, zum Beispiel die Konzentration oder die Führungsqualitäten. Die Fußballer erhalten für jedes Attribut einen Wert zwischen 1 und 100. Kombiniert man die Werte miteinander, ergibt sich eine Gesamtnote für den Spieler. Von den einzelnen Attributen wiederum ist abhängig, ob ein Spieler auf einer bestimmten Position funktioniert.

Im *Football Manager* leitet man die Geschicke echter Vereine. Es gibt all die Spieler, die wir aus der Realität kennen. Um die Stärken der Spieler akkurat wiederzugeben, betreiben die Entwickler hinter der Reihe einen enormen Aufwand. Für jede Region auf der Welt gibt es Scouts. Diese analysieren die Stärken und Schwächen eines jeden Akteurs. Ihre Beobachtungen übersetzen sie wiederum in Zahlen. Unter seiner Haube ist der *Football Manager* nichts anderes als eine riesengroße Scouting-Datenbank aller professionellen Fußballer auf der Welt.

Das Spiel war eine wichtige Quelle der Inspiration für Analysten wie Sulley, wie er mir in unserem Gespräch erzählte. Er wollte immer selbst eine Datenbank entwerfen, die alle Spieler auf der Welt miteinander vergleichbar macht. Diese Datenbank sollte jedoch nicht einzig auf den Einschätzungen von Scouts basieren, sondern datengetrieben funktionieren. Also machte sich Sulley an die Arbeit. Mithilfe der in Kapitel 2 vorgestellten Datenmodelle bewertete er Spieler anhand ihrer Zahlen. Er nahm die *Football-Manager*-Datenbank als Referenz, um zu prüfen, ob die selbst ermittelten Werte realistisch sind.

Was Sulley beschreibt, ist ein Prozess, der in den vergangenen Jahren bei fast allen Klubs stattgefunden hat. Vereine versuchen, mithilfe von Daten die Stars von morgen zu finden. Doch die wenigsten Datenabteilungen begnügen sich mit den nackten Zahlen, die ihre Expected-Threat-Modelle ausgeben. Stattdessen wird versucht, die einzelnen Spieler in unterschiedlichen Kategorien zu vergleichen. Wie gefährlich ist ein Spieler vor dem Tor? Wie gut kann er passen? Wie sind seine defensiven Fähigkeiten? Datenanalysten kreieren aus Event- und Tracking-Daten eigene Werte, die Einblick geben sollen in die Stärken und Schwächen eines Spielers. Man könnte dies als Football-Managerisierung des Scoutings bezeichnen.

Ich selbst habe bereits an einem Datenprojekt mitgewirkt, das Spieler anhand von Daten verglich. Beim *Spiegel* war ich einige Zeit lang zuständig für den Spiegel Online Index, kurz: SPIX. Dieser sollte die Stärke eines Spielers mit nur einer Zahl ausdrücken.

Dazu wurden alle möglichen Event-Daten vermischt, von abgefangenen Pässen über gewonnene Kopfballduelle oder erfolgreiche Pässe bis hin zu Schüssen und Toren.

Der Clou: Für die unterschiedlichen Positionen auf dem Feld wurden diese Daten unterschiedlich gewichtet. Für die Bewertung eines Stürmers war die Zahl der Tore sowie die Zahl der herausgespielten Torchancen entscheidend. Ob er möglichst viele Pässe abfängt, war hingegen zweitrangig. Ein Innenverteidiger hingegen wurde stärker nach seinen gewonnenen Zweikämpfen und seinen Kopfballduellen bewertet. Im Hintergrund fanden komplexe Berechnungen statt, um die Event-Daten unterschiedlich zu gewichten. Am Ende entstand ein Wert, anhand dessen man die einzelnen Spieler in eine Reihenfolge bringen konnte. Daraus ließ sich wiederum eine Ordinalskala bilden: Der stärkste Akteur erhielt eine Bewertung von 100, weil er im 100. Perzentil lag. Ein Spieler mit einer Wertung von 50 lag im 50. Perzentil für seine Position. Wenn ein Spieler also einen SPIX-Wert von 81 erzielte, erreichte er bessere Zahlen als 81 Prozent der Spieler auf seiner Position.

Fußballvereine machen nichts anderes, wenn sie Spielern anhand von Daten Werte zuweisen. Der Verein definiert für sich, welche Fähigkeiten ein Spieler auf einer bestimmten Position mitbringen muss. Dann werden die passenden Statistiken herausgesucht und entsprechend gewichtet. Die erzielten Werte kann man anschließend miteinander vergleichen oder in Relation setzen.

Hier liegt der wichtigste Hebel der Vereine: Wenn sie einen Spieler suchen, müssen sie genau definieren, was einen guten Spieler ausmacht. Nicht jeder Verein sucht auf jeder Position nach demselben Spielertyp. Ein Trainer mag fordern, dass sich seine Außenverteidiger ständig in das Angriffsspiel einschalten. Sie sollen Flanken schlagen und manchmal sogar im Strafraum für Torgefahr sorgen. Ein anderer Trainer sieht das ganz anders: Er betont den Wortteil

Verteidiger besonders stark. Außenverteidiger sollen die Flügel sichern und vor allem hohe Defensivwerte aufweisen.

Wenn beide Mannschaften nun einen neuen Rechtsverteidiger suchen, werden sie unterschiedlich vorgehen. Sie werden auf andere Stärken achten: Erstere Mannschaft wird eher einen offensiven Flügelverteidiger suchen, während letztere Mannschaft einen defensivstarken Außen benötigt. Das wird sich in den Definitionen widerspiegeln, welche die Klubs für ihre Daten vornehmen. Der eine Klub wird bei seinem Stärke-Wert für den Außenverteidiger Metriken wie Flanken oder Expected-Threat durch Pässe und Dribblings höher gewichten. Der andere Klub wird eher auf die gewonnenen Zweikämpfe oder die defensive Verantwortung schauen. Wie man die einzelnen Daten gewichtet, entscheidet darüber, welche Spieler man entdeckt.

In der Wirtschaft nennt man solche Kennwerte «Key Performance Indicator», abgekürzt KPI. Das klingt cooler als das deutsche Wort Leistungskennzahl. Der Begriff bezeichnet Werte, die Auskunft über die Leistung eines Angestellten oder einer Maschine geben. Im Fußball hat sich der Begriff ebenfalls durchgesetzt. Wenn ein Verein Kennzahlen für einzelne Positionen entwickelt, spricht er intern von KPIs.

Praktisches Beispiel: Die Schalke-DNA

Der FC Schalke 04 ist kein Verein, den man mit modernsten Methoden in Verbindung bringt. Das ist keineswegs despektierlich gemeint. Schalke ist ein Traditionsklub mit über 200 000 Mitgliedern. Auf Gelsenkirchen kochen viele Köche einen heißen Brei. In diesem Umfeld haben es Innovationen schwer. Hinzu kommt, dass der Verein chronisch klamm ist. So fiel der einstige Stammteilnehmer der Champions League bis in die Zweite Bundesliga. Die Königsblauen haben so manche Fehlentscheidung auf dem Weg nach unten getroffen.

Der Neuanfang unter Sportdirektor Frank Baumann ist der x-te Neubeginn innerhalb weniger Jahre. Diesmal gibt es jedoch einen Unterschied: Dieser Neustart erfolgt mithilfe von Daten. Schon vor Baumanns Ankunft hat der Klub einen hohen sechsstelligen Betrag investiert, um ein eigenes Daten-Dashboard zu entwickeln. Man gab der Anwendung den Namen «Statslibuda», nach dem legendären Schalker Dribbelkönig Stan Libuda.

Kern der Schalker Datenstrategie ist ein KPI, den der Verein «Schalke-DNA» taufte. Damit soll bestimmt werden, ob ein Spieler die nötige Einstellung mitbringt, um im Ruhrpott zu funktionieren. Schalkes Fans fordern von ihrer Mannschaft vor allem Kampf und Einsatz. Ob in der Arena schöner Fußball geboten wird, ist vielen Zuschauern zweitrangig. Die Spieler sollen sich mit dem Klub identifizieren und ihr Herz auf dem Platz lassen.

Wie lassen sich diese Eigenschaften messen? In die Schalke-DNA fließen all jene Metriken ein, mit denen sich defensiver Einsatz bestimmen lässt. Zweikampfwerte und hohe Laufleistung werden bei diesem Wert besonders hoch gewichtet. Schalke arbeitet jedoch auch mit erweiterten Metriken: So wird gemessen, wie gut und wie aggressiv sich ein Spieler im Pressing der eigenen Mannschaft verhält. Für den endgültigen Wert werden die verschiedenen Statistiken verbunden und unterschiedlich gewichtet; die exakte Formel ist ein Betriebsgeheimnis. Die Schalke-DNA spuckt am Ende eine Zahl zwischen 1 und 100 aus. Sie soll zeigen, ob ein Fußballer mit seiner Spielweise zum FC Schalke passt.

Unter Baumann hat sich ein Strategiewechsel vollzogen: Die Schalke-DNA wird nicht mehr als nette Zusatzinformation abgetan.

Sie ist der wichtigste Baustein, um potenzielle Kandidaten für den Klub zu filtern. Neuzugänge sollten mindestens einen Wert von 70 erreichen. Auf diese Art wurde Schalke auf Soufiane El-Faouzi aufmerksam: Der Mittelfeld-Motor hatte in der Dritten Bundesliga für Alemannia Aachen gespielt; normalerweise keine Liga, in der Schalke wildert. Doch sein Schalke-DNA-Wert lag über 90. Der Verein schlug zu – und El-Faouzi avancierte mit seiner Lauf- und Zweikampfstärke prompt zum Schlüsselspieler des Klubs.

Sie wissen: Ich bin eigentlich kein großer Fan von Zweikampf- und Laufstatistiken. Auch wenn ich persönlich auf andere Statistiken baue: Die Vorgehensweise des FC Schalke ist aus meiner Sicht vorbildlich. Sie haben klare Kriterien definiert, nach denen sie Spieler beurteilen. Sie haben diese Kriterien in die Sprache der Statistik übersetzt. Über die Schalke-DNA kann der Verein mithilfe einer Kennzahl prüfen, ob der Spieler den eigenen Vorstellungen entspricht. In der Folge kann das Scouting einzelner Spieler intensiviert werden, um die Daten mit der Realität abzugleichen.

ChatGPT, aber für Fußballer

Einen Akteur zu finden, der in verschiedenen Statistiken herausragt, ist einfach. Dazu muss ein Verein nur einen Kennwert definieren. Anschließend kann er in seiner Datenbank die Spieler nach ihren Werten sortieren. Jeder Fußball-Manager weiß jedoch, dass es selten darum geht, den besten Spieler zu verpflichten. Es geht darum, den Spieler zu finden, der zum eigenen Verein passt. Schon die größten Superstars des Fußballs sind an der falschen Vereinswahl gescheitert. Eden Hazard etwa ragte beim FC Chelsea jahrelang heraus. In dieser Zeit toppte er sämtliche Expected-

Threat-Ranglisten. Bei Real Madrid jedoch konnte er diese Leistungen nicht annähernd bestätigen.

Eigene KPIs zu entwickeln, ist nur der erste Schritt, um böse Überraschungen zu vermeiden. Daten-Analytiker Ian Graham nennt sieben Gründe, aus denen ein Transfer scheitern kann. Der neue Spieler kann Probleme mit der Fitness haben (1) oder sich an seinem neuen Heimatort nicht wohlfühlen (2). Der Trainer schätzt den neuen Spieler nicht (3) oder setzt ihn auf einer falschen Position ein (4). Auch beim Scouting könnte etwas schiefgelaufen sein: Vielleicht passt der neue Spieler nicht in die Spielphilosophie des neuen Vereins (5), oder es gibt bereits einen Spieler, der besser performt als er (6). Vielleicht ist der Neuling auch einfach nicht so gut, wie man erwartet hatte (7).

Die große Frage lautet: Wie kann sich ein Verein sicher sein, dass der Spieler in seiner neuen Mannschaft funktioniert? Faktoren wie der Charakter des neuen Spielers lassen sich über eine genaue Beobachtung und Gespräche abschätzen. Eine Gewissheit gibt es jedoch nicht. Menschen sind keine Maschinen.

Zumindest Grahams finale drei Gründe lassen sich über ein gutes Datenscouting ausschließen: Dazu vergleicht man die Daten des neuen Spielers mit den Daten jenes Akteurs, den er ersetzen soll. Die meisten Datenanbieter ermöglichen ihren Nutzern, für jeden Akteur auf der Welt ähnliche Spieler zu suchen. Dazu werden die Daten eines Spielers mit Akteuren verglichen, die auf der gleichen Position ähnliche Werte erzielen. Wer etwa auf der Statistik-Webseite Fbref.com nach Joshua Kimmich sucht, erhält sofort Vorschläge für Spieler mit ähnlichen Daten. In seinem Fall sind dies Aleix García, Hakan Çalhanoğlu und Pierre Emile Højbjerg. Schon mithilfe relativ simpler Spinnennetzdiagramme zeigt sich, wie der neue Spieler im Vergleich zum alten abschneidet.

Die großen Datenanbieter gehen noch einen Schritt weiter: Sie berechnen mithilfe von Daten, wie ein Spieler in einem anderen Klub performt hätte. Dabei werden verschiedene Kennwerte herangezogen und kombiniert. Die Ligenstärke wird genauso in Betracht gezogen wie die Teamstärke, die Räume, in denen der Spieler agiert, sowie dessen vermeintliche Aktionen.

Bei dieser Analyse ist der taktische Kontext entscheidend. Ein Spieler, der in einem Ballbesitzteam unzählige Pässe spielt, wird dies in einem Team mit weniger Ballbesitz kaum können. Die Daten müssen also angepasst und unterschiedlich gewichtet werden, damit sie zum neuen Team passen. Auch dies lässt sich mithilfe von Datenmodellen bewerkstelligen.

Am Ende spucken diese Modelle eine Kennzahl aus, die zum Beispiel sagt: Der neue Spieler passt zu x Prozent zum Spielstil des Vereins Y. Je tiefer die Daten gehen und umso genauer die KPIs sind, desto leichter fällt dieser Prozess. Zumindest einige der von Graham genannten Risikofaktoren lassen sich so minimieren. Allerdings muss ich gestehen: Wie diese Modelle im Detail funktionieren, wissen nur diejenigen, die sie erstellen.

Forscher arbeiten derzeit an neuen Methoden, die Eignung eines Spielers für seinen neuen Verein zu überprüfen. Dazu wandeln sie die Logik ab, die bei Sprachmodellen wie ChatGPT zum Einsatz kommt. GPT-Modelle arbeiten – zumindest in ihrer reinen Form – mit Wahrscheinlichkeiten. Stellt man dem Chatbot eine Frage, generiert er ein Wort nach dem anderen. Die leitende Frage für das Modell: Welches Wort wird mit der höchsten Wahrscheinlichkeit auf das vorherige Wort folgen? Dazu durchforstet es die unzähligen Texte, mit deren Hilfe das Modell trainiert wurde, nach Mustern. Ein Beispiel: Ein GPT-Modell soll den Satz «Eine Ampel zeigt die Farben Rot, Gelb und ...» beenden. Es wird seine Datenbank nach Sätzen durchsuchen, die ähnlich aufgebaut sind. Es wird feststellen, dass häufig das Wort «Grün» im Zusammenhang mit Ampeln und den genannten Farben steht. Die wahrscheinlichste Beendigung des Satzes lautet für es daher «Grün».

Dieses Konzept kann man auch auf Fußballdaten übertragen. Beim Thema Expected Threat hatte ich festgehalten, dass sich Fußball als eine Kette von Events betrachten lässt, sogenannte Markow-Ketten. Jedes Ereignis wird hierbei unabhängig betrachtet von den Ereignissen, die zuvor passiert sind. Auf diese Art kann man Fußballdaten wie Sätze aufbauen: Ballberührung Kimmich – Pass Kimmich – Ballberührung Kane – Schuss Kane – Tor.

Die spannende Frage lautet: Was passiert, wenn ich Kimmich in diesem Beispiel durch einen anderen Spieler ersetze? Hierzu wird ein GPT-basiertes Modell mit möglichst vielen Fußballdaten gefüttert. Anhand dieser Daten kann es lernen, wie sich unterschiedliche Spieler in unterschiedlichen Umgebungen verhalten. Das Modell kann dann anhand der Daten sagen, wie sich Spieler in ihren Entscheidungen voneinander unterscheiden. Wenn Kimmich etwa einen Pass wählt, dürfte Dribbelkünstler Michael Olise in derselben Szene eher das Eins-gegen-eins-Duell suchen.

Minho Lee von der Universität Saarland hat einen solchen Ansatz auf der Hudl Performance Insights 2025 vorgestellt. Er hat untersucht, wie unterschiedliche Stürmer in der Theorie in unterschiedlichen Teams funktionieren. Er nutzte hierfür das Beispiel Manchester City. Welche Aktionen hätten andere Stürmer gewählt, wenn sie in dieselben Situationen wie Erling Haaland gelangt wären? Wie hoch wäre ihre Erfolgswahrscheinlichkeit gewesen? Laut Lees Daten hätte nur Alexander Isak in denselben Situationen einen höheren Expected-Threat-Wert erzielt als Haaland. Allerdings beschränkten sich Lees Daten auf die Saison 2023/24; mit mehr Daten wäre ein anderes Ergebnis wahrscheinlich.

Diese Art der Forschung steckt noch in ihren Kinderschuhen. Sie birgt aber ein hohes Potenzial: Werden diese GPT-ähnlichen

Modelle auf lange Sicht mit möglichst vielen Daten gefüttert, können sie immer bessere Vorhersagen treffen zur Frage, wie unterschiedliche Spieler in unterschiedlichen taktischen Umgebungen performen. Damit könnten sich zumindest die taktischen Fallstricke bei Transfers verringern. Ob ein Spieler von seiner Persönlichkeit in den neuen Verein passt, ist wiederum eine ganz andere Frage.

Praktisches Beispiel: Liverpools Datenabteilung

Bereits jetzt gibt es einen Klub, der sehr gut darin ist, über Daten passende Spieler für das eigene Team zu finden: der FC Liverpool. Jahrelang hinkte der Verein den eigenen Ansprüchen hinterher. Nach den erfolgreichen Achtzigerjahren mussten die Fans zusehen, wie andere Vereine die Reds überholten. Unter Jürgen Klopp kehrte der Klub plötzlich wieder dorthin, wo er der eigenen Wahrnehmung zufolge hingehört: nach ganz oben! Der heimliche Held des Liverpooler Comebacks war ihre Datenabteilung.

Es gibt viele Bücher über Daten im Fußball. Kaum eines ist jedoch so eindrucksvoll wie Ian Grahams Werk *Wie man die Premier League gewinnt. Die Inside-Story der Datenrevolution im Fußball.* Graham ist promovierter Physiker. Seine wahre Leidenschaft galt jedoch nie den Elementarteilchen, sondern dem Fußball. Als er eine Stellenanzeige für einen Job als Fußball-Datenanalyst las, kehrte er der Universität den Rücken zu. Fortan erstellte er datenbasierte Analysen für eine Agentur, die Fußballvereine beriet. Von dort arbeitete er sich auf der Karriereleiter nach oben: Er fertigte zunächst Datenanalysen für Tottenham Hotspur an, ehe er zum FC Liverpool wechselte, um dort die Datenabteilung zu leiten.

Grahams Buch ragt heraus, weil es einen tiefen Einblick in seine

Arbeit beim FC Liverpool liefert. Graham beschreibt, wie der Verein nach und nach Kennwerte entwarf, um Spieler zu bewerten. Anhand zahlloser Beispiele erzählt er, wie Daten die Transferstrategie des FC Liverpool vorantrieben. Die Liverpooler Datenabteilung entwarf Metriken, definierte Kennwerte, analysierte mögliche Neuverpflichtungen anhand eines eigens entwickelten Expected-Threat-Wertes.

Ein Beispiel für einen datengetriebenen Transfer ist die Verpflichtung von Mohamed Salah. 2017 bot AS Rom den Torjäger zum Verkauf an. Salah war für die Roma in 83 Pflichtspielen an 55 Treffern beteiligt gewesen. Eigentlich hätten die Sportdirektoren der großen Vereine Schlange stehen müssen. Der Verkaufsprozess verlief jedoch schleppend. Gerade Premier-League-Teams zögerten, den Ägypter unter Vertrag zu nehmen. Bevor er sich in Italien zum Torjäger entwickelte, hatte er für den FC Chelsea gespielt – oder besser gesagt: Er hatte auf der Bank des FC Chelsea geschmort. In London hatte er sich nie durchsetzen können. Viele Premier-League-Klubs sahen dies als Warnung: Salah mag zwar in der italienischen Serie A funktionieren, nicht jedoch in der körperbetonten Premier League.

Graham und seine Kollegen vertraten eine andere Meinung. Laut ihren Modellen hatte Salah auch beim FC Chelsea gute Leistungen gezeigt. Besonders seine Expected-Goals-Werte stachen heraus. Das Problem: Er hatte einfach zu wenig Spielzeit bekommen. Liverpools Datenabteilung schloss aus diesen Umständen, dass der Klub Salah zu einem günstigen Preis verpflichten könnte. Sportdirektor Michael Edwards folgte diesem Urteil. Wie die Geschichte ausging, ist bekannt: Salah avancierte in Liverpool zu einem der besten Angreifer der Welt.

Entscheidend für Liverpools Transferstrategie war die Tatsache, dass sie genau wussten, welche Spieler sie suchten. Jürgen Klopp hatte seinen Heavy-Metal-Fußball aus Deutschland mitgebracht. Er forderte von seinen Spielern unermüdlichen Einsatz, ein hohes Pressing sowie ein schnelles Spiel in die Spitze. Mit den Jahren würzte er den Hochgeschwindigkeitsfußball mit einem guten Positionsspiel. Klopp hatte klare Vorstellungen, wie die Spieler ihre Rollen ausfüllen sollten.

Diese festen Prinzipien halfen Liverpools Datenabteilung, die richtigen Kandidaten zu identifizieren. Graham hatte mithilfe von Daten Profile für unterschiedliche Spielertypen erstellt. Diese Profile unterscheiden Fußballer nicht nur anhand ihrer Positionen, sondern auch anhand verschiedener taktischer Rollen. Ein Beispiel zur Verdeutlichung: Auf dem Papier spielen sowohl Lionel Messi als auch Tim Kleindienst im Sturm. Doch ihre jeweilige taktische Rolle ist eine gänzlich andere. Messi schaltet sich als falsche Neun ständig in den Spielaufbau ein, während Kleindienst als groß gewachsener Zielspieler fungiert. Obwohl beide Spieler nominell auf derselben Position spielen, muss man ihre Leistung unterschiedlich bewerten. Graham teilte die Event-Daten in neun Cluster, aus denen heraus er fünfzehn verschiedene taktische Rollen entwickelte. Für die Bewertung jeder Rolle werden die Daten unterschiedlich gewichtet – ähnlich wie beim SPIX-Wert, nur dass Liverpools Daten noch tiefer gehen.

Für einen Klub ist es entscheidend, zu wissen, welche Spieler er sucht. Der Linksverteidiger Andrew Robertson fiel in den klassischen Metriken des Klubs zunächst nicht auf. Zwar erreichte er beim Absteiger Hull City starke offensive Werte. Diesen standen jedoch seine eher schwachen Defensivwerte entgegen. Klopp war dies gerade recht: Er suchte einen Außenverteidiger, der die Offensive ankurbelt. Die defensive Absicherung übernahmen die zentral postierten Akteure. Liverpool bewertete Robertson einzig nach seiner Rolle als offensiver Außenverteidiger. In dieser stach er in den

Modellen des Klubs heraus. Unter Klopp avancierte der Schotte zum Stammspieler und Publikumsliebling.

Graham geht zahllose Transfers in seinem Buch durch. Oft waren Daten bei Transferentscheidungen ausschlaggebend. Für Verteidiger Virgil van Dijk zahlte der Klub eine Rekordsumme, weil kein Abwehrspieler annähernd an seine Werte heranragte. Bei Firmino wiesen die Datenanalysten nach, dass er der perfekte Spieler für die Rolle der falschen Neun war, obwohl er diese Position in Hoffenheim praktisch nie bekleidet hatte. Der Klub sparte dank der Datenabteilung auch viel Geld, da sie von überbewerteten Spielern mit guten Argumenten abraten konnte.

Selbstredend wurde kein Spieler allein aufgrund seiner Daten verpflichtet. Die Scouts prüften Kandidaten ausführlich im Videostudium. Sportchef Edwards erkundigte sich bei Kollegen und Journalisten über den Charakter eines Spielers. Trainer Klopp gab Feedback, ob eine Neuverpflichtung in sein Spielsystem passt. Nur wenn alle Beteiligten einen Transfer absegneten, zahlte der Verein die entsprechende Ablösesumme. Grahams Buch macht klar, warum die Arbeit der Datenabteilung überhaupt fruchten konnte: Seine Vorgesetzten bezogen ihn und seine Kollegen ein. Daten waren ein wichtiger Teil im Prozess, neue Spieler auszuwählen.

Das ist die Kunst, Daten im Fußball zu nutzen: Es hilft wenig, einen Datenanalysten anzustellen oder eine ganze Datenabteilung zu gründen. Daten brauchen einen festen Platz in den Abläufen eines Vereins. Liverpool hat mithilfe von Daten Kandidaten für Transfers vorsortiert. So haben sie Talente entdeckt, die andere nicht auf dem Schirm hatten. Wenn ein Transferkandidat in Liverpools Kennwerten abfiel, floss dieses Wissen in die Entscheidung ein.

So manch ein Datenanalyst, mit dem ich gesprochen habe, erlebt dies in seinem Klub anders. Praktisch alle Bundesligavereine stellen zwar inzwischen Datenanalysten an. Sie basteln Dashboards für ihre Klubs, erstellen Modelle, filtern passende von unpassenden Transferkandidaten. Wenn es um die finale Entscheidung geht, wer kommt und wer geht, werden sie allerdings nicht gehört. Gerade in Deutschland setzen sich Sportdirektoren eigenmächtig über die Empfehlungen von Datenanalysten und Scouts hinweg. Das Bauchgefühl ist noch immer der wichtigste Datenpunkt für die meisten Manager.

Luke Bornn, früher Assistenzprofessor für Statistik an der Universität von Harvard und heute Mitbesitzer des FC Toulouse, ging mit dieser Attitüde in einem Podcast hart ins Gericht. «Die meisten Klubs, die Datenanalysten anheuern, setzen sie in eine Ecke und behandeln sie wie eine Hauspflanze», wütete Bornn. Manche Klubs würden Datenanalysten nur anstellen, damit sie nach außen behaupten könnten, mit Daten zu arbeiten. In solchen Fällen sei es ehrlicher, auf eine Datenabteilung zu verzichten. Der Begriff «Hauspflanze» ist in der Welt der Datenanalysten seitdem zu einem geflügelten Wort geworden.

Das ist auch, sofern man das Haar in der Suppe sucht, die Schwachstelle von Grahams Buch. Es endet mit dem größtmöglichen Triumph: Liverpools Premier-League-Sieg im Jahr 2020. Erstmals nach dreißig Jahren konnte der Klub wieder die nationale Liga gewinnen. Graham listet alle Spieler auf, die mithilfe der Daten verpflichtet wurden. Er erzählt, dass die Datenabteilung unter Klopps Vorgänger Brendan Rodgers kaum Gehör fand, Klopp sie jedoch ernst nahm. Graham erzählt die Geschichte hinter Liverpools Datenabteilung vor allem als Erfolgsgeschichte.

Hört man sich hinter den Kulissen um, verlief die Geschichte aber keineswegs so geradlinig wie bei Graham beschrieben. Er selbst gab dies in einem Interview mit der *New York Times* zu. So entbrannte 2022 ein Konflikt um die Frage, ob der Klub Darwin Núñez verpflichten sollte. Die Datenabteilung warnte: Der Stürmer von Benfica Lissabon sei zwar ein Riesentalent – allerdings in einer Rolle als Stürmer, die Liverpools Spielsystem nicht vorsah. Grahams Vorgesetzte ignorierten seinen Rat. Doch die Daten sollten recht behalten: Die Beziehung zwischen Núñez und Liverpool war keine glückliche, bis er im Sommer 2025 nach Saudi-Arabien wechselte.

Insofern trügt der Eindruck, Liverpool sei ein datengetriebener Verein. Das würde bedeuten, dass Daten einen klaren Vorrang hätten bei wichtigen Entscheidungen. Keine Entscheidung dürfte ohne sie zustande kommen. Bornn sagt: «Wenn Datenanalysten keine Entscheidungen treffen oder beeinflussen dürfen, machen sie eigentlich gar nichts.» Liverpool hingegen nutzt Daten zwar exzessiv, sieht sie aber eher in einer beratenden Funktion.

Die Datenabteilung der Reds mag nicht die gesamten Entscheidungen getroffen haben. Ihr Verdienst ist aber ein anderer: Durch die Öffentlichkeitsarbeit von Graham trug der Klub den Wandel in der Datenanalyse nach außen. Modelle wie Pitch Control kann ich beschreiben, weil die Analytiker des Vereins sie auf Konferenzen vorgestellt und in wissenschaftlichen Aufsätzen validiert haben. Liverpool hat den Fußball verändert, indem sie anderen Klubs ein Modell präsentierten, dem sie nacheifern konnten.

Der indirekte Weg: Von Sportwetten zur Wiederauferstehung des 1. FC Nürnberg

Andere Klubs sind hier weiter. Die führenden Vereine bei der Nutzung von Daten sind der FC Brentford sowie Brighton & Hove Albion. Die Klubs haben viele Gemeinsamkeiten: 2010 kickten beide Vereine noch in der dritten englischen Liga. Innerhalb weniger Jahre haben sie einen kometenhaften Aufstieg erlebt, ohne dass ein Petro-Staat Milliarden Dollar investiert hätte.

Beide Klubs sind in den Händen von extrem reichen Selfmade-Unternehmern. Matthew Benham und Tony Bloom sind nahezu mythische Figuren. Beide scheuen die Öffentlichkeit. Entsprechend wenig bekannt ist über ihren Werdegang. Klar ist: Beide haben um die Jahrtausendwende mithilfe von Sportwetten Milliarden verdient. Damals revolutionierte ein wissenschaftlicher Aufsatz von Mark Dixon und Stuart Coles den Wettmarkt für Fußballspiele. Sie entwarfen ein mathematisches Modell, mit dessen Hilfe sich der Ausgang eines Spiels besser berechnen ließ, als dies den meisten Wettanbietern gelang. Das Dixon-Coles-Modell wird noch heute von Statistikern genutzt, um Vorhersagen für Fußballspiele zu treffen.

Tony Bloom setzte dieses theoretische Wissen in die Praxis um. Der ehemalige Pokerspieler verfügte über etwas Kleingeld und Kontakte nach Asien. Er gründete in London eine Firma, taufte sie Starlizard und setzte in Asien Geld auf Fußballspiele – viel Geld. Dabei arbeitete er nicht nur mit Coles und Dixon zusammen, sondern auch mit einem gewissen Hedgefonds-Manager namens Matthew Benham. Zusammen entwickelten sie Modelle, mit deren Hilfe sich die Stärke von Teams berechnen ließ. Dafür stellten sie Analysten an, welche Spiele von Fußballmannschaften analysieren sollten, um so an eigene Rohdaten zu gelangen. Noch bevor Expected Goals erfunden waren, wertete Starlizard die Qualität von Torchancen aus. Der Analyst sollte jede Chance anhand bestimmter Kriterien einer Kategorie zuordnen. Mit diesen Daten wusste Starlizard, welche Mannschaft gerade besonders gut in Form war – und welche nur dank glücklicher Umstände gewann. Und tatsächlich: Mit ihren Prognosen knackten Bloom und Benham den Wettmarkt und kassierten ab.

2004 trennten sich ihre Wege. Benham gründete seine eigene

Firma mit dem Namen Smartodds. Was genau zwischen den beiden vorgefallen war – darüber lässt sich nur spekulieren. Bekannt ist allerdings, dass sie seitdem kein Wort mehr miteinander gewechselt haben. Bis heute sind sie sich in tiefer Abneigung verbunden, auch wenn ihre Büros in London gerade einmal zehn Minuten auseinanderliegen.

Ihr weiterer Lebensweg liest sich recht ähnlich. Beide kauften die Lieblingsklubs ihrer Kindheit: Bloom lieh 2009 seinem Heimatverein Brighton & Hove Albion Geld und wurde dessen Vorsitzender. Benham investierte seit 2005 Geld in den Londoner Klub Brentford, ehe er 2012 die komplette Kontrolle über den Verein übernahm.

Die beiden Unternehmer krempelten ihre Klubs mithilfe von Daten völlig um. Dazu setzten sie auf die Hilfe ihrer Firmen. Blooms Firma Starlizard gab Brighton von Anfang an Zugriff auf alle Daten, die sie erhoben. 2023 gründete Bloom eine Tochterfirma namens Jamestown Analytics, welche seitdem den Klub mit Datenanalysen versorgt. Benham versuchte in Brentford zunächst, ein eigenes Datenteam aufzubauen. Unter anderem halfen dabei Statsbomb-Gründer Ted Knutson und mein *Spielverlagerung*-Kollege René Maric, heute Co-Trainer von Bayern München. Die Idee zeigte jedoch nicht die gewünschten Erfolge, auch weil die mithilfe von Daten verpflichteten Trainer nicht auf die Analysen der eigenen Datenabteilung hörten. Benham löste die Datenabteilung schließlich auf. Heute bezieht auch Brentford seine Daten von der Mutterfirma des Besitzers.

Beide Milliardäre haben die Leitung ihrer Vereine angewiesen, Daten zu vertrauen. Ohne Wenn und Aber. Diese Klubs verpflichten ausschließlich Akteure, die in den eigenen Modellen herausragen. Blooms Datenscouts entdeckten vor einigen Jahren beim SV Meppen ein vielversprechendes Talent. Ein gewisser Deniz Undav wechselte zuerst zu Brightons Partnerklub Union Saint-Gilloise, ehe er 2022 nach England kam. Dort avancierte Undav zu einem Stürmer internationaler Klasse. Knapp zwei Jahre später verpflichtete ihn der VfB Stuttgart für fast 30 Millionen Euro und holte ihn wieder zurück nach Deutschland. Auch Brentfords Transfers spülen Geld in die Kasse: Im Sommer 2025 wurden drei Spieler für über 140 Millionen Euro verkauft. Die Londoner selbst hatten für diese Spieler gerade einmal rund 20 Millionen Euro Ablöse gezahlt.

Wie genau die Klubs mit ihren Daten arbeiten, ist ihr Geheimnis. Mitarbeiter von Bloom und Benham müssen Verschwiegenheitserklärungen unterschreiben, damit die Prozesse der Firmen nicht an die Öffentlichkeit gelangen. Das ist der Unterschied zum FC Liverpool: Während Brighton und Brentford jede Entscheidung anhand von Daten treffen, reden sie öffentlich nur selten darüber. Welche Modelle sie nutzen, welche Rohdaten sie einkaufen und welche sie selbst erheben, wie viel Geld die Klubs für die Daten der Mutterfirmen bezahlen müssen: All das sind Betriebsgeheimnisse.

Zumindest Bloom wird in Zukunft seine Daten nicht mehr nur Brighton zur Verfügung stellen. Jamestown Analytics soll als eigenständige Firma am Markt bestehen. Dazu können Klubs aus aller Welt Daten der Firma kaufen. Man wirbt damit, dass keine Firma besser darin sei, Spieler und auch Trainer mithilfe von Daten zu bewerten. So verpflichtete Brighton 2024 den Trainer des FC St. Pauli, Fabian Hürzeler, nachdem er mit seiner Leistung in den Datenmodellen von Jamestown Analytics herausstach.

Einer der ersten Kunden kommt aus Deutschland: Der 1. FC Nürnberg hat mit Jamestown Analytics einen Exklusivvertrag für den deutschen Markt geschlossen. Sportvorstand Joti Chatzialexiou möchte das Datenscouting beim Club vorantreiben. Zuvor hatten die Franken bereits eine exklusive Partnerschaft mit Goalimpact geschlossen. Die Kooperation mit Jamestown Analytics soll ein weiterer Schritt sein, im Datenbereich der deutschen Konkurrenz einen Schritt voraus zu sein. Das soll helfen, damit der neunmalige deutsche Meister endlich wieder dorthin zurückkehren kann, wo er nach eigenem Bekunden hingehört: in die oberste Spielklasse.

KI-Agenten: Wenn der Chatbot Spieler empfiehlt

Wer bei Brighton oder Brentford arbeiten möchte, muss sich mit Daten auskennen. Nicht viele im Fußballgeschäft sprechen jedoch die Sprache der Statistik. Selbst wenn jemand versteht, wie Expected-Threat- und Pitch-Control-Modelle funktionieren, bedeutet das noch nicht, dass diese Person mit den Zahlen in der Praxis arbeiten kann. Niemand kann exakt vorhersagen, wie gut ein Spieler in eine Mannschaft passt. Am Ende geht es stets um Wahrscheinlichkeiten: Wie hoch ist aus der vergangenen Erfahrung die Chance, dass Ereignis X eintritt? Um Daten wirklich gut auszuwerten, braucht man tiefer gehende Kenntnisse der Statistik. Ich verschone Sie in diesem Buch mit Fachbegriffen wie Standardabweichung und Konfidenzintervall. Aber bei der Arbeit mit Daten ist dieses Wissen unabdingbar.

Nun tun sich die meisten Menschen schwer damit, in Wahrscheinlichkeiten zu denken. Richard Thaler, seines Zeichens Nobelpreisträger für Wirtschaft, fasste es einst treffend zusammen: «Es gibt nur fünf Wahrscheinlichkeiten, die der durchschnittliche Mensch verarbeiten kann: 99 Prozent, ein Prozent, 100 Prozent, null und 50:50.» Ich nehme mich selbst gar nicht aus. Auch für mich macht es gefühlt keinen Unterschied, ob eine Mannschaft über eine 75-prozentige oder eine 65-prozentige Siegwahrscheinlichkeit verfügt.

Zahlen sind nicht die Sprache der Menschen. Sondern Worte. Das hat auch David Sumpter erkannt. Sumpter arbeitet als Professor für angewandte Mathematik an der Universität Uppsala in Schweden, seine Forschungsschwerpunkte erstrecken sich über unterschiedlichste Bereiche: Er hat Aufsätze über das Herdenverhalten von Tieren veröffentlicht, über die Bevölkerungsentwicklungen moderner Gesellschaften – und über Fußball. Sein Buch *Soccermatics. Fußball und die Magie der Zahlen* wurde sogar ins Deutsche übersetzt.

In den vergangenen Jahren hat sich Sumpter mit den Themen maschinelles Lernen und künstliche Intelligenz beschäftigt. Die Erfolge von Chatbots wie ChatGPT brachten ihn auf eine Idee: Warum gibt es noch keine künstliche Intelligenz, die Fußballdaten in Worte übersetzt? Sumpter hatte – wie so viele Datenbegeisterte im Fußball – eigene Expected-Goals- und Expected-Threat-Kennzahlen entwickelt. Als Berater hatte er mit über 150 Klubs über das Thema Daten gesprochen. Immer wieder kam ihm dabei der Wunsch zu Ohren, die nackten Zahlen so aufzubereiten, dass der Klub sofort einen Scouting-Bericht an der Hand hat. Sportdirektoren wollen nicht in Dashboards Daten zusammensuchen. Sie wollen einen Bericht lesen, aus dem die Stärken und Schwächen eines Spielers klar hervorgehen. In Worten, nicht in Zahlen.

Sumpter gründete die Firma 21 Football, und deren Entwickler machten sich daran, ihre Daten mit einer generativen künstlichen Intelligenz zu verbinden. Diese künstliche Intelligenz soll die Anfrage der Kunden erkennen und entsprechend bearbeiten. Im direkten Gespräch diktiert mir Sumpter eine Telefonnummer. Über WhatsApp kann ich eine Textnachricht an die Nummer schicken.

Das Gespräch findet während der Frauen-EM statt. Also schicke ich folgende Textnachricht an die Nummer: «Wie gut ist Jule Brand?» Wenige Sekunden später erhalte ich mehrere Antworten. 21 Football fasst mir zunächst in einem Satz zusammen, was die Stärken und die Schwächen der deutschen Nationalspielerin sind. Laut 21 Football beeindrucke Brand vor allem durch ihre Dribblings und ihre Läufe ohne Ball. «Während sie in der Passqualität und ihrer Teilhabe am Spiel Ligadurchschnitt repräsentiert, ragt sie mit ihren starken Werten im Dribbling und in ihrer Positionierung im gegnerischen Strafraum heraus.» Defensiv hingegen könnte Brand noch zulegen: «Ihr defensiver Beitrag ist insgesamt durchschnittlich, wobei sie im Pressing wenig Druck ausübt.» Abgerundet wird die Analyse durch ein Spinnennetzdiagramm. Hier kann ich sehen, wie gut sich Brand in unterschiedlichen Bereichen schlägt, etwa im Pressing, im Dribbling oder in der Qualität ihrer Läufe. Möchte ich Brands nackte Kennwerte sehen, muss ich auf einen weiterführenden Link klicken.

Hinter 21 Football versteckt sich ein sogenannter KI-Agent. Diese künstlichen Assistenten kommen vor allem in der Kundenbetreuung zum Einsatz. Die Software von 21 Football erkennt meine Anfrage automatisch und ordnet sie einem von vier Themen zu: Scouting, Saisonanalyse, Matchanalyse oder Mannschaftsanalyse. Der jeweilige Agent durchforstet im Anschluss die Datenbank der Firma und stellt die passende Antwort zusammen.

Sumpters Firma bietet einen großen Vorteil: Der Anwender braucht überhaupt keine Kenntnisse von Daten oder Metriken, um die Scouting-Berichte zu verstehen. 21 Football gibt in Fußballsprache wieder, was ein Spieler oder eine Spielerin laut den Daten besonders gut kann und was nicht.

Anfangs seien die Antworten der KI etwas dröge gewesen, gibt Sumpter zu. Daher stellte seine Firma Sportjournalisten und Blogger an, die die Antworten der KI überarbeiteten und ihr interessantere Formulierungen beibrachten. Zumindest dieser Job bliebe einem Schreiberling wie mir, sollte die KI in Zukunft selbst Bücher schreiben.

Diese Art der KI-Agenten kommt bei immer mehr Klubs zum Einsatz. Manche greifen auf die Lösung von Sumpter zurück.

Andere entwickeln eigene Anwendungen. Der FC Sevilla hat sich mit IBM und Meta zusammengetan, um einen Scouting-Agenten zu entwickeln. Meta lieferte mit der eigenen KI Llama die Software, IBM das nötige Know-how. Mittlerweile haben alle Mitarbeiter des Klubs Zugriff auf den Agenten. Sie können mit ihm chatten und Fragen zu allen Daten-Themen des Klubs stellen.

Auch der FC Bayern München nutzt eine eigene KI-Plattform. Diese kommt jedoch vor allem in der Rechts- und der PR-Abteilung zum Einsatz. ChatGPT ist an der Säbener Straße verboten. Das hat vor allem Datenschutzgründe: Der FC Bayern hat wenig Einfluss darauf, was OpenAI mit den Daten von ChatGPT macht. Über die eigene Software verhindert der Klub, dass die Mitarbeitenden externe KI-Anbieter mit sensiblen Daten füttern. Auch aus diesem Grund entwickeln immer mehr Klubs ihre eigenen Chatbots.

Wer sich das nicht leisten kann oder will, kann auf die Dienste von Sumpter zurückgreifen. Der ausführliche, datengefütterte Scouting-Bericht ist heutzutage nur noch eine WhatsApp-Nachricht entfernt. 21 Football ist eine beeindruckende Software. Man kann praktisch jede Frage zum Thema Fußball stellen und erhält binnen Sekunden eine ausführliche Antwort. Vor zehn Jahren wären Datenanalysen per WhatsApp noch als Science-Fiction durchgegangen.

Dennoch hat die Geschichte einen Haken. 21 Football übersetzt nackte Zahlen und abstrakte Modelle in menschliche Sprache. Doch bei jeder Übersetzung geht etwas verloren. Günter Grass eröffnete seinen Roman *Der Butt* einst mit den Worten: «Ilsebill salzte nach.» Die Initiative Sprache kürte diesen Einstieg als schönsten ersten Satz der deutschen Literaturgeschichte. Im Englischen beginnt der Roman mit den Worten: «Ilsebill put on more salt.» Die englische Übersetzung kann die Poesie des Originals nicht annähernd einfangen.

Auch bei der Übersetzung von Zahlen in Worte geht häufig etwas verloren. Bei relativen Werten und bei Wahrscheinlichkeiten hat jeder Mensch eine andere Bezugsgröße im Kopf. Nehmen Sie folgenden Satz als Beispiel: «Morgen wird es wohl regnen.» Doch wie wahrscheinlich ist der Regen in Zahlen ausgedrückt? Ich persönlich würde die Regenwahrscheinlichkeit auf mindestens 80 Prozent beziffern. Ein anderer wird eher behaupten, für das Adverb «wohl» genüge eine 50-prozentige Regenwahrscheinlichkeit. Jeder interpretiert den Satz anders.

Sumpter versteht meine Bedenken. Auf das Thema angesprochen, betont er, 21 Football achte darauf, Unsicherheit in den Daten in der Sprache der KI-Agenten zu reflektieren. Tatsächlich gibt 21 Football selten absolute Antworten. Die Stärke eines Spielers wird in Relation gesetzt zu anderen Spielern. Die Ergebnisse einer Mannschaft werden anhand von Expected-Goals-Werten hinterfragt. 21 Football ist ziemlich gut darin, die Sprache der Zahlen in die Sprache der Menschen zu übersetzen.

Doch keine noch so gute KI kann das grundlegende Dilemma lösen: Zahlen haben einen festen, absoluten Wert – Worte jedoch nur bedingt. Erinnern Sie sich an das Ende des zweiten Teils dieses Buchs? Dort habe ich die Expected-Goals-Daten von Harry Kane und Tim Kleindienst verglichen. Kane erreichte in der Saison 2023/24 einen Wert von 1,04 pro neunzig Minuten, Kleindienst hingegen 0,52. Ich habe den Chatbot von 21 Football gebeten, mir die Saison von Kleindienst zusammenzufassen. Die Antwort: Kleindiensts Stärke bei den Expected Goals sei «exceptional», zu Deutsch: außergewöhnlich. Trifft dieses Wort den Kern? Sicher, Kleindienst hatte den neunthöchsten Wert der Saison. Doch er blieb weit entfernt vom herausragenden Kane. Als ich 21 Football im Anschluss nach Kanes Expected-Goals-Werten frage, antwortet der Chatbot mit denselben Worten: Kanes Expected-Goals-Werte seien «exceptional». Verwässert es nicht Kanes Daten, wenn diese mit demselben Wort bezeichnet werden wie jene von Kleindienst?

Diese Übung ist eher eine Kopfgeburt; die meisten Fußballkenner können den Unterschied zwischen Kane und Kleindienst sehen und verstehen. Es ist auch keine Kritik an 21 Football. Viel eher möchte ich einen allgemeinen Punkt unterstreichen: Fußballvereine übersetzen ihre Daten in Sprachen, die ihre Mitarbeiter leichter verstehen können – sei es in eine feste Kennzahl oder in menschliche Worte. Bei all diesen Übersetzungen geht aber ein Stück dessen verloren, was der Wert im Original aussagt. Das ist das grundsätzliche Problem eines jeden Chatbots: Wer ChatGPT nutzt, erhält zwar häufig eine formell korrekte Antwort – es fehlt aber das Verständnis dafür, wie diese Antwort zustande kam.

Je näher man an der Quelle ist, umso unverfälschter ist der Blick auf die Zahlen. In der Übersetzung gehen schnell Nuancen und Details verloren. Manchmal fehlt einfach nur die Magie. Kanes wahnwitzige Expected-Goals-Werte als «exzeptionelle Tore-zu-xG-Ratio» zu bezeichnen, ist ähnlich poetisch wie «Ilsebill put salt on it». In einer Tabelle zu sehen, wie weit Kane von der Konkurrenz entfernt ist, erzeugt eine gänzlich andere Wucht. Eins habe ich während der Beschäftigung mit Daten im Fußball gelernt: Zahlen entfalten ihre eigene Magie.

Die Frage nach der richtigen Ablösesumme: Wie viel sollte ein Fußballer kosten?

In den eigenen Daten ist ein Spieler aufgeploppt, der zuvor nicht auf dem Radar der Scouts war. Der datengetriebene Abgleich mit dem eigenen Spielmodell unterstreicht, dass der Akteur in der eigenen Mannschaft funktionieren sollte. Der Verein zapft weitere Quellen an, um auch die außersportlichen Faktoren zu berücksichtigen. Hat der Spieler einen guten Charakter? Hängt er sich im Training rein? Im modernen Fußball wird wenig dem Zufall überlassen. Am Ende des Prozesses sind sich die Mitarbeitenden des Vereins einig: Wir wollen diesen Spieler verpflichten! Das Problem: Er spielt für einen Konkurrenten. Möchte der Verein den Spieler unter Vertrag nehmen, muss er eine Ablösesumme bezahlen.

Nun folgt die Millionenfrage: Wie viel soll der Verein für den gewünschten Spieler bieten? Wenig beflügelt die Fantasie der Fans so sehr wie die Frage, was ein Spieler wert sein sollte. Waren die zehn Millionen Euro, die der Lieblingsklub in den neuen Stürmer investiert hat, gerechtfertigt? Oder hat sich der Klub über den Tisch ziehen lassen?

Tatsächlich gibt es im Fußball kaum etwas Schwereres, als Transfersummen zu bestimmen. Längst versuchen Vereine, auf Daten zurückzugreifen, um den tatsächlichen Wert eines Spielers zu beziffern. Das ist auch aus einem anderen Grund wichtig: Der Marktwert eines Spielers korreliert stark mit seinem Gehalt. Spieler, die eine höhere Ablösesumme erzielen, verdienen in der Regel auch mehr Geld. Die Gleichung funktioniert allerdings nicht immer. Jüngere Spieler erzielen im Schnitt höhere Transfersummen, einfach weil die Wahrscheinlichkeit, sie später einmal gewinnbringend weiterverkaufen zu können, größer ist. Ältere Spieler hingegen verdienen oft mehr Gehalt als ihre jungen Konkurrenten. Ihr Bekanntheitsgrad ist in der Regel höher, wodurch sie interessanter sind für Sponsoren. Dennoch lässt sich über den Marktwert eines Spielers mit leichten Anpassungen ein vermeintlich faires Gehalt berechnen. Insofern suchen immer mehr Klubs nach einer datengetriebenen Lösung, um den Marktwert eines Spielers zu definieren. So lassen sich zwei Fliegen mit einer Klappe schlagen: Man kann dem

Spieler ein passendes Gehalt anbieten und seinem bisherigen Verein die vermeintlich korrekte Ablösesumme.

Was der Football Manager für die Bewertung eines Spielers war, ist Transfermarkt.de für dessen monetären Wert. Die Seite spuckt für jeden Spieler auf der Welt einen Marktwert aus. Dieser soll einen fairen Betrag darstellen, den der Transfer eines Spielers seinem neuen Verein wert sein sollte. Transfermarkt.de funktioniert dabei ähnlich wie die Datenbank des Football Managers: Die Werte werden von Menschen ermittelt. Transfermarkt.de verfügt über eine breite Community. Diese kann über den Marktwert einzelner Spieler abstimmen. Experten für die jeweiligen Ligen sichten diese Schätzungen und legen den endgültigen Marktwert eines Spielers fest. Es ist eine Mischung aus Expertenwissen und Schwarmintelligenz.

Tatsächlich haben Studien gezeigt, dass die Marktwerte von Transfermarkt.de nicht weit entfernt sind von den tatsächlich gezahlten Transferentgelten. Die Forscher Dennis Coates und Petr Parshakov haben festgestellt, dass die Werte von Transfermarkt.de nur bei den niedrigsten und bei den höchsten Marktwerten von der Realität abweichen. Die Transfersummen von Spielern mit geringem Marktwert werden von Transfermarkt.de überschätzt, während Spieler mit hohem Marktwert eher unterschätzt werden. Besonders bei Nationalspielern neigt Transfermarkt.de dazu, die tatsächlich gezahlte Ablöse zu unterschätzen.

Ein Modell, das Transfersummen voraussagt, muss also mehr tun, als Transfermarkt.de-Daten zu kopieren. Die Forschung zeigt, dass bestimmte Faktoren die Höhe der Transfersumme beeinflussen. Die Dauer des Vertrags gehört dazu. Das ist kein Wunder, schließlich kaufen Vereine einen Spieler aus dessen laufendem Vertrag heraus. Weitere Faktoren sind das Alter des Spielers und seine Position; ein junger Angreifer kostet im Schnitt mehr als ein älterer Verteidiger.

Ein maßgeblicher Faktor für die Höhe der Transfersumme ist indes ein anderer: die Kaufkraft des aufnehmenden Vereins. Klubs mit hohem Jahresumsatz zahlen für die gleichen Spieler mehr als ein Verein, der finanziell wenig Spielraum hat. Ian Graham vom FC Liverpool behauptet, laut seinem Marktwertmodell zahle ein Premier-League-Verein 40 Prozent mehr für einen Spieler, als dies ein Bundesliga-Klub tun würde. Der exakt umgekehrte Effekt existiert bei Teams, die gerade abgestiegen sind. Sie müssen häufig aus finanziellen Gründen Spieler mit einem Rabatt abgeben. Auch Konkurrenz kann den Preis treiben. Liverpool konnte Salah auch deshalb günstig verpflichten, weil kein anderer Verein den Preis nach oben trieb.

Faktoren wie diese machen es so schwer, Transfersummen vorherzusagen. Der Transfermarkt ist kein allzu effizienter Markt. Emotionen treiben das Geschäft genauso voran wie rationale Gedankengänge. Manchmal möchte ein Verantwortlicher unbedingt einen bestimmten Spieler verpflichten, selbst wenn die Summe kaum erklärbar ist. Manchmal verkauft ein Verein einen Spieler nicht, einfach weil er mit einem rivalisierenden Klub keine Geschäfte machen will. Manchmal versteht sich auch ein Sportdirektor besonders gut mit einem Berater, weshalb gleich mehrere seiner Schützlinge beim selben Verein spielen.

Transfers kommen im Fußball auf höchst unterschiedliche Weise zustande. Für mein Buch *Was Teams erfolgreich macht* bin ich mit Ben Manga den Transfer von Rafael Borré zu Eintracht Frankfurt durchgegangen. Manga hat den Spieler jahrelang verfolgt, er hat ihn in Spanien und Argentinien besucht. Über mehrere Transferperioden haben Frankfurt und River Plate um die Ablöse gerungen, ehe Borré 2021 an den Main wechselte. Der Verpflichtung ging ein Prozess voraus, der mehrere Jahre gedauert hatte. Andere Transfers entstehen eher aus einer Torschlusspanik. Die Hektik des letzten Transfertages lässt die Verantwortlichen manches Mal vergessen, wie viel der Spieler tatsächlich wert ist.

Aus ebendiesem Grund fällt es bislang schwer, mithilfe künstlicher Intelligenz Vorhersagen zu treffen über den Marktwert eines Spielers. Wer die passenden Daten in eine KI wirft, erhält zwar gute Modelle zur Leistungsbewertung eines Spielers. Forschenden ist es auch gelungen, mithilfe datengetriebener Algorithmen Vorhersagen über Spielergebnisse zu treffen. Doch bei Transfersummen müssen sich die Analysten noch immer der Schwarmintelligenz von Transfermarkt.de geschlagen geben.

Von einigen Klubs weiß ich, dass sie anhand von Daten Marktwert-Bewertungen vornehmen. Sie nutzen dazu die Metriken, mit deren Hilfe sie Spieler bewerten. Anschließend vergleichen sie die historischen Transfersummen, die Spieler mit ähnlichen Werten aus ähnlichen Ligen in demselben Alter erzielt haben. Doch das ist ein mühsames Unterfangen: Für viele Spezialisten im Fußball gibt es kaum Vergleichsdaten. Deadline-Day-Transfers oder die niedrige Ablösesumme eines undisziplinierten Spielers können die Werte verzerren. Ein Analyst vertraute mir an, dass die so entstehenden Marktwerte eher Spielerei wären. Über den Wert eines Spielers entscheidet der Sportdirektor. Im Transferbereich gilt der Satz des römischen Dichters Publilius Syrus: «Jedes Ding ist wert, was der Käufer dafür zu zahlen bereit ist.»

Die Zukunft des Scoutings: Wenn die KI Tiefenläufe erkennt

Künstliche Intelligenz ist längst im Fußball angekommen, nicht nur in der Form von Chatbots und KI-Agenten. Die Datenmengen im Fußball sind derart überwältigend, dass Menschen sie kaum mehr händisch auswerten können. Mithilfe von Computern lassen sich die Datenberge durchforsten. Die KI sucht nach Mustern. Welche Spieler eignen sich besonders für eine Position? Wer spielt mit wem gut zusammen? Welche Spieler ähneln sich?

Nicht jeder Verein kann einen eigenen KI-Algorithmus entwerfen, sei es aus finanziellen Gründen oder aufgrund fehlender Expertise. Wer Hilfe braucht, wendet sich an Tobias Haupt. Er hat 2024 die Firma Gamecode.Ai gegründet. Zuvor hatte er die Akademie des Deutschen Fußball-Bunds geleitet. In dieser Funktion kam der promovierte Wirtschaftswissenschaftler mit Fußballdaten in Berührung. Er spürte, was bereits viele vor ihm erkannt hatten: dass klassische Event-Daten wie Torschüsse oder Pässe häufig wenig aussagekräftig sind.

Anstatt eigene Metriken bereitzustellen, wollte Haupt Klubs eine Plattform bieten, mit deren Hilfe sie selbst Kennwerte entwickeln können. Unter der Haube arbeitet die Firma mit einem klassischen Pitch-Control-Modell. Eine künstliche Intelligenz wertet automatisch aus, welche Spieler welchen Teil des Feldes kontrollieren.

Die Arbeit der Firma geht noch tiefer. Gamecode.Ai hat eine Bilderkennungssoftware trainiert, Muster in Fußballspielen eigenständig zu erkennen. Ein Beispiel sind sogenannte Quarterback-Läufe. Ein Spieler läuft nach hinten, um einen Ball in der Abwehr abzuholen. Aus der Tiefe des Raums kann er das gesamte Feld überblicken – wie ein Quarterback im American Football. Gamecode.AI kann nicht nur quantifizieren, wie oft ein Mittelfeldspieler diesen Laufweg wählt. Die AI kann auch messen, wie häufig es ihm gelingt, im Anschluss Raum gewinnende Pässe zu spielen. Dies übersetzt die Software wiederum in eine Zahl. So lassen sich mit einer Suche alle Sechser entdecken, die möglichst effektiv aus der Tiefe das eigene Spiel aufzubauen vermögen.

Die Firma kann damit nicht nur Aktionen quantifizieren, die passiert sind. Sie kann auch die vielen Was-wäre-wenn-Fragen beantworten, die ein Fußballspiel aufwirft. Wenn ein Spieler in einer Quarterback-Position wieder und wieder die bestmögliche Passoption übersieht, schlägt sich dies in seinem Score nieder.

Haupt zeigt mir bei einem Videocall, wie diese Scores funktionieren. Er wählt das Beispiel Tiefenläufe. Hierbei startet ein Akteur ohne Ball in vorderster Linie hinter die gegnerische Abwehr. Mit seinem Lauf gewinnt er die Kontrolle über den Raum hinter ihr. Gamecode.Ai quantifiziert, wie häufig dies einem Angreifer gelingt. Gleichzeitig kann die KI messen, ob diese Läufe überhaupt hilfreich sind für das eigene Team. Öffnet der Spieler mit seinem Tiefenlauf einen Passweg? Oder zieht er einen Gegenspieler hinter sich her, sodass das eigene Team an einem anderen Ort auf dem Feld einen Raum dominiert? Manche Tiefenläufe schaffen weder das eine noch das andere. Gamecode.Ai kann den Effekt eines Tiefenlaufs erkennen und auswerten. Im Endeffekt ist dies genau die Arbeit, die mithilfe der in Kapitel 2 vorgestellten Pitch-Control-Modelle möglich ist.

Der Clou an Gamecode.Ai ist ein anderer: Wer mit der Software arbeitet, kann selbst festlegen, wie die Kennwerte für die einzelnen Läufe ermittelt werden. Manch ein Trainer fordert von seinem Außenstürmer, dass er möglichst schnell in den Strafraum sprintet. Andere sollen den Raum Richtung Flügel öffnen. Der Anwender kann exakt einstellen, ab wann die Software einen Lauf als Tiefenlauf erfasst. Wie schnell muss ein Spieler sein? Wie lange muss der Lauf anhalten? Muss er anschließend anspielbar sein – oder genügt es, wenn er einen Raum öffnet? So lassen sich genau jene Spieler auf der Welt finden, die exakt jene Tiefenläufe anbringen, die zum Spielstil der jeweiligen Mannschaft passen.

Das Tool lässt sich auch einsetzen für die Analyse der eigenen Mannschaft. Ist es den Spielern gelungen, die vom Trainer geforderten Laufwege und Aktionen umzusetzen? Vor allem aber hilft

Gamecode.Ai beim Scouting. Der Fantasie der Vereine sind keine Grenzen gesetzt. Man sucht einen Akteur, der auf dem rechten Flügel ständig hinter die Abwehr startet? Der eigene Sechser soll im Pressing aggressiv nach vorne gehen? Mithilfe von Gamecode.Ai kann man seine eigenen KPIs entwerfen. Die Bilderkennung wertet die Spiele anschließend entsprechend aus.

Die Ausdifferenzierung der Kennwerte hat einen enormen Vorteil: Man sieht Spieler, die nicht alle sehen. In klassischen Expected-Modellen ragen meist dieselben Spieler heraus, selbst wenn sich die Modelle in den Details unterscheiden. Das ist logisch: Es sind dieselben Spieler, die vor dem Tor dieselben Aktionen durchführen. Je stärker sich diese klassischen Metriken im Fußball durchsetzen, umso geringer ist ihr Wert: Wenn überall dieselben Spieler in den Ranglisten ganz vorne stehen, scouten alle dieselben Spieler. Wer Kennwerte bei externen Anbietern einkauft, muss ohnehin davon ausgehen, dass auch alle anderen Kunden exakt dieselben Daten erhalten.

Es hilft einem Klub daher ungemein, eigene Metriken zu entwickeln. Auf diese Art lassen sich nicht nur Spieler entdecken, die besonders gut in die Spielphilosophie eines Vereins passen. Die Rangliste empfiehlt plötzlich Akteure, die nicht schon bei zig anderen Teams auf dem Zettel stehen. Vielleicht wissen die Mitspieler nicht, wie sie die Tiefenläufe des Mitspielers bedienen sollen; vielleicht passt er einfach nicht in das Spielsystem des aktuellen Trainers. Erweiterte Metriken helfen, diese Spieler zu entdecken.

Haupt sagt, Gamecode.Ai arbeite bereits mit Klubs aus England und den USA zusammen. Deutsche Teams hätten ebenfalls Interesse gezeigt. Mittlerweile bieten auch andere Anbieter ähnliche Leistungen an, etwa Hudls Produkt Sportscode Insight. Gerade die Top-Klubs dürften bei ihrer Analyse auf ähnliche Tools setzen. Es ist die Zukunft des Scoutings.

Künstliche Intelligenz, so die Befürchtung, wird in den kommenden Jahren massenweise Arbeitsplätze vernichten. Schon heute übernehmen KI-Tools Aufgaben, die früher Menschen ausgeführt haben. Wer beim Kundendienst seines Staubsaugerherstellers anruft, muss erst einmal einem KI-Agenten zig Fragen beantworten, ehe er mit einem menschlichen Berater reden darf – wenn man überhaupt noch zu einem durchgestellt wird. Trading-Algorithmen erzielen schon heute größere Gewinne am Aktienmarkt als die meisten von Menschen geführten Portfolios. Große Unternehmen sieben Bewerber mithilfe von künstlicher Intelligenz aus, ehe sie die geeignetsten Kandidaten zu einem Gespräch einladen.

Die Software, die Gamecode.Ai nutzt, deutet bereits an, welche Tätigkeiten im Fußball über kurz oder lang obsolet werden. Die großen Statistikanbieter nutzen schon heute künstliche Intelligenz zur Bilderkennung. Auf diese Weise lässt sich die Sammlung von Rohdaten automatisieren. Die KI erkennt die Events, der Mensch muss sie am Ende nur noch abnicken. Keiner der Datenanbieter spricht es laut aus, doch mittelfristig ist eine Zukunft denkbar, in der allein eine künstliche Intelligenz Event-Daten erhebt.

Diese Welle dürfte als Nächstes die Videoanalysten in den Klubs erfassen. Das Berufsbild des Videoanalysten ist relativ neu: Er unterstützt das Trainerteam, indem er die Spiele der eigenen und der gegnerischen Mannschaft sichtet. Seine Arbeit beginnt meist schon direkt nach dem Abpfiff, wenn er alle relevanten Szenen in der Videoaufzeichnung des gerade beendeten Spiels markiert. Diesen Prozess nennt man Tagging. Ein Beispiel: Der Trainer möchte wissen, wie gut das Pressing seiner Mannschaft funktioniert hat. Damit er das Spiel nicht wieder und wieder anschauen muss, hat der Videoanalyst sämtliche Szenen als «Pressing» getaggt, welche der Definition des Trainers entsprechen. Der kann jetzt per Klick durch das Spiel blättern. Viele Trainer wollen eine solche Auswertung bereits am Morgen nach dem Spiel haben.

Eine weitere Aufgabe der Videoanalysten ist die Gegneranalyse. Wer vorausahnen möchte, wie der kommende Gegner spielen könnte, muss dessen vergangene Partien schauen. Die wenigsten Cheftrainer nehmen sich die Zeit, die letzten zwanzig Partien des Gegners selbst nach Mustern zu durchsuchen. Dies übernimmt der Videoanalyst: Er durchforstet die Spiele und markiert bestimmte Szenen, etwa Torchancen, den Spielaufbau oder das Verhalten nach einem Ballverlust. Das erleichtert dem Trainer die Arbeit. Die Muster, die er in den erfolgreichen Angriffen des Gegners erkennt, werden im Anschluss der Mannschaft gezeigt.

Dieser Prozess hat sich in den vergangenen Jahren massiv ausgeweitet. Mittlerweile haben die großen Teams Apps entwickelt, mit deren Hilfe die einzelnen Spieler Clips des kommenden Gegners anschauen können. Wenn sich etwa Bayern-Flügeldribbler Michael Olise in die passende App einloggt, sieht er Videos seines nächsten Gegenspielers. Er kann studieren, wie dieser verteidigt. Wie aggressiv geht er zum Ball? Wie schnell ist er? Lässt er sich über eine Seite leichter überspielen als über die andere? Für alle Punkte kann er die passenden Daten und Videos abrufen.

Diese Videos wurden bis dato zumeist von Menschen zusammengestellt. Doch auch hier gibt es mittlerweile KI-Lösungen, welche den Job übernehmen – siehe Gamecode.Ai. Die KI taggt eigenständig sämtliche Aktionen im Spiel anhand der Definitionen, die man ihr an die Hand gibt. Du willst wissen, welchen Laufweg der Außenverteidiger des kommenden Gegners wählt? Oder wie die Körperhaltung eines Spielers ist, wenn er mit dem linken Fuß den Ball spielt? All diese Clips kann die KI binnen weniger Sekunden heraussuchen, sofern sie zuvor auf das Finden dieser Szenen trainiert wurde.

Das bedeutet nicht, dass Videoanalysten innerhalb der nächsten zehn Jahre allesamt arbeitslos werden. Die KI hilft ihnen, Arbeitszeit für andere Themen freizuschaufeln. Anstatt Szenen selbst zu taggen, können sie die bereits getaggten Szenen nach Mustern durchsuchen. Was macht der Gegner besonders häufig, was besonders selten? KI ist – wie in so vielen Lebensbereichen – ein Tool, das Arbeit abnimmt. Sie kann aber kaum eigenständig Schlüsse ziehen. Dafür wird der Mensch benötigt – zumindest derzeit noch.

Gegneranalyse: Eine Mappe mit allen Infos

Daten haben das Scouting im Fußball längst revolutioniert. Die veränderte Rolle der Videoanalysten deutet bereits an, dass Daten auch im taktischen Bereich langsam, aber sicher Einzug halten. Noch immer ist die Analyse des Gegners für die meisten Trainer Chefsache: Sie wollen sich selbst ein Bild davon machen, wie die gegnerische Mannschaft agiert, welche Formation sie wählt und wo ihre Schwachstellen liegen. Sie müssen mit eigenen Augen sehen, wie der Gegner spielt – sei es, indem sie selbst Spiele des Gegners analysieren oder indem sie den Videoschnipseln ihrer Analysten vertrauen.

Daten helfen vor allem im ersten Schritt der Gegneranalyse. Vor jedem Spiel erhalten die Trainer einen Datenreport über den kommenden Gegner. Bis vor kurzer Zeit erhielten Trainer diese Mappen als PDF-Dateien. Mittlerweile sind sie in die Daten-Dashboards der Klubs integriert. Meist wird der Report automatisiert erstellt anhand der Daten, welche der Klub ohnehin ermittelt oder einkauft.

Dieser Report gibt einen ersten Einblick in die Spielweise des kommenden Gegners. Zumeist beginnt er mit den grundlegenden Daten: Welche Expected-Goals-Werte erzielte der Gegner in seinen vorherigen Partien? Welche Spieler erreichen besonders hohe Expected-Assists- oder Expected-Threat-Werte? So lässt sich ein erster Überblick schaffen über die grundlegende Stärke des Gegners und dessen wichtigste Akteure.

In den meisten Berichten findet sich eine Art der Visualisierung, die in den vergangenen Jahren an Popularität gewonnen hat: Passnetzwerke. Hierbei wird für jeden Spieler auf dem Feld dessen durchschnittliche Position ermittelt. Anschließend wird ausgewertet, wie häufig sich welche Spieler gegenseitig Pässe zugespielt haben. Je mehr Pässe zwei Akteure untereinander gespielt haben, umso dicker fällt die Verbindung aus. Die Grafik zeigt gleich mehrere Dinge: Zum einen lässt sich erkennen, welche Räume ein Team besonders abdeckt. Zum anderen visualisiert sie, welche Spieler oft miteinander die Kombination suchen. Wenn ein Mittelfeldspieler beispielsweise besonders häufig den Pass nach Rechtsaußen spielt, zeigt sich dies in der Passnetzwerk-Grafik.

Besonders interessant ist für die meisten Trainer die Frage, wie sich der Gegner Chancen erspielt. Dies lässt sich recht schnell mithilfe von Expected-Goals-Werten darstellen: Diese lassen sich nach Räumen oder Spielsituation filtern. Ein Weg, dies zu visualisieren, führt über Heatmaps. Hierbei werden jene Räume eingefärbt, aus denen heraus eine Mannschaft besonders hohe Expected-Goals-, Expected-Assists- oder Expected-Threat-Werte kreiert. Wenn ein Team zum Beispiel viele Chancen über Flanken von der linken Seite einleitet, ist dieser Bereich besonders stark eingefärbt. Am Ende sieht die Grafik ein wenig aus wie ein Bild einer Wärmekamera – daher der Name Heatmap.

Alternativ kann man diese Werte auch als absolute Zahlen ausspucken: Wie viele Chancen kreiert ein Team nach Standards, nach

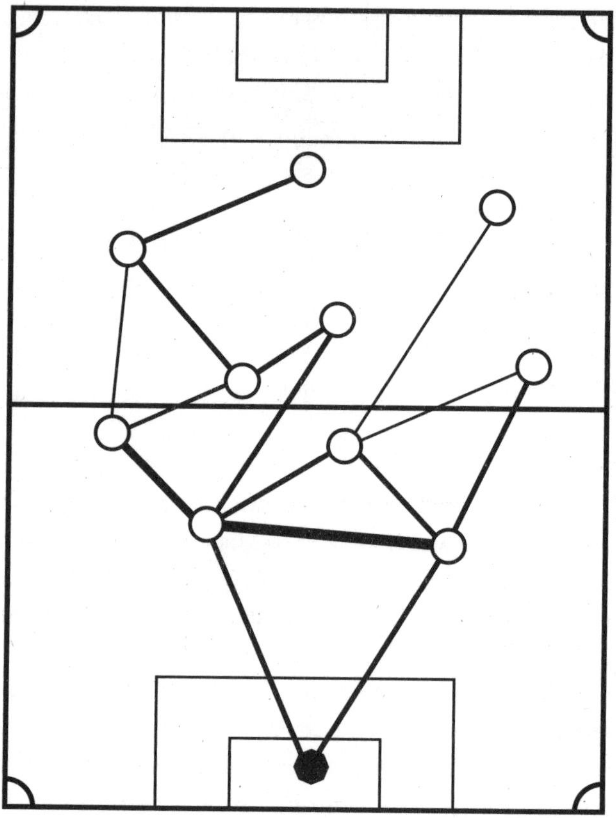

Ein hypothetisches Beispiel für eine Passnetzwerk-Visualisierung.

Kontern, nach Situationen aus dem Spielaufbau? Wie viele Chancen werden von der linken, der halblinken oder der halbrechten Seite eingeleitet? Diese Informationen lassen sich beliebig aufschlüsseln. Jedes Team und jeder Trainer haben hier eigene Vorlieben.

In einem zweiten Schritt lassen sich all diese Informationen auch auf individueller Spielerebene abrufen. So lassen sich mit einem Blick verschiedene taktische Rollen unterscheiden. Ein Außenver-

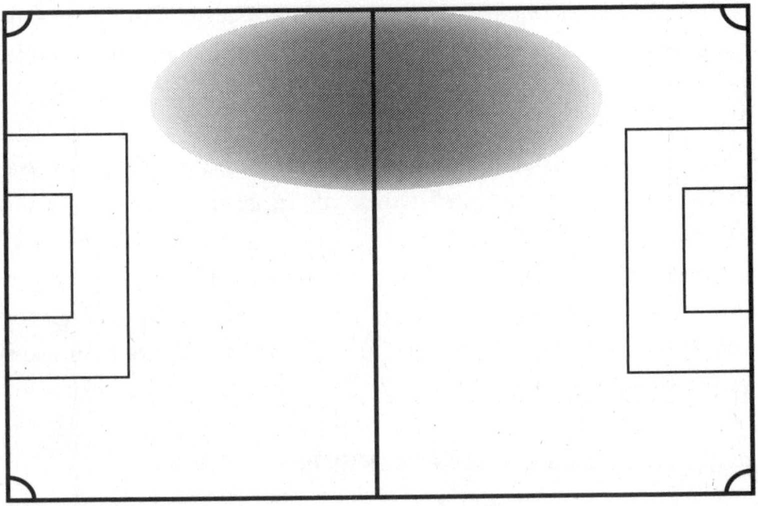

Ein hypothetisches Beispiel für eine Heatmap.

teidiger, der ständig ins Zentrum zieht, wird eine andere Heatmap haben als ein Spielertyp, der den Flügel entlangmarschiert.

Auch in diesem Bereich sind der Fantasie der Klubs keine Grenzen gesetzt. Ein Verein wird seinen Trainern nur die grundlegenden Daten bereitstellen. Ein anderer Klub wird seine komplexen Pitch-Control-Modelle nutzen, um vermeintliche Schwachstellen zu entdecken. Welche Räume kontrolliert der Gegner besonders gut? Wo hingegen tun sich immer wieder Lücken auf?

Wie im Scouting liefern Daten auch bei der Gegnervorbereitung selten endgültige Antworten. Sie verraten zwar, welche Räume der Gegner auf dem Feld besonders häufig oder erfolgreich bespielt. Noch gelingt es den Modellen nicht, zu entschlüsseln, weshalb das so ist. Wie gelangt das Team auf den linken Flügel, welche Muster gehen dem voraus? Was muss der zentrale Mittelfeldspieler tun, damit der Gegner die Schwachstelle im Zentrum entblößt? Aus diesem Grund sind Daten bei der Gegneranalyse nur ein erster Ausgangspunkt. Trainer und Videoanalysten können mit ihrer Hilfe erfahren, welche Bereiche des Gegners sie tiefer gehend analysieren sollten.

Trainer nutzen Daten längst nicht mehr nur zur Gegneranalyse. Kaum ein Bundesliga-Coach würde die Einschätzung des Trainerveteranen Martin O'Neill unterschreiben: «Expected Goals sind totaler Quatsch!» Die meisten nutzen Statistiken, um die Leistung ihrer Mannschaft nach dem Abpfiff einzuordnen. Spitzentrainer wie Thomas Tuchel oder Sebastian Hoeneß haben bereits in Interviews Expected Goals erwähnt, um die Leistung ihres Teams zu verteidigen. Getreu dem Motto: Wir haben zwar verloren, aber das lag maßgeblich an unserer schlechten Chancenverwertung!

Dennoch reden nur die wenigsten Trainer gerne in der Öffentlichkeit über Zahlen und Statistiken. Bei einigen steckt dahinter eine ehrliche Skepsis gegenüber Daten. Trainer müssen häufig schwierige Entscheidungen treffen. Daten können bei der Entscheidungsfindung helfen. Am Ende ist der Trainer jedoch allein verantwortlich, wenn seine Idee schiefläuft. Insofern vertrauen die meisten Trainer weiterhin in erster Linie ihrer Intuition.

Nicht wenige jedoch sind hinter den Kulissen wahre Nerds. Kein Wunder: Trainer eines Bundesligisten beschäftigen sich tagtäglich mit Fußball, weit über die 40-Stunden-Woche eines durchschnittlichen Angestellten hinaus. Sie saugen alles auf, was ihnen den kleinsten Vorteil geben könnte gegenüber der Konkurrenz. Dazu gehören auch Daten. Entsprechend tief stecken viele Trainer in der Materie. In der Öffentlichkeit geben sie das aber nur ungerne zu. Niemand möchte als Schlaubi Schlumpf gelten, der besser mit Zahlen kann als mit Menschen. Dass gute Trainer sowohl Menschenführung als auch höhere Mathematik beherrschen können, akzeptiert die Öffentlichkeit (noch) nicht.

Wie können Trainer Daten nutzen? Jeder Trainer hat eine Vorstellung davon, wie seine Mannschaft spielen soll. Zwar müssen Coaches in der Praxis so manchen Kompromiss eingehen. Mal fehlt der entscheidende Akteur verletzt, mal muss das System für ein wichtiges Spiel umgebaut werden. Nicht immer decken sich die Stärken ihrer Spieler mit ihrer Spielidee. Im Kern möchte aber jeder Trainer seinen Spielern feste Prinzipien vermitteln. An diesen sollen sich die Akteure orientieren.

Diese Prinzipien umfassen viele Bereiche des Fußballspiels. Sie können psychologischer, körperlicher oder taktischer Natur sein. Bundestrainer Julian Nagelsmann fordert von seinen Spielern etwa, den Ball möglichst nicht mit dem ersten, sondern mit dem zweiten Kontakt weiterzuspielen. So können die Spieler die Kugel besser kontrollieren. Ein Klassiker unter den Spielprinzipien ist die Sicherung der Tiefe: Sobald der Gegner zu einem langen Ball ansetzt, sollten sich Abwehrspieler nach hinten orientieren. So wird verhindert, dass der Gegner direkt hinter die Abwehr gelangt.

Bislang fiel es schwer, Prinzipien wie diese mithilfe von konkreten Daten auszuwerten. So klingt die Anweisung an den Rechtsaußen, diagonal in den Strafraum zu sprinten, zunächst einmal abstrakt. Ob der Spieler dieses Ziel erreicht hat, ist nicht immer sofort ersichtlich; kein Trainer der Welt kann bei zehn Feldspielern genau darauf achten, wie oft sie seinen Spezialauftrag ausgeführt haben. Trackt man diese Läufe und wertet sie anschließend systematisch aus, lässt sich hingegen ziemlich genau sagen: Der Rechtsaußen hat in einem Spiel zehnmal diesen Laufweg gewählt, dabei hat er zwei Chancen mit einem Expected-Goals-Wert von 0,84 kreiert.

Nicht immer lassen sich Prinzipien mithilfe klassischer Daten auswerten. Ein Expected-Threat-Wert sagt wenig aus über die Läufe eines Rechtsaußen, wenn dieser nie von seinen Kollegen den Ball bekommt. Manche Trainer behelfen sich mit ihren Videoanalysten.

Diese werten händisch aus, wie oft die einzelnen Spieler den Auftrag ihres Trainers umgesetzt haben. Wenn der Rechtsaußen nie diagonal in den Strafraum sprintet, lässt sich dies über die Videoanalyse nachweisen. Im Endeffekt ist das nichts anderes als Arbeit mit Daten, nur dass die Videoanalysten diese Daten erst einmal selbst erheben müssen.

In Zeiten der künstlichen Intelligenz lässt sich dieser Prozess automatisieren. Ein Programmierer könnte anhand der Spielprinzipien eines Trainers eine Bilderkennung trainieren, Szenen automatisch zu suchen und zu finden. Gamecode.Ai bietet diesen Service für Trainer an, und auch andere Firmen wagen sich immer stärker in diesen Bereich. Die bereits erwähnten Tiefenläufe, die Gamecode.Ai misst, sind ein gutes Beispiel: Jeder Trainer kann selbst definieren, ab wann ein Lauf als gelungener Tiefenlauf gilt. So sähe im Jahr 2026 ein Prozess aus, mit dessen Hilfe ein Trainer schnell einen Überblick gewinnt, ob seine Spieler die geforderten Prinzipien umsetzen – oder nicht.

Insofern versteckt sich hinter künstlicher Intelligenz eine große Chance für die Trainer: Sie können den Erfolg und Misserfolg ihrer eigenen Mannschaft objektiv auswerten. Je genauer ein Trainer weiß, wie seine Mannschaft spielen soll, umso leichter fällt diese Auswertung mithilfe von Daten. Im Endeffekt könnten Trainer so ihre eigenen KPIs schaffen. Dieser Prozess steckt noch in den Kinderschuhen. In den kommenden Jahren werden aber immer mehr Trainer auf die Chancen der Digitalisierung setzen.

Zwischenfazit: Verändern Daten das Spiel?

Das alles ist noch Zukunftsmusik. In der Gegenwart ist die Datenanalyse ein relativ neuer Teilbereich des Fußballs. Viele der vorgestellten Modelle haben sich erst langsam in den vergangenen zehn Jahren durchgesetzt. In anderen Sportarten genügte diese Zeitspanne, um die taktische Herangehensweise der Trainer komplett umzukrempeln. Baseball, Basketball oder Cricket werden aufgrund der Erkenntnisse der Datenanalysten heute gänzlich anders gespielt als vor zwanzig Jahren.

Wird das auch für den Fußball gelten? In einem Teilbereich schon: Seit der Erfindung des Expected-Goals-Wertes hat sich der Anteil der Fernschüsse stark verringert. Dank Expected Goals wissen wir, aus welchen Positionen Spieler treffen – und aus welchen eher nicht. Fernschüsse haben eine geringe Wahrscheinlichkeit, im Tor zu landen. Entsprechend fordern die meisten Trainer ihre Spieler auf, nicht einfach aus der Ferne draufzuschießen. Tatsächlich sinkt die Zahl der Fernschüsse seit Jahren kontinuierlich. In der Saison 2009/10 gaben alle Bundesligisten zusammen 3432 Torschüsse von außerhalb des Strafraums ab. Das waren 43 Prozent aller Schüsse aufs Tor. In der Spielzeit 2024/25 waren es nur noch 2559 (32 Prozent). Dabei blieb die absolute Zahl aller Schüsse nahezu identisch. Die durchschnittliche Distanz, aus der Spieler einen Schuss abgeben, sank in den vergangenen zehn Jahren von 18,58 Metern auf 16,48 Meter.

Dass Fernschüsse eine niedrigere Erfolgswahrscheinlichkeit haben als Chancen aus drei Meter Entfernung, ist indes keine allzu weltbewegende Erkenntnis. Zu dieser Schlussfolgerung hätte man auch ohne Daten gelangen können. Die große Frage lautet: In welcher anderen Hinsicht könnten Daten die Art, wie Fußball gespielt wird, verändern?

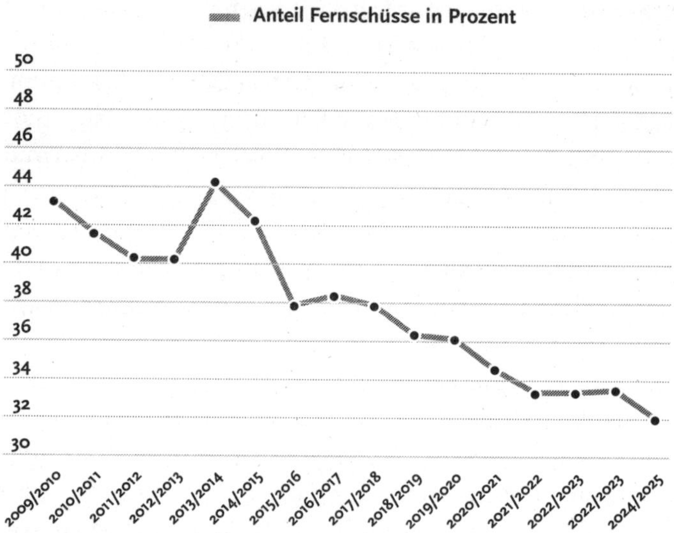

Der Anteil der Schüsse in der Bundesliga, die außerhalb des Strafraums abgegeben wurden. Datenquelle: Whoscored.com.

Michael Cox, seines Zeichens Sportjournalist mit einem Fokus auf Fußballtaktik, behauptet in einem Artikel für *The Athletic*: gar nicht! Daten würden vor allem für das Scouting von Spielern genutzt, so seine Erfahrung aus Gesprächen mit Trainern und aus dem Studium mehrerer Bücher zum Thema. Es gäbe sehr wenig konkrete Informationen darüber, ob und wie Daten die Taktik von Teams beeinflussen. Seine Schlussfolgerung: «Wenn ‹Fußball› die Fußballindustrie bedeutet – finanzielle Transaktionen, Vertragsverhandlungen und das Geschäft zwischen Klubs –, haben Daten den Fußball verändert. Wenn Fußball das eigentliche Spiel meint – 90 Minuten, Elf gegen Elf, wie sollen wir spielen, um zu gewinnen? –, dann warten wir noch immer auf eine überzeugende Darstellung der Auswirkungen von Daten.»

Ich stimme Cox zu. In ihrer frühen Form waren Daten vor allem quantitativer Natur. Es wurde gezählt, wie viele Pässe gespielt wurden oder wie viele Torschüsse ein Team abgab. Das hat sich in den vergangenen zehn Jahren gewandelt. Immer mehr Datenmodelle verraten etwas über die Qualität eines Spielers. Wir können mithilfe von Daten heute sehr genau sagen, welchen Einfluss ein Spieler auf eine Partie hatte. Das hilft, wenn ich aus vielen Spielern denjenigen herausfiltern möchte, der mein Team potenziell besser macht. Dass Klubs ihre Datenanalysten auf diesen Bereich angesetzt haben, dürfte auch an finanziellen Anreizen gelegen haben. Talente vor der Konkurrenz zu entdecken, verspricht Profit auf dem Transfermarkt.

Was fehlt, sind die *actionable insights*. Dieser englische Begriff hat sich eingebürgert, um konkrete Handlungsanweisungen zu beschreiben, die sich aus Daten ergeben. Wenn Ihr Arzt sagt: «Ihr Cholesterinwert ist erhöht!», klingt dies sofort nach einer schlechten Nachricht. Ohne weitere Informationen, wie man den Cholesterinspiegel senkt, nützt Ihnen diese Information aber wenig. Ähnlich geht es Trainern oder Spielern im Fußball. Beispiel: Der kommende Gegner leitet 80 Prozent seiner Tore über die linke Seite ein. Doch wie kann mein Team verhindern, dass sie auch gegen uns über diese Seite angreifen?

Zumindest beim Thema Fernschüsse geben Daten *actionable insights*: Wir wissen dank Expected Goals, dass Fernschüsse nur in Ausnahmefällen im Tor landen. Wenn ein Spieler also keine freie Schussbahn hat oder über mindestens eine Anspielstation verfügt, sollte er von einem Fernschuss absehen – es sei denn, er hält sich für einen so tollen Hengst, dass ausgerechnet er die 0,5-prozentige Torwahrscheinlichkeit überwindet.

Es ist jedoch schwer, mithilfe von Zahlen weitergehende Erkenntnisse zu finden. Klar, es mag besser sein, den Ball aus fünf Metern auf das Tor zu schießen. Doch wie soll das gelingen? Es gibt keinen einfachen Weg, die Zahl der Torschüsse im Fünfmeterraum zu erhöhen. Wenn es eine simple Strategie dafür gäbe, würde jedes Team sie nutzen – und dann würden die Verteidigungsreihen wiederum Gegenmaßnahmen ergreifen. Fußball ist ein zu komplexer Sport, als dass einfache Antworten weiterhelfen.

Es gibt bisher nur wenig konkrete Erfolgstaktiken im Fußball, die datengetrieben sind. Das ist die nächste große Grenze, die Fußballdaten überschreiten müssen. Es gibt Anzeichen, dass diese Grenze irgendwann fallen wird. Ein Bundesliga-Trainer erzählte mir, er schaue vor seiner Halbzeitanalyse immer zuerst auf die Heatmaps beider Teams. So könne er auf einen Blick sehen, welche Räume der Gegner besonders stark besetzt hat. Daran richte er aus, welche Anweisungen er seiner Mannschaft in der Pause gebe. Daten haben in diesem Fall einen konkreten Einfluss auf seine taktische Entscheidung.

Ein Datenanalyst erzählte mir, dass einmal der Co-Trainer seines Teams nach dem Spiel wild auf ihn zugestürmt sei. Er habe während der Partie nicht auf die Fitness-Daten der Spieler zugreifen können, zürnte er. Diese seien aber entscheidend für die Frage, welcher Spieler ausgewechselt wird. Den Datenanalysten traf keine Schuld: Es gab ein technisches Problem im Stadion, sodass die Tracking-Daten nicht erhoben werden konnten. Das stoppte den Wutausbruch des Co-Trainers allerdings nicht. Es gibt also durchaus Entscheidungen, bei denen sich Trainer schon heute stark von Daten leiten lassen.

Das ist aber eher die Ausnahme. Ian Graham glaubt aus einem anderen Grund, dass Daten bisher noch keinen großen Einfluss auf die Taktik von Teams hatten. «Man braucht ein wirklich gutes Tracking-Modell, um etwas über Taktik zu erfahren, und die meisten Teams haben das nicht – außer vielleicht ein paar Premier-League-Teams und eine Handvoll Spitzenvereine in Europa.» Liverpool selbst habe zwei Jahre und zig Mitarbeiterstunden benötigt, um ein solches Modell zu entwickeln – und selbst dieses Modell sei nicht perfekt. Vieles sei daher noch Zukunftsmusik.

Hinzu kommt eine weitere Unbekannte, die Cox in seinem Artikel ebenfalls andeutet: Es ist durchaus möglich, dass Trainer bereits heute anhand von Pitch-Control-Modellen die Taktik ihres Teams bestimmen – dies aber nicht in der Öffentlichkeit zugeben. Die wenigsten Trainer reden im Detail über ihre Arbeit; sei es, um einen Vorsprung vor der Konkurrenz zu wahren, weil sie ein Image als Nerd abwenden wollen – oder weil sie selbst den Nimbus des Genies genießen wollen; Datenlesen kann schließlich jeder. So fehlen ironischerweise die Daten, um sagen zu können, wie groß der Einfluss von Daten auf das Geschehen auf dem Feld wirklich ist.

Spieler: Auf der Suche nach der Erkenntnis

Insofern ging die Datenrevolution bislang an der allerwichtigsten Berufsgruppe im Fußball weitestgehend vorbei: an den Spielern. Sicher: Jens Hegeler und Stefan Reinartz haben Impect gegründet. Mit ihrer Liebe für Daten haben sie Millionen verdient. Allerdings ist das eher die Ausnahme als die Regel. Für die meisten Fußballer sind Daten nicht annähernd so interessant wie für ihre Trainer oder die Analysten ihrer Vereine. In den seltensten Fällen hat dieses Desinteresse mit Unwissen zu tun. Viele Klubs schulen ihre Spieler in Datenthemen, damit sie zumindest rudimentäre Kenntnisse über Modelle wie Expected Goals erhalten.

In ihrer täglichen Arbeit spielen Daten allerdings nur eine untergeordnete Rolle. Die meisten Spieler haben einen anderen Blick auf den Sport als Zuschauer oder Funktionäre. Während Letztere das Spiel aus der Vogelperspektive sehen – sei es aus der Perspektive am TV oder im Stadion –, sind die Spieler mittendrin. Sie müssen sich auf dem Feld zurechtfinden, Zweikämpfe führen, unter höchstem Druck Entscheidungen treffen. Der moderne Fußball spielt sich in einem solchen Tempo ab, dass für bewusstes Nachdenken keine Zeit bleibt. Spieler müssen spontan Lösungen entwickeln. Die meisten lassen sich von ihrem Instinkt leiten, der geprägt wurde durch jahrelanges Training und Erfahrung.

Für Spieler stellt sich vor allem eine Frage: Wie lässt sich das eigene Spiel verbessern? Darauf geben Statistiken aber nur selten eine Antwort. Sie könnten versuchen, ihre Zahlen quantitativ zu erhöhen. So könnte etwa ein Mittelfeldspieler viele Sicherheitspässe spielen, um seine Passquote zu verbessern. Ein Stürmer könnte öfter auf das Tor schießen, um in dieser Statistik weiter vorne aufzutauchen. Das mag ihr Spiel verändern, aber nicht unbedingt verbessern. Ein guter Fußballer spielt nicht für das Daten-Dashboard seines Klubs, sondern für seine Mannschaft. Wobei: Es gibt durchaus Fälle, in denen Spieler Zahlen zu ihren Gunsten manipulieren. Bei einer längeren Spielunterbrechung, etwa bei einer VAR-Entscheidung oder einer Verletzung, kann man so manch einen Spieler dabei beobachten, dass er plötzlich zu einem kurzen Sprint ansetzt. Auf diese Art wollen Spieler die Anzahl ihrer Sprints künstlich erhöhen. So können sie sich nach dem Abpfiff ein Lob für ihre Laufleistung abholen.

Auch qualitative Statistiken wie Packing oder Expected-Modelle helfen den Spielern kaum konkret weiter. Kein Spieler kann einfach beschließen: «Heute treibe ich meinen Expected-Goals-Wert in ungeahnte Höhen!» Der Expected-Goals-Wert ist ein Nebenprodukt seiner Leistung. Um sich mehr Torchancen zu erspielen, muss der Spieler zunächst an zahllosen anderen Themen arbeiten: an seiner eigenen Positionierung, am Zusammenspiel mit seinen Kollegen, am Erkennen und Bespielen von Räumen.

Um Erkenntnisse in die Tat umzusetzen, brauchen Fußballer *actionable insights*. Die nackten Daten helfen ihnen nicht, ihr Spiel zu verbessern. Es sind vielmehr die Schlüsse, die man daraus zieht. Dabei sind Spieler jedoch häufig von ihrem Trainer abhängig. Er sagt ihnen, wie sie ihre eigenen Werte verbessern können. Insofern arbeiten die meisten Spieler eher indirekt mit Daten.

Es gibt indes Spieler, die Daten in einem anderen Bereich nutzen: beim Thema Geld. Fußballer und ihre Berater suchen immer nach einer Möglichkeit, das eigene Gehalt zu maximieren. Daten können den Marktwert eines Spielers steigern. Es gibt Agenturen, die sich gänzlich auf diesen Bereich spezialisiert haben. Sie versorgen Spieler mit Kennzahlen, welche diese dann in Vertragsverhandlungen oder bei der Suche nach einem neuen Verein als Verkaufsargument anführen können. Getreu dem Motto: Meine Expected-Threat-Werte sind überragend, ich sollte 10 Prozent mehr Gehalt bekommen!

Auf die Spitze trieb dies Kevin de Bruyne. Im Jahr 2021 befand er sich in Vertragsverhandlungen mit seinem Verein Manchester City. Die Citizens wollten de Bruynes Gehalt im Falle einer Verlängerung kürzen, schließlich feierte er im selben Jahr seinen 30. Geburtstag. Als Fußballer ist man mit 30 näher am Rentenalter als am Karrierebeginn. De Bruyne, der keinen Berater bezahlt, ließ das nicht auf sich sitzen. Er engagierte die Firma Analytics FC und ließ diese einen Datenreport erstellen. Die Firma zeigte anhand von Expected-Threat-Kennwerten, dass kein Spieler in Europa derart viele Torchancen einleitet wie der Belgier. De Bruyne bekam seinen Willen: City verlängerte seinen Vertrag bis 2025 und erhöhte zugleich sein Gehalt. Seitdem haben weitere Spieler die Zusammenarbeit mit Analytics FC gesucht, unter anderem Héctor Bellerín und die zweimalige Europameisterin Lotte Wubben-Moy.

Der Transfermarkt wird nicht nur von den Managern der Klubs

getrieben, sondern auch von den Beratern. Sie bieten proaktiv ihre Schützlinge bei Vereinen an. Immer mehr Beratungsagenturen behelfen sich dabei mit Daten. Sie arbeiten ähnlich wie so manche Scouting-Abteilung der Klubs: Anhand der Zahlen überprüfen sie, zu welchem Klub ein Spieler wechseln sollte. Memphis Depay verzichtete vor einigen Jahren auf Angebote aus England und Spanien, um stattdessen zu Olympique Lyon zu wechseln: Die Datenanalysten, die seine Berater engagierten, hatten ihn zu diesem Schritt geraten.

Daten fassen also langsam auch auf Spielerseite Fuß. Auf jeden de Bruyne oder Memphis kommt jedoch mindestens ein Skeptiker. Kein Spieler hat sich in den Fußball verliebt, weil er so gerne mit Zahlen arbeitet. Max Kruse ist nicht der einzige Spieler, der sich geweigert hat, eine GPS-Weste zu tragen. Die meisten Fußballer wollen mit dem Thema einfach in Ruhe gelassen werden.

Athletikdaten: Der gläserne Spieler

Die Sommerpause ist für Fußballer wie Sommerferien für Kinder. Vier bis sechs Wochen im Jahr steht nicht der Sport im Mittelpunkt. Einige Spieler leisten sich Sünden, die sie normalerweise aus ihrem Alltag verbannen. Da werden Partys gefeiert, über den Durst getrunken oder Kuchen gegessen bis zum Abwinken. Sicher: Die Klubs geben ihren Schützlingen Trainingspläne mit, damit diese in der neuen Saison körperlich nicht wieder bei null starten. Doch nicht jeder Spieler hält sich an die Vorgaben.

Das böse Erwachen folgt zum Trainingsstart. Noch bevor die Spieler die erste Einheit auf dem Platz absolvieren, müssen sie in den Kraftraum. Die große Testbatterie steht an – von den meisten Spielern gefürchtet, von einigen gar gehasst. Die Tests habe ich im zweiten Teil dieses Buchs vorgestellt, es handelt sich um diverse Übungen, mit denen das Leistungsvermögen der Spieler überprüft wird. Die Spieler müssen springen, sprinten, Gewichte heben und mit ihren Oberschenkeln gegen Widerstände andrücken.

Der unbeliebteste Test unter den Spielern ist der Ausdauertest. Angeschlossen an eine Atemmaske verausgaben sich die Spieler bis zur völligen Erschöpfung. Es beginnt mit einer humanen Geschwindigkeit von 8 Kilometern pro Stunde, schnelles Gehen. Nach und nach wird die Geschwindigkeit gesteigert. Trainer und Mitspieler beäugen genau, wer bis zu 22 oder gar 24 km/h durchzieht – und wer bereits bei 18 oder gar 16 km/h aussteigt. Das ist das fußballerische Äquivalent zu einer Mathearbeit am ersten Tag nach den Ferien.

Die verschiedenen Tests liefern den Athletiktrainern wichtige Daten zur Fitness der Spieler. Wer hat sein Training in der Sommerpause schleifen lassen? Wer geht mit hoher Kondition in die Saisonvorbereitung? An welchen Muskelgruppen müssen die einzelnen Spieler noch feilen? Anhand der Testergebnisse werden für die Spieler individuelle Trainingsziele festgelegt, die sie bis zum Saisonstart erreichen sollen. Am Ende der Vorbereitung folgt bei vielen Klubs der zweite große Test. Nun geht es um die Frage, ob das Training angeschlagen hat. Haben sich die Spieler in den relevanten Kennwerten verbessert? Haben sie vielleicht sogar zu viel trainiert, lässt sich eine gewisse Müdigkeit feststellen?

Testverfahren wie diese gehören im Profifußball mittlerweile zum Standard. Forscher mehrerer britischer Universitäten haben im Jahr 2023 eine Studie zu dem Thema durchgeführt. Sie haben 102 Athletiktrainer aus 24 Ländern gefragt: Welche datenbasierten Testverfahren nutzen Sie? Wie häufig wenden Sie sie an? Und wie werten Sie die anfallenden Daten aus? Das Ergebnis: 85 Prozent der Fitnesstrainer nutzen Testverfahren zur Bestimmung der

Muskelstärke. 82 Prozent messen die aerobe Kapazität ihrer Spieler, 78 Prozent die Kraft, 71 Prozent das Spitzentempo. Selbst die Geschwindigkeit, mit der Spieler die Richtung ändern, wird von 52 Prozent aller Athletiktrainern erfasst. 88 Prozent der befragten Athletiktrainer schicken die Spieler zu Beginn der Sommervorbereitung in die erste Testbatterie. Bei 57 Prozent folgt eine weitere zum Ende der Vorbereitung. 76 Prozent setzen auf weitere Testungen während der Saison.

Seit der Veröffentlichung dieser Studie dürfte sich der Anteil der Athletiktrainer, die datenbasiert arbeiten, noch weiter erhöht haben. Während früher vor allem die Erfahrung der Athletiktrainer und das Gefühl der Athleten im Vordergrund standen, arbeiten sie heutzutage mit objektiveren Kennwerten.

Die häufigste Einschränkung, der Athletiktrainer unterliegen, ist die Zeit. Viele würden gerne mehr Testungen durchführen. Allerdings ist das kaum möglich: Die meisten Trainer wollen ihre wenigen intensiven Trainingseinheiten nicht dafür opfern, athletische Tests durchzuführen. Einige Athletiktrainer behelfen sich damit, kleinere Testungen in das tägliche Training einzubauen. Ein Spieler, der im Fitnessraum trainiert, könnte dazu einen Standsprung ausführen oder ein Gewicht stemmen.

Viele sagen aber auch, ihr größtes Problem sei nicht die Zeit – sondern das fehlende Verständnis für ihre Arbeit. Cheftrainer hätten andere Prioritäten, als physische Tests durchzuführen. Auch die Spieler seien nicht immer kooperativ. Dabei ist gerade Letzteres besonders wichtig: Die Daten können nur ein akkurates Bild vermitteln, wenn die Spieler die Tests ernst nehmen. Ein halbherziger Sprint verzerrt die Daten bis zur Unkenntlichkeit.

Da sind wir bei einem weiteren Problem angelangt: die Datenqualität. Nehmen wir das Beispiel eines Squat-Sprungs. Hierbei soll der Spieler in die Hocke gehen und anschließend möglichst hoch springen. Doch wie tief soll er in die Hocke gehen? Wie bewerte ich einen Sprung, bei dem der Spieler nicht richtig in die Bewegung kommt? Bewerte ich nur einen Sprung – oder lasse ich den Spieler mehrere Sprünge machen und bilde einen Mittelwert? Nur wenn diese Tests immer gleich durchgeführt werden, sind die Ergebnisse auf lange Sicht vergleichbar.

Die nächste Frage lautet, wie man die Testergebnisse auswertet. Die meisten Fitnesstrainer sind sich einig, dass eine langfristige Begleitung eines Athleten optimal ist. So lassen sich individuelle Spitzenwerte über einen längeren Zeitraum bestimmen. Das ist im Fußball jedoch selten möglich. Wenn ein Spieler mehr als zwei Jahre beim selben Verein kickt, gilt er bereits als treue Seele. Entsprechend arbeiten viele Fitnesstrainer mit Benchmarks. Die Firma VALD wertet für ihre Testgeräte die Ergebnisse aller Fußballer auf der Welt aus. Dadurch lassen sich nicht nur Durchschnitts- und Grenzwerte festlegen, sondern auch positionsbezogene Profile erstellen. Ein Außenverteidiger etwa führt im Schnitt mehr Sprints aus, ein zentraler Mittelfeldspieler läuft mehr Kilometer bei niedriger Intensität. Dies spiegelt sich in ihren Leistungen in den Tests wider. Manche Fitnesstrainer definieren mithilfe dieser Richtwerte klare Grenzwerte, welche die Spieler erreichen sollen.

Andere sehen das kritisch. Einer sagte mir, dass er seinen Spielern davon abrate, auf diese Vergleichswerte zu schauen. Niemand wisse, wie sie zustande gekommen seien. Schon eine leicht tiefere oder höhere Haltung beim Squat Jump verändere das Ergebnis gravierend. Für ihn sei daher Kongruenz das wichtigste Merkmal dieser Testungen. Das bedeutet: Der Spieler muss über mehrere Testungen exakt denselben Test unter exakt derselben Anleitung von ein und demselben Mitarbeiter durchführen. Nur so lässt sich sicherstellen, dass die Daten zwischen den verschiedenen Testungen vergleichbar sind. Das führt wiederum zu Kapazitätsproblemen: Wenn der passende Athletiktrainer frei hat oder aus anderen Gründen nicht vor Ort ist, kann der Test nicht durchgeführt werden.

Feste Ziele für die Spieler bei Testungen zu etablieren, ruft wiederum Goodhearts Gesetz auf den Plan. Es leitet sich von einem Aufsatz ab, den der Wirtschaftswissenschaftler Charles Goodheart 1975 veröffentlicht hat. «Wird eine Maßeinheit zu einem Ziel umgewandelt, ist sie keine gute Maßeinheit mehr», so Goodheart. Die Logik dahinter: Wenn der Klub einen festen Grenzwert für den Spieler setzt, möchte der Spieler diesen Wert erreichen – koste es, was es wolle. Genau darum soll es bei Fitness-Testungen aber nicht gehen: Es soll ein ehrliches Abbild liefern über die derzeitige Leistungsfähigkeit eines Spielers. Wenn ein Test jedoch wie eine Klausur behandelt wird, die man bestehen oder nicht bestehen kann, ist das Ergebnis ein Leistungstest – und kein unabhängiger Messwert.

Aus diesen Gründen sehen nicht alle im Fußball die Testungen positiv. Besonders im Bereich Daten bedeutet mehr nicht immer auch besser. Genau wie bei den Scouting-Daten muss ein Verein definieren, was er mit seinen Testungen messen möchte. Was lässt sich anhand der ausgewählten Tests auswerten? Und wie integriere ich die Ergebnisse in die tägliche Arbeit? Daher gibt es im Fußball keine zwei Vereine, die exakt dieselben Testungen durchführen. Der eine Klub bestimmt öfter die Stärke einzelner Muskelgruppen, während andere Teams darauf achten, dass die Antrittsgeschwindigkeit ihrer Spieler nicht abfällt. Auch im athletischen Bereich sollte immer die Spielphilosophie im Vordergrund stehen. Aus dieser heraus lassen sich Übungen entwickeln, welche Aufschluss geben über Fitness und Zustand der Spieler.

Verletzungsprävention: Wenn der Oberschenkel rot leuchtet

Was geschieht mit all den Daten, die während der Tests erhoben werden? Die physischen Daten müssen genau wie die Scouting-Daten übersetzt werden. Dieses Vorgehen haben wir bereits beim Thema Scouting kennengelernt: Hierbei werden die Daten aus den Testungen mit den übrigen physischen Daten abgeglichen. Die Bewegungsdaten aus Training und Spiel fließen genauso ein wie die Blutwerte des Spielers sowie die Ergebnisse aus den täglichen Befragungen. Am Ende erhält der Spieler einen Wert zwischen 1 und 100. Darüber lässt sich mit einem Blick schließen, wie fit der Spieler aktuell ist. Ein Spieler mit dem Wert 100 ist voll einsatzbereit. Ein Spieler mit dem Wert 1 hat gerade eine lange Verletzung hinter sich und muss erst langsam herangeführt werden.

Um weiterführende Informationen über den Spieler abrufen zu können, haben die meisten Klubs eigene Dashboards gebastelt. Diese sind nicht in das Scouting- und Taktik-Dashboard eines Teams integriert. Das hat vor allem Datenschutzgründe: Die Fitness-Daten der Spieler enthalten teils hochsensible medizinische Werte, die ausschließlich ausgewählte Mitarbeiter abrufen dürfen.

Ein Vereinsmitarbeiter, der selbst anonym bleiben möchte, gibt mir einen geschwärzten Einblick in solch ein Dashboard. In dem Dashboard sind fein säuberlich alle Spieler des Vereins gelistet. Fitte Spieler leuchten grün, verletzte oder überlastete Spieler rot. Die Kennwerte hat er selbst anhand der Daten des Klubs entworfen. Wenn man auf einen Spieler klickt, lässt sich sein Fitnessstand detaillierter auswerten. Eine Grafik des Körpers zeigt, welche Körperpartien fit sind und wo ein Spieler aktuell Probleme hat. Ein Akteur, den er mir zeigt, hatte zuletzt mit einer Verletzung im Sprunggelenk zu kämpfen. Teile seines linken Beins leuchten rot;

das andere Bein ist hingegen grün eingefärbt. Es wird deutlich, dass ein muskuläres Ungleichgewicht vorliegt. Dies muss der Spieler erst langsam abbauen, ehe er in den normalen Trainingsbetrieb zurückkehren darf.

Auch hier geht es wieder darum, die abstrakten Daten aus all den verschiedenen Tests so aufzubereiten, dass sie leicht verständlich sind. Das Trainerteam soll einen möglichst schnellen Einblick bekommen, wie fit ein Spieler ist. Im zweiten Schritt kann man individuelle Trainingsziele für einen Spieler formulieren. Die Fitnesstrainer arbeiten hier eng mit den Cheftrainern zusammen. Das oberste Ziel lautet, dass die Akteure am Spieltag ihre Topform abrufen können. Die Auswertung der Daten folgt einem weiteren Zweck: Die Vereine wollen vermeiden, dass sich die Spieler verletzen. Verletzungen sind ein großes Grauen für jeden Fußballverein. Oftmals muss das Trainerteam die eigenen Planungen komplett umwerfen, sobald ein Spieler für längere Zeit ausfällt. Auch auf den Verein kann dies große Auswirkungen haben: Ein Spieler verliert an Marktwert, sobald er fehlt. Es sind bereits hochpreisige Transfers ins Wasser gefallen, nur weil sich ein Spieler eine kleinere Blessur zugezogen hat.

Laut der Versicherungsfirma Howden treten in der Bundesliga im Schnitt 1235 Verletzungen pro Saison auf. Nicht jeder Ausfall lässt sich verhindern. Bayern-Fans verzieht sich sofort der Mundwinkel, sobald sie an Jamal Musialas Verletzung während der Klub-WM denken. Paris Saint-Germains Torhüter Gianluigi Donnarumma war dem Bayern-Talent derart ins Bein gesprungen, dass dessen linker Fuß im Neunzig-Grad-Winkel abstand. Ergebnis: ein ausgerenktes Sprunggelenk und ein gebrochenes Wadenbein. Keine Maßnahme auf der Welt hätte Musiala vor dieser schlimmen Verletzung bewahrt.

Die wenigsten Verletzungen im Fußball entstehen jedoch nach

einem Kontakt mit einem Gegenspieler. Ein Forscherteam der Universität Saarland wertete öffentlich zugängliche Verletzungsdaten der Bundesliga in der Zeitspanne zwischen 2014 und 2021 aus. 50 Prozent der Verletzungen in diesem Zeitraum waren muskulärer Natur. Am häufigsten traten Verletzungen an der Oberschenkelmuskulatur auf, die gänzlich ohne Gegnerkontakt zustande gekommen waren. Fast 20 Prozent aller Verletzungen fielen in diese Kategorie. Manchmal genügt es, wenn ein Spieler einen Sprint zu viel ansetzt – und schon zwickt der Oberschenkel.

Wie sich Blessuren am Muskelapparat verhindern lassen, ist eine der meistdiskutierten Fragen der Sportwissenschaften. Viele Faktoren begünstigen Muskelverletzungen: Überlastung erhöht das Risiko genauso wie Stress oder Müdigkeit. Bei extremen Temperaturen ist der Muskelapparat anfälliger, besonders wenn ein Spieler an einem kalten Tag seine Muskulatur nicht ordentlich aufwärmt. Selbst kleinste Faktoren beeinflussen die Wahrscheinlichkeit einer Verletzung. So haben Forschende herausgefunden, dass Muskelverletzungen nach einer Covid-Infektion im Schnitt häufiger auftreten als bei gesunden Spielern. Bei Fußballerinnen wiederum spielt der Menstruationszyklus eine wichtige Rolle. Forscher aus Barcelona fanden heraus, dass Frauen sich während der Menstrualblutung zwar nicht häufiger verletzen, eventuell erlittene Verletzungen in dieser Zeit aber schwererer Natur sind.

Fitnessdaten können helfen, Auszeiten für einen Spieler zu definieren. Wenn ein Spieler in den relevanten Kennwerten abfällt, erhält er eine Pause. Im Fußball bezeichnet man dies als «Load Management»: Ein Spieler soll nur so viel Belastung erhalten, wie sein Körper verträgt. Das bedeutet nicht immer, dass der Spieler zu Hause bleiben darf. So kann etwa auch nur die Trainingslast für den Spieler beschränkt werden. Das kann bedeuten, dass er bei besonders intensiven Übungen nicht mittrainieren darf. Manchmal heißt es auch einfach, dass ein Spieler nicht mehr als 80 Prozent seiner Maximalgeschwindigkeit abrufen soll.

Wenn dies nicht genügt, beschränken die Athletiktrainer zusammen mit der medizinischen Abteilung die Spielzeit eines Akteurs. In Absprache mit dem Spieler und geleitet durch dessen Daten wird bestimmt, wie lange ein Akteur maximal auf dem Feld stehen darf. Fans kennen dies von Spielern, die nach einer langen Verletzung zurückkehren: Zunächst wechselt der Trainer sie nur für wenige Minuten ein. Nach und nach wird ihre Spielzeit erhöht, ehe sie nach einigen Partien in die Startelf zurückkehren. Wie lange ein Spieler auf dem Feld stehen darf, wird dabei zumeist durch die medizinische Abteilung bestimmt. Daten helfen, dass dieser Prozess für Spieler und Trainer nachvollziehbarer verläuft.

Immer mehr Klubs legen großen Wert auf dieses Zusammenspiel. Zu Beginn des Jahres 2026 trennte sich der FC Chelsea von Trainer Enzo Maresca. Das Sport-Magazin *The Athletic* berichtete, dass der Italiener nicht allein über seine schwachen Ergebnisse stolperte. Maresca hatte mehrfach Spieler entgegen den ausdrücklichen Warnhinweisen der medizinischen Abteilung in die Startelf berufen. Diese hatten die Spielminuten für einzelne Spieler beschränkt. Chelseas Führungsabteilung erwartet jedoch, dass der Trainer auf die medizinische Abteilung hört – und nicht umgekehrt. Es zeigt sich: Auch hier ist der klar definierte Prozess mindestens genauso wichtig wie die Erhebung der richtigen Daten.

Wie erkennen Vereine, dass ein Spieler überlastet ist? Wenn Spieler in einzelnen Testungen des Muskelapparats schlechter abschneiden als in der Vergangenheit, kann dies auf eine Überbelastung hindeuten. Dasselbe gilt für einen plötzlichen Abfall der Sprintgeschwindigkeit oder eine erhöhte Herzfrequenz bei niedriger Belastung. Das Problem: Ein einzelner Mensch kann all die anfallenden Daten nur schwer auswerten. Gerade durch die Bewegungssensoren der Spieler fällt eine unfassbare Menge an Daten an. Wie soll ein Mensch bei 23 Spielern im Kader erkennen, wenn ein Akteur plötzlich langsamer beschleunigt?

Auch in diesem Bereich lautet die Lösung: künstliche Intelligenz. Die Vereine werfen all ihre Daten in ein Computerprogramm, dann sucht die KI per maschinellem Lernen einen Zusammenhang zwischen Verletzungen und den physischen Daten der Spieler. In Zukunft weiß man dann, beim Rückgang welcher Werte der Verein hellhörig werden muss. Im Idealfall kann die KI direkt eine Empfehlung geben, ob der Trainer seinen Spieler einsetzen oder besser schonen sollte.

Wer eine solche künstliche Intelligenz sucht, wird bei Zone7 fündig. Die amerikanische Firma verspricht, mittels KI vorhersagen zu können, ob ein Spieler sich bald verletzen könnte. Die Bewertung basiert auf einer Wahrscheinlichkeitsberechnung. Dafür müssen die Klubs nur die Bewegungs- sowie Herzfrequenzdaten ihrer Spieler zur Verfügung stellen. Anschließend erhält der Verein für jeden Spieler eine Risikoauswertung: Wie wahrscheinlich ist eine Verletzung in den kommenden sieben Tagen? Zone7 stuft die Spieler in drei Kategorien ein: niedriges Risiko (grün), mittleres Risiko (gelb) und hohes Risiko (rot). Eine Ampel zeigt das Ergebnis in visueller Form. Im Schnitt markiert Zone7 in jeder Woche ungefähr drei Spieler eines Teams als verletzungsanfällig.

Anhand der Daten, die Zone7 von den Klubs erhalten hat, konnte man die eigene Software prüfen. Das Ergebnis: Über 70 Prozent aller Verletzungen hätten mithilfe der Ampel von Zone7 verhindert werden können. 56 Prozent aller Spieler, die sich verletzten, hätte die KI in den sieben Tagen zuvor in die Kategorie «hohes Risiko» eingestuft, 16 Prozent hätten ein «mittleres Risiko» erhalten. Wichtig zu betonen ist, dass die KI nicht anhand dieser Daten trainiert wurde; das hätte zu Verzerrungen geführt. Das Versprechen der

Firma: Wer die Belastung seines Teams mithilfe der Einschätzung der KI steuert, riskiert weniger Verletzungen.

Die Stolpersteine einer solchen KI sind bekannt: Wie genau der Algorithmus der Firma vorgeht, bleibt ein Betriebsgeheimnis. Die Klubs müssen darauf vertrauen, dass die Firma ihre Daten ordnungsgemäß auswertet. Zugleich kann die KI nur funktionieren, wenn die Klubs selbst ihre Bewegungsdaten ordentlich erheben. Wenn Klubs schludrig arbeiten, kann es zu Verzerrungen führen. Ironischerweise wird die KI stets besser, je mehr Klubs die Software einkaufen: Die entstehenden Daten werden anonymisiert genutzt, um den Algorithmus zu verbessern.

Das größte Problem sind die sogenannten falsch positiven Warnungen. Es handelt sich dabei um Spieler, welche die Software mit einem hohen Verletzungsrisiko einstuft – die sich aber nie verletzen. Selbst die beste KI spuckt nur Mittelwerte aus, basierend auf den Erfahrungen aus der Vergangenheit. Dazu sucht die KI nach Mustern in den Daten und vergleicht vermeintlich ähnliche Spielertypen. Manche Spieler sind aber im wahrsten Sinne des Wortes unvergleichlich – sei es, weil sie sich nie oder weil sie sich ständig verletzen. Für Klubs stellt sich deshalb die Frage: Wie oft lohnt es sich, einen Spieler präventiv aus dem Trainingsbetrieb herauszunehmen? Jeder Verein hat hierauf eine andere Antwort. Zone7 erlaubt es den Vereinen, das Risikomanagement selbst einzustellen. Je nachdem, wie viel Risiko ein Verein einzugehen bereit ist, schlägt der Alarm früher oder später an.

Das ändert aber nichts am Grundproblem: Wie weit sollte man einer KI eine Entscheidung über einen menschlichen Spieler überlassen? Hierzu gibt es ganz unterschiedliche Ansichten unter den Klubs. Einige sind von der Software überzeugt. Zone7 ist unter anderem bei Celtic Glasgow, dem SSC Neapel sowie dem FC Liverpool im Einsatz. Andere wiederum sehen das Thema künstliche

Intelligenz kritischer. Die Spitzenklubs sind indes längst dabei, eigene Algorithmen zu entwerfen. Manche Klubs wiederum nutzen die Daten-Tools als Zusatzinformation. Sie treiben keine Entscheidung voran, können aber mit einfließen, wenn die Belastung eines Spielers festgelegt wird. Das erscheint mir der sinnvollste Weg.

***

Eine spannende Frage in diesem Zusammenhang lautet: Wie oft verletzen sich Spieler? Wenn eine künstliche Intelligenz Verletzungen vorhersagen soll, müssen die Werte stimmen, mit deren Hilfe die KI trainiert wird. Es ist jedoch gar nicht so einfach, Daten zu Verletzungen zu finden. Die bereits erwähnte Studie der Universität Saarland zu Verletzungen in der Bundesliga hat sich auf Daten der Webseite des *Kicker* verlassen. Die Vereine selbst hatten kein Interesse daran, mit den Wissenschaftlern zusammenzuarbeiten. Für die Fitnessabteilungen bedeutet es einen zusätzlichen Zeitaufwand, Verletzungen zu melden. Zudem ist Geheimniskrämerei eine der liebsten Beschäftigungen von Fußballklubs. Es soll bloß niemand erfahren, was im Inneren eines Vereins vor sich geht! Das gilt auch für den Fitnesszustand der Spieler. Es gibt zwar auch Studien, bei denen die Fußballvereine selbst Verletzungsdaten übermitteln; diese sind aber rar und meist auf einzelne Klubs beschränkt.

Die Daten der Vereine sind jedoch entscheidend, um die Zahl der Verletzungen korrekt zu beziffern. Der *Kicker* gibt sich zwar größte Mühe, alle Verletzungen auf der eigenen Webseite aufzulisten. Doch nicht immer geben die Klubs öffentlich bekannt, wenn sich ein Spieler verletzt. Zieht sich ein Spieler unter der Woche eine leichte Blessur zu, ist aber am Samstag spielbereit, erfährt dies die Öffentlichkeit nur selten. Bei manchen Verletzungen geben die

Klubs zudem nur vage Informationen durch. Sie wollen nicht, dass der Marktwert eines Spielers sinkt, weil bekannt wird, dass er ständig mit leichten Muskelbeschwerden zu kämpfen hat. Die Art der Verletzung muss jedoch genau bekannt sein, damit Forscher mit diesen Daten arbeiten können.

Hinzu kommt ein weiteres Phänomen: Vereine lügen die Öffentlichkeit an. Dahinter stecken keine niederen Beweggründe – im Gegenteil. Nicht selten fehlt ein Spieler aufgrund privater Probleme. Diese gehen die Öffentlichkeit nicht unbedingt etwas an. Bei einer «leichten Muskelverletzung im Oberschenkel» fragt niemand nach, wenn der Spieler in Wahrheit ein paar Tage in sein Heimatland fliegt, um die eigene Ehe zu retten.

Auch beim Thema Belastungssteuerung sind die Teams nicht immer ehrlich. Die wenigsten Klubs geben offen zu, wenn ein überlasteter Spieler geschont wird. In den Ohren mancher Fans klingt das, als würde der Spieler blaumachen. «Früher hätte es so was nicht gegeben!», heißt es dann. Damit der Spieler nicht den Zorn der Fans auf sich zieht, schieben Vereine kleinere Verletzungen vor. Ironischerweise soll das Fehlen des Spielers dafür sorgen, dass genau diese Verletzung nicht eintritt.

Die Forscher der Universität Saarland verglichen die Zahlen ihrer Studie mit anderen Arbeiten, bei denen die Forschenden Einblick in Daten der Klubs bekamen. Die Daten wichen nicht so stark ab, wie sie vermutet hatten – aber sie wichen ab. Solche Ungenauigkeiten werden spätestens zum Problem, wenn diese Daten als Grundlage eines KI-Modells genutzt werden sollen. Gerade bei seltenen Verletzungen kann eine falsche Diagnose den gesamten Datensatz ruinieren.

Es gibt daher seit Längerem Bemühungen, Forschern exaktere Daten zur Verfügung zu stellen. Wer in der Champions League spielen möchte, muss sämtliche Verletzungen in ein zentrales

Datenregister eintragen. So sehen es die Bestimmungen der UEFA vor. Dadurch entstand eine anonymisierte Datensammlung, auf die Forschende zugreifen können. Allerdings beschränken sich diese Daten auf die Teilnehmer der Königsklasse. Es lassen sich nur bedingt Rückschlüsse ziehen auf ein durchschnittliches Bundesliga-Team.

Gerade die deutsche Liga tat sich schwer, einen Konsens zu finden in dieser Frage. Dass die Forscher der Universität Saarland Daten des *Kicker* nehmen mussten, lag schlicht daran, dass es keine bessere Datenquelle gab. Das hat sich mittlerweile geändert. Zur Saison 2022/23 tat sich die Deutsche Fußball-Liga (DFL) mit dem Universitätsklinikum Regensburg zusammen. Seitdem müssen die Vereine alle Spieler melden, die mindestens eine Trainingseinheit aufgrund einer Krankheit oder einer Verletzung verpassen.

Dass die Bundesliga-Vereine sich zu einem gemeinsamen Register durchringen konnten, liegt auch am Aufkommen der künstlichen Intelligenz. Immer mehr Vereine arbeiten mit KI-Systemen bei der Vorhersage von Verletzungen. Je mehr Daten in diese Modelle einfließen, umso besser. Diese Datenbank kann helfen, dass Forschende zukünftig neue Zusammenhänge in den Zahlen finden – gerade mithilfe von KI.

Praktisches Beispiel Como 1907: It's the money, stupid!

Im Verlauf meiner Recherche habe ich ein Dutzend Dashboards von verschiedenen Klubs gesehen. Eines hat mich besonders beeindruckt: das von Como 1907. Auf der Hudl Performance Insights 2025 gab Dr. Mo Dabbah einen Einblick in seine Arbeit. Er ist als Comos Chief Technology Officer zuständig für alle Datenbelange des Klubs. Der Verein, dessen Stadion am malerischen Comer See liegt, dümpelte noch vor wenigen Jahren in der vierten italienischen Liga herum. 2019 kaufte ein indonesisches Konsortium den Klub zu einem Spottpreis. Hinter dem Käufer steckte das Brüderpaar Robert Budi und Michael Bambang Hartono, zwei der reichsten Unternehmer Indonesiens. Seitdem pumpen sie massiv Geld in den Klub. Como stieg in den folgenden Jahren mehrfach auf. Aktuell kickt das Team in der italienischen Serie A. Das mittelfristige Ziel heißt Champions League.

Dabbah erklärt, wie tiefgreifend Daten in alle Prozesse des Klubs eingewoben sind. Sämtliche Daten fließen in eine gemeinsame Datenbank, auf die sich über das Dashboard zugreifen lässt. Die Mitarbeiter können sofort sehen, wie fit die einzelnen Spieler sind, welche potenziellen Transferkandidaten in die Spielphilosophie passen oder welche Zonen der kommende Gegner besonders häufig bespielt. Der Verein hat eigens eine App entwickelt, die alle Mitarbeiter nutzen dürfen.

Was mich besonders beeindruckt, ist das Design der Anwendung. Viele Dashboards, die mir gezeigt wurden, krankten an einem eher rudimentären Interface. Das kommt wenig überraschend: Die Klubs müssen die Anwendungen nicht nur selbst entwickeln, sondern auch auf einem eigenen Server hosten. Um beides zu wuppen, sind hohe Investitionen nötig. Bei den meisten Klubs sehen die Dashboards daher eher spartanisch aus – als würde man ins Jahr 2005 zurückreisen und seine Freunde auf StudiVZ suchen. Der Fokus liegt auf anderen Bereichen.

Ganz anders Como. Über eine saubere Menüführung und schön gestaltete Buttons kann man zwischen den verschiedenen Unterpunkten hin und her springen. Für kaum eine Anwendung muss man mehr als zwei Klicks weit gehen. Selbst als Dabbah mehrere komplexe Filter in der Scouting-Anwendung setzt, spuckt die Seite binnen weniger Sekunden eine Liste potenzieller Kandidaten aus – inklusive Wertung und Einschätzung, wie gut der Spieler in den Klub passt.

Ich will von Dabbah wissen, wieso Comos Anwendung so viel schöner aussieht als alle anderen Dashboards, die ich bisher gesehen habe. Ganz einfach, antwortet er: Como hat einen Mitarbeiter eingestellt, der sich ausschließlich um das Design kümmert. Er gestaltet die Visualisierungen, entwirft eigene Logos für die Unterpunkte, kümmert sich um Schriftarten und Farbauswahl. Ein eigener Designer? Wäre das Geld nicht besser angelegt in Programmierer und Datenanalysten? Die habe der Verein genug, sein Department umfasse aktuell zwölf Mitarbeiter. Dabei solle es aber nicht bleiben: Derzeit habe der Klub weitere Stellen ausgeschrieben, so Dabbah.

Dass Como einen Schwerpunkt auf das Thema Daten legt, war mir bekannt. Dass sie um die 15 Leute allein in ihrer Datenabteilung beschäftigen, ist allerdings auch für mich bemerkenswert. Selbst die europäischen Spitzenklubs kommen nicht auf diese Zahl, von den meisten Bundesligisten ganz zu schweigen. Dank dieser Manpower hat sich Como einen Vorsprung gegenüber der Konkurrenz erarbeitet. Dabbah sagt, dass sie praktisch keine IT-Themen mehr bearbeiten müssen: Alle Daten fließen über die richtigen Schnittstellen exakt dorthin, wo sie gebraucht werden. Die Datenanalysten hätten dadurch mehr Zeit für die wichtigen Themen: Sie entwickeln Modelle, tauchen tief in die Daten ein und designen neue Visualisierungen.

Es ist keine Überraschung, dass Como ein weitaus besser funktionierendes Dashboard vorweisen kann als die meisten anderen Vereine. Viele Klubs müssen noch immer die kleinen Stolpersteine abarbeiten: Sie müssen ihre verschiedenen Datenquellen harmonisieren, Datenbanken aufbauen, automatische Auswertungen entwerfen – und das mit zwei oder drei Mann. Como hingegen hat Experten für jedes Gebiet angestellt.

Hier kommt die älteste Wahrheit eines jeden Gewerbes zum Tragen: Je mehr Geld eine Firma investiert, umso mehr bekommt sie heraus. Como sieht das Thema Daten nicht als Anhängsel innerhalb der Athletik- oder Scouting-Abteilung. Stattdessen hat man eine eigene Abteilung gegründet und massiv Geld investiert. Damit erhofft man sich einen Vorsprung gegenüber der Konkurrenz.

Fazit: Daten treffen keine Entscheidungen – sie unterstützen

Ob Daten wirklich ein derart großes Investment rechtfertigen? Das wage ich nicht zu beurteilen. Fakt ist: Zahlen sind aus dem Fußball nicht mehr wegzudenken. Über Datenmodelle lassen sich Spieler finden, die man vielleicht nicht auf dem Schirm hatte. Im taktischen Bereich helfen sie Trainern und Videoanalysten, Zeit zu sparen und die eigene Spielphilosophie auszuwerten. Im athletischen Bereich erkennt künstliche Intelligenz Verletzungen, bevor sie entstehen.

Immer mehr Klubs setzen in all den genannten Bereichen auf die Hilfe von Datenanalysten. Fußballvereine sind immer daran interessiert, aktuelle Trends aufzunehmen. Wenn ein neues Konzept oder eine Beraterfirma einem Klub auch nur einen minimalen Leistungssprung verspricht, beißen Sportdirektoren sofort an. Das Thema Daten ist derzeit in aller Munde, spätestens seit dem KI-Boom durch ChatGPT. Kein Manager will sich vorwerfen lassen, das neueste technologische Wunder verpasst zu haben.

Nicht selten entsteht dadurch bei den Klubs ein Flickenteppich. Da wird hier ein Scouting-Dashboard gebastelt und dort ein neues

KI-Tool eingekauft. Gern wird das offensiv in einer Pressemitteilung nach außen getragen: Seht her, wir sind modern! Doch wenn am Ende der Sportdirektor weiter einsam seine Entscheidung trifft oder der Trainer die Hinweise der Athletik-Abteilung ignoriert, nützen die modernsten Modelle und KI-Lösungen wenig.

Dabei lassen sich gerade die Sportdirektoren in Deutschland gerne blenden von den Versprechungen externer Anbieter. Sie kaufen Kennwerte und KI-Tools ein, ohne diese in eine größere Strategie einzubinden. In vielen Fällen wäre es stattdessen sinnvoller, erst einmal die Basics abzuarbeiten. Die Arbeit mit Tracking-Daten oder maschinelles Lernen sind derart komplex, dass gerade kleinere Vereine sich hier leicht verrennen können. Ted Knutson fasste es mir gegenüber treffend zusammen: «Wenn ein Klub die Arbeit mit Event-Daten perfektioniert, ist er heutzutage noch immer besser als 90 Prozent aller anderen Vereine.» Ein Expected-Threat-Modell zu entwickeln, klingt aber nicht so spektakulär, wie ein KI-Sprachmodell Antworten liefern zu lassen.

Insofern soll dieses Kapitel keinen falschen Eindruck vermitteln. Es gibt Vereine, die viel mit Daten arbeiten. Neben den bereits erwähnten Klubs verfügen der AC Mailand und der FC Barcelona über große Datenabteilungen. In Deutschland ist vor allem Eintracht Frankfurt Vorreiter auf diesem Gebiet. Doch zur Wahrheit gehört auch: Bei den meisten Klubs ist die Datenabteilung nur eine winzig kleine Abteilung, die über keinerlei Entscheidungsmacht verfügt. Es gibt noch zur Genüge Analysten, die in der Ecke herumsitzen wie Hauspflanzen.

Damit möchte ich nicht andeuten, dass ich es befürworten würde, den Nerd aus der Datenabteilung zum Vorstandsvorsitzenden zu befördern. Daten haben stets eine zuarbeitende Funktion. Der größte Vorteil von Daten lautet, dass sie unabhängig sein können von den Launen und Emotionen. Ich schreibe «können», da sich auch mit Zahlen viel Schindluder treiben lässt. In den Untiefen der Event-Daten oder Tracking-Modelle findet sich immer irgendeine Statistik, die exakt darlegt, warum ausgerechnet mein Lieblingsspieler der Beste ist. Nur wer bereit ist, seine Annahmen auch zu hinterfragen, kann aus Zahlen einen Nutzen ziehen.

Wem das gelingt, der kann das Fußballspiel auf völlig neue Arten analysieren. Vorbei sind die Zeiten, als allein Pässe und Schüsse gezählt wurden. In allen Bereichen kann man mit Daten tiefgehende Erkenntnisse über den Sport gewinnen. Dabei sind diese Zahlen kein Hokuspokus. Wer einen guten Kennwert festlegt, tut damit nichts anderes, als das Geschehen auf dem Feld in eine andere Sprache zu übersetzen. Genau darum sollte es gehen: um den Erkenntnisgewinn über das Spiel selbst.

4

DIE ZUKUNFT DER DATENANALYSE

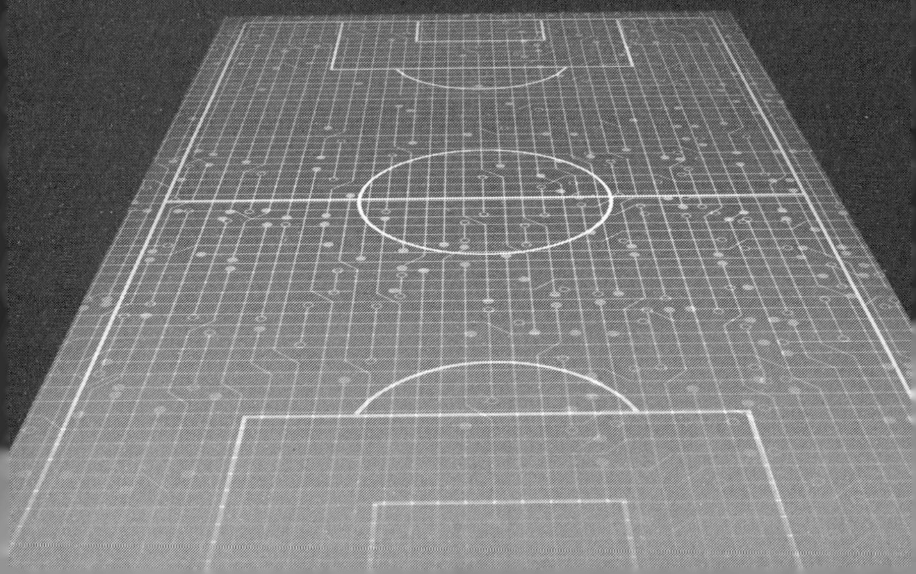

Die Datenrevolution im Fußball hat gerade erst begonnen. Bald wird es möglich sein, langfristige Trends anhand von Daten zu beobachten. Wie verändert sich der Fußball? Und wie verändert sich das Geschäft mit den Daten?

Bereits im letzten Kapitel haben wir einen kurzen Blick in die Zukunft erhascht. Mithilfe von maschinellem Lernen und komplexer Algorithmen lassen sich die Datenmengen im Fußball immer besser auswerten. Künstliche Intelligenz hilft, Szenen in Fußballspielen automatisch zu erkennen. Das ist erst der Anfang. Mittelfristig wird auch die Jugendausbildung von den Datenbergen profitieren. Was muss ein Profifußballer mitbringen – und wie kann man junge Talente bestmöglich schulen? Forscher suchen anhand von Daten bereits Antworten auf diese Fragen.

Die Datensammelwut kennt indes kein Ende. Es soll auch das tiefste Innere eines Sportlers vermessen werden. Wird es bald psychologische Daten geben, die einen Rückschluss geben auf den Charakter eines Spielers? Können DNA-Analysen helfen, den Superstar von morgen zu entdecken? Dieses Kapitel stellt einige der neuesten Innovationen vor. Zugleich stellt sich die Frage: Sollten wir alles, was sich messen lässt, auch wirklich messen?

Talentsuche: Daten über die Superstars von morgen

Viele deutsche Weltmeister von 2014 haben ihre Karrieren noch zu einer Zeit begonnen, als nicht jede Aktion auf dem Feld vermessen wurde. Niemand hat Lukas Podolski in der U-Nationalmannschaft nach seinen Packing-Werten bewertet. Mats Hummels musste in seinen Jugendtagen keine GPS-Weste tragen. Miroslav Klose hat nicht einmal ein Nachwuchsleistungszentrum von innen gesehen.

Den Jugendspielern von heute geht es ganz anders. Über sie werden unzählige Daten gesammelt. Das geht schon bei den jüngsten Talenten los. Der Deutsche Fußball-Bund hat im Jugendbereich Leistungstests entwickelt, um die Fähigkeiten junger Spieler vergleichen zu können. Das geht bereits bei 10-Jährigen los. So müssen die Spieler durch einen Parcours dribbeln, den Ball hochhalten oder Hütchentore abschießen. Am Ende erhalten sie eine «Player Card». Auf dieser ist ihr Prozentrang in sechs verschiedenen Kategorien aufgeführt: Antritt, Schnelligkeit, Gewandtheit, Ballkontrolle, Dribbling und Balljonglieren. Nicht zufällig sehen diese Player Cards aus wie die Ultimate-Team-Karten aus der Videospielreihe *FC* von EA Sports. Die digitale Fußball-Simulation ist bei Jugendlichen beliebt. Anhand der Testergebnisse kann der DFB jene Talente herausfiltern, die eine besondere Förderung verdienen. An 340 Stützpunkten bietet der Verband spezielle Trainings für begabte Jugendliche an.

Auch Profivereine setzen bei ihrer Talentfindung solche datenbasierten Verfahren ein. So lässt sich die Leistung verschiedener Spieler leicht miteinander vergleichen. Die großen Klubs bilden junge Fußballer schließlich nicht aus Nächstenliebe aus. Sie stellen ihre Jugendmannschaften zusammen in der Hoffnung, den Superstar von morgen zu finden. In den Nachwuchsleistungszentren der Bundesliga werden sie in allen Belangen des Fußballspielens geschult: von der technischen über die körperliche bis hin zur taktischen Seite. Bei der Ausbildung helfen auch Daten: Die Jugendspieler müssen genauso wie ihre erwachsenen Kollegen Testbatterien über sich ergehen lassen. Auch im Spielbetrieb werden Daten erhoben. Die Firma Impect bietet ihre Packing-Werte inzwischen auch für die Junioren-Bundesliga an.

Doch gleich, wie talentiert ein 12 Jahre alter Nachwuchskicker sein mag: Niemand kann mit Gewissheit vorhersagen, ob er viele Jahre später Profifußballer werden wird. Auf dem Weg kann viel schiefgehen. Das Talent könnte sich verletzen, sich irgendwann fußballerisch nicht mehr weiterentwickeln oder schlicht die Lust am Sport verlieren. Doch die Plätze in den Nachwuchsleistungszentren sind begehrt. Nur die talentiertesten Spieler dürfen bleiben. Die Klubs sieben deshalb regelmäßig Jugendliche aus. Den Sprung in den nächsten Jahrgang schaffen nur jene, denen der Klub eine große Zukunft zutraut. Die richtigen Talente auszuwählen, ist eine Wissenschaft für sich. Werder Bremen sortierte einst einen 16 Jahre jungen Mittelstürmer namens Deniz Undav aus. Sie trauten ihm aufgrund seiner geringen Körpergröße nicht zu, eines Tages in der Bundesliga zu kicken. Undav musste einen Umweg gehen über Meppen, Saint-Gilloise und Brighton, um letztlich doch noch in der Bundesliga anzukommen.

Werder war damals ein Fehler unterlaufen, den schon viele Vereine begangen haben: Man unterschätzte einen Spieler, der körperlich hinter seinen Altersgenossen hinterherhinkte. Im Januar geborene Spieler sind in ihrer körperlichen Entwicklung häufig weiter als Mitspieler des gleichen Jahrgangs, die ihren Geburtstag im Dezember feiern. Undav ist am 19. Juli geboren, also im dritten Quartal. Spät im Jahr geborene Jugendliche haben es schwerer, bis in die U17 oder U19 übernommen zu werden. Fußball ist ein Ergebnissport. Selbst in den Nachwuchsligen wagen es nur wenige

Teams, eine Mannschaft aus im Dezember geborenen Spielern aufzustellen. Sie ist einer Mannschaft aus Januarkindern in der Regel körperlich unterlegen. Selbst wenn beide Teams in technischen, konditionellen und taktischen Belangen gleich stark sind: Im Zweifel setzt sich das robustere Team durch.

Dieser Effekt ist als «Relative Age Effect» bekannt und in der Talentselektion weit verbreitet. Forscher der Universität Halle-Wittenberg haben die Kader der U17- sowie U19-Bundesliga-Teams der Saison 2022/23 auf die Frage hin untersucht, in welchem Quartal die Jugendspieler geboren sind. Das Ergebnis: 44 Prozent aller U17-Spieler wurden im ersten Quartal geboren. Nur neun Prozent aller Akteure feierten im vierten Quartal ihren Geburtstag. In der U19 fielen die Zahlen ähnlich aus. Gleichzeitig wiesen die Wissenschaftler nach, dass der Relative Age Effect im Profibereich nicht mehr so stark zu beobachten ist: Die Geburtstage älterer Spieler in der dritten Bundesliga waren über alle vier Quartale gleich verteilt. Andere Untersuchungen haben nachgewiesen, dass früher geborene Spieler zwar in körperlichen Tests besser abschneiden. Bei den technischen Fähigkeiten lässt sich innerhalb eines Jahrgangs aber kaum ein Unterschied nachweisen. Das deutet an, dass die Vereine in ihrer Nachwuchsarbeit ineffizient vorgehen: Sie bevorzugen früh geborene Spieler, ohne dass diese später signifikant mehr Profifußballer stellen.

Diese Daten unterstreichen: Bei der Talentselektion der Fußballvereine gibt es Verbesserungspotenzial. Doch wonach entscheiden Fußballvereine, welche Spieler sie ausbilden – und welche sie aussortieren? Liegen hierzu Daten vor? Das wollte ich von Dr. Stefan Altmann erfahren. Altmann bekleidet gleich zwei Posten: Er forscht am Karlsruher Institut für Technologie zum Thema Leistungsdiagnostik und leitet zugleich das TSG ResearchLab. Das TSG ResearchLab ist eine Tochter der TSG Hoffenheim. Finan-

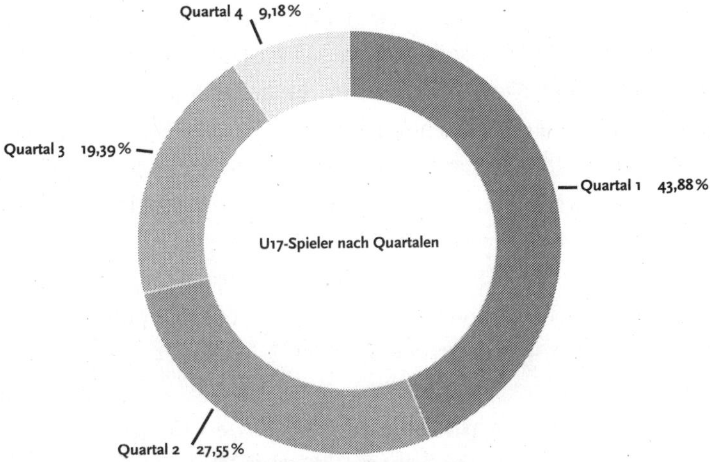

Relative Age Effect: Geburtsmonate der Spieler in der deutschen U17-Bundesliga. Datenquelle: Universität Halle-Wittenberg.

ziert wird es von der Dietmar-Hopp-Stiftung. Das sorgt für eine einzigartige Kombination im Profifußball: Das Research Lab hat Zugriff auf alle Daten des Muttervereins. Zugleich ist das Research-Lab eine gemeinnützige Organisation, was bedeutet, dass sämtliche Forschungsergebnisse veröffentlicht werden müssen. So sind die Erkenntnisse des Klubs einsehbar. Das ist eine Ausnahme im intransparenten Profifußball.

Ich interessiere mich vor allem für ein Projekt, bei dem sich die Forscher mit der Talentselektion in Hoffenheims Jugendteams beschäftigt haben. Sie suchten nach Faktoren, die voraussagen können, ob ein Jugendspieler in die nächsthöhere Mannschaft übernommen wird – oder nicht.

Um die technischen Fähigkeiten der Spieler zu messen, hat die TSG gleich mehrere schwere Gerätschaften angeschafft. Eine hört auf den Namen Footbonaut. Hierbei absolvieren die Spieler in einem quadratischen Käfig eine Passübung. Die Wände bestehen aus zwei Reihen mit jeweils 36 quadratischen Toren. Eine Maschine spielt dem Spieler einen Ball zu. Anschließend leuchtet eines der 72 Tore auf. Der Spieler muss den Ball in dieses Tor spielen. Je mehr Tore ein Spieler in einer vorgegebenen Zeit trifft, umso besser. Dieses Gerät soll den Spielern helfen, die eigene Technik zu schulen. Nur wer den Ball perfekt verarbeitet, kann Höchstwerte erzielen. Nebenbei dient der Footbonaut als Datenlieferant: Wer besser abschneidet, erhält einen höheren Score. So kann man die technische Entwicklung eines Spielers datenbasiert messen. (Den Rekord hält übrigens Mario Götze. Autor Raphael Honigstein führt in seinem Buch *Der vierte Stern* Götzes Tor im WM-Finale auf sein jahrelanges Training im Footbonaut zurück.)

Besonders stolz ist Altmann auf eine Testumgebung, mit deren Hilfe die TSG das Spielverständnis ihrer Talente misst: die Helix. Die Spieler stehen hierbei in der Mitte eines kreisrunden Raums. Die Wände sind mit Bildschirmen gepflastert. In dieser virtuellen Umgebung müssen die Fußballer sich in realen Spielsituationen erproben. Der Spieler muss in den unterschiedlichen Szenarien die optimale Passoption finden. Ein Expected-Threat-Modell misst, wie effektiv die Lösung des Spielers war.

Die TSG Hoffenheim hat zahlreiche Daten gesammelt, über mehrere Jahrgänge hinweg: physische Daten aus den Testbatterien, psychologische aus Fragebögen und kognitive aus computerbasierten Tests. Hinzu kamen Daten zur technischen Stärke aus dem Footbonaut. Welche Daten geben Aufschluss darüber, wie groß die Chance eines Spielers ist, in den nächsten Jahrgang übernommen zu werden? Mithilfe maschinellen Lernens werteten die Forscher den Datenberg aus.

Das überraschende Ergebnis: Psychologische Faktoren haben nur einen geringen Einfluss, ob ein Spieler übernommen wird oder nicht. Dasselbe gilt für kognitive Daten, etwa die Ergebnisse der Konzentrationstests. Bei den physischen Tests stach der Counter Movement Jump hervor, den wir bereits im vergangenen Kapitel kennenlernen durften – ein Sprung aus dem Stand, bei dem der Spieler sich leicht nach unten bewegt und anschließend gestreckt hochspringt.

Der gewichtigste Faktor, um die Zukunft eines TSG-Talents vorauszusagen, ist indes ein anderer: die Sprintgeschwindigkeit. Beschleunigung und Maximalgeschwindigkeit eines Spielers sind ein klarer Indikator, ob ein Spieler in den nächsten Jahrgang übernommen wird oder nicht.

Nun haben die Daten des TSG ResearchLab einen Haken: Sie beziehen sich nur auf einen Verein. Vielleicht mag die TSG Hoffenheim ausschließlich auf schnelle Spieler setzen. Das muss aber nicht unbedingt für alle Profivereine gelten. Allerdings decken sich die Ergebnisse der Forscher mit dem, was ich in den vergangenen zehn Jahren beobachtet habe: Das Tempo im Spitzenfußball hat sich wahnsinnig erhöht. Es gibt kaum mehr Profifußballer, die nicht binnen kürzester Zeit auf über 25 km/h beschleunigen können.

Ich würde das Thema dieses Buchs verfehlen, könnte ich dieses Gefühl nicht mit Daten unterfüttern. In der Bundesliga stieg die Anzahl der Sprints zwischen der Saison 2015/16 und der Saison 2024/25 um 12 Prozent. Dies kann bedeuten, dass Spieler mehr Sprints ansetzen. Sprints sind jedoch relative Werte; nur wenn ein Spieler die magische Grenze von 25 km/h durchbricht, wird ein Sprint aufgezeichnet. Insofern kann es auch schlicht sein, dass die Spieler schneller geworden sind und dadurch häufiger die Sprintgrenze überschreiten.

In der maximalen Geschwindigkeit der Spieler zeigt sich ebenso ein Unterschied. In der Spielzeit 2015/16 lag der Geschwindigkeitsrekord bei 35,26 km/h, aufgestellt von Mathew Leckie. In der Saison 2024/25 durchbrach Frankfurts Jean-Matteo Bahoya die Marke von 37 km/h. Vor zehn Jahren gab es 56 Spieler, die schneller gelaufen sind als 34 km/h. 2024/25 gelang dies 130 Spielern. Noch krasser ist der Unterschied bei der Marke 35 km/h: 2024/25 überschritten 47 Spieler diese Marke, 2015/16 gelang dies gerade einmal drei Spielern.

Wie bei so vielen Fragen im Fußball liegt auch hier ein Henne-Ei-Problem vor. Setzen sich die schnellen Spieler durch, weil die langsamen Spieler sportlich nicht mithalten können? Oder sortieren Fußballvereine langsame Spieler früher aus aufgrund der Sorge, ihr fehlendes Tempo sei nicht durch Technik oder Spielwitz auszugleichen? Eine endgültige Antwort hat auch Altmann nicht. Der Trend, den das TSG ResearchLab anhand von Daten festgestellt hat, lässt sich jedoch nicht von der Hand weisen: Wer schnell sprinten kann, hat eine höhere Chance, Profifußballer zu werden.

Die Daten der TSG sind nur ein erster Ausgangspunkt. Auch im Jugendbereich fallen immer mehr Daten an. In den kommenden Jahren werden sich Forschende auf diese Zahlen stürzen. Sie werden Antworten suchen auf die ganz große Frage: Wie entdeckt man den Fußballstar von morgen?

Bei all der Datensammelwut sei aber auch gesagt: Noch haben Daten im Jugendbereich nur eine unterstützende Funktion. Welche Spieler gefördert oder in den nächsten Jahrgang übernommen werden, entscheiden in erster Linie die Trainer und die Leiter der Nachwuchsleistungszentren. Ineffizienzen wie der Relative Age Effect unterstreichen, dass in diesem Bereich noch Verbesserungspotenzial besteht. Vielleicht können Daten in Zukunft helfen, die Entscheidungen über die Zukunft von Jugendspielern transparenter und effizienter zu gestalten.

Utopie oder Dystopie? Auf der Suche nach dem Fußballer-Gen

Eine der meistgestellten Fragen im Bereich der Talentförderung lautet: Zu welchen Teilen lassen sich sportliche Fähigkeiten schulen – und zu welchen Teilen sind sie angeboren? Die Vorstellung, anhand eines Sportler-Gens den Olympiasieger von morgen zu finden, beflügelt seit jeher die Fantasie von Sportwissenschaftlern. In den vergangenen Jahren wurden in diesem Bereich Fortschritte gemacht. Zugleich gibt es massive ethische Bedenken: Soll das Erbgut wirklich darüber entscheiden, ob ein Fußballverein einen Spieler ausbildet oder nicht? So oder so: Das Thema wird in Zukunft den Sport beschäftigen.

So haben Forscher bereits vor zwanzig Jahren herausgefunden, welche Gene die Sprintgeschwindigkeit eines Menschen beeinflussen: Das ACTN3-Gen hat mittlerweile über Fachkreise hinaus Bekanntheit erlangt als sogenanntes Sprinter-Gen. Dabei ist diese Zuschreibung genau betrachtet inkorrekt, denn alle Menschen tragen das ACTN3-Gen in sich. Es ist verantwortlich für die Bildung eines bestimmten Proteins in den Muskeln. Allerdings gibt es verschiedene Varianten: Die X-Variante sorgt dafür, dass das zu ACTN3 gehörende Protein im Muskel nicht gebildet wird. Bei der R-Variante hingegen wird es gebildet. Die DNA eines Menschen setzt sich aus zwei Strängen zusammen: Einer wird von der Mutter und einer vom Vater vererbt. Entsprechend gibt es drei Möglichkeiten, wie sich das ACTN3-Gen zusammensetzt: RR, wenn beide Elternteile die R-Variante vererben; XX, wenn beide Elternteile die X-Variante vererben; oder aber RX, wenn man von einem Elternteil jeweils eine Variante erhält, wobei die Proteinbildung hierbei intakt bleibt.

Sollten Sie das nicht verstanden haben: keine Sorge! Biologie war nie meine Stärke. Die wichtige Information folgt jetzt: Menschen, die über die RR- oder RX-Variante verfügen, verfügen in der Regel über mehr kurze Muskelfasern. Diese werden vor allem bei schnellen, kraftvollen Bewegungen benötigt, etwa bei Sprints. Menschen mit der XX-Variante verfügen über mehr lange Muskelfasern. Diese ermüden weniger schnell und sind daher vor allem für ausdauernde Bewegungen wichtig.

Studien haben festgestellt, dass die Varianten bei Athleten unterschiedlich verteilt sind. Die meisten Elitesprinter besitzen eine der beiden R-Varianten. Bei Marathonläufern ist hingegen die XX-Variante im Vergleich zur Durchschnittsbevölkerung stark überrepräsentiert. Bei Fußballern ist die RR-Variante häufiger anzutreffen als die XX-Variante.

Nun ist es aber keineswegs so einfach, die Sprintfähigkeit eines Menschen nur anhand einer einzelnen Genvariante vorherzusagen. So beeinflusst auch das ACE-Gen den für Sportler wichtigen Stoffwechsel. Die D-Variante wird hier eher mit Sprintern in Verbindung gebracht, wohingegen die I-Variante bei Ausdauersportlern häufiger ist. Doch auch dies bestimmt nicht vollständig, wie schnell ein Mensch sprinten kann. Derzeit gehen Forschende davon aus, dass sich maximal 50 Prozent der Sprintfähigkeit eines Sportlers durch seine Genetik erklären lässt – wobei sich diese Zahl von Studie zu Studie stark unterscheidet. Der Rest entfällt auf Umwelteinflüsse wie Training. Es gibt auch Weltklassesprinter, die über die XX-Variante verfügen.

Tatsächlich ist das Zusammenspiel der Gene ein wissenschaftliches Minenfeld. Vererbung ist ein komplexes und noch nicht endgültig erforschtes Thema. Allein an der Vererbung der Augenfarbe sind zig Gene beteiligt. Wenn die Eltern eine bestimmte Genvariante besitzen, lässt sich die Augenfarbe eines Kindes zwar mit hoher Wahrscheinlichkeit vorhersagen – aber nicht mit Gewissheit. Sportliche Fähigkeiten dürften in ihrer Vererbung noch einmal komplexer ausfallen als die Augenfarbe. Viele dieser Forschungsprojekte befinden sich noch in den Kinderschuhen.

Das hindert Fußballvereine nicht daran, dem Thema Genanalyse Beachtung zu schenken. Forscher der Universität Birmingham haben 2021 eine Umfrage unter Mitarbeitenden von Profivereinen durchgeführt. Zwar gaben nur 15 Prozent der Teilnehmenden an, ihr Verein erhebe bereits genetische Daten in seiner täglichen Arbeit. Drei Viertel der Teilnehmenden glaubten aber, dass dies in Zukunft zunehmen werde.

Vorreiter bei der Genanalyse ist der FC Barcelona. Der Verein forscht an seinem Technologieinstitut nicht nur selbst zu diesem Thema, sondern ist auch am Start-up «Made of Genes» finanziell beteiligt. Das Unternehmen möchte genetische Informationen der Spieler mit den Daten verbinden, die der Verein erhebt: GPS-Daten, Befragungen der Spieler sowie Blutwerte. Anschließend werden diese Daten mithilfe von maschinellem Lernen zusammengefügt, um einen digitalen Zwilling des Spielers zu erstellen. Auf diese Weise simuliert die Firma, wie ein Spieler auf Belastungen reagiert, etwa im Training oder durch Spiele. So könnte man etwa durchspielen, wie hoch die Verletzungswahrscheinlichkeit eines Spielers ist, wenn er drei Spiele in einer Woche absolviert. Das Ziel lautet, Verletzungen vorzubeugen. Wie hoch die DNA eines Spielers bei diesen Prognosen gewichtet wird, weiß nur «Made of Genes».

DNA-Daten können ebenfalls dabei helfen, die Ernährung eines Spielers zu optimieren. Menschen reagieren gänzlich unterschiedlich auf Inhaltsstoffe in Nahrung. So lässt sich mithilfe einer Genanalyse nachweisen, wie schnell ein Mensch Koffein verstoffwechselt. Gezielt könnte man dem Spieler den perfekten Zeitpunkt nennen, wann er morgens seinen Kaffee trinken sollte.

Insofern haben Genanalysen für Leistungssportler durchaus einen Nutzen. Zugleich gibt es zahllose Fallstricke. Genetische

Daten gehören zu den persönlichsten Daten, die ein Mensch über sich teilen kann. Während die meisten Fußballer kein Problem damit haben, physische Daten mit ihrem Klub zu teilen, sehen sie dies bei Genanalysen deutlich kritischer. 2026 befragte die Loughborough University Profifußballer zu diesem Thema. Zwar gab ein Großteil an, genetischen Tests zuzustimmen, sollten diese helfen, die eigene Ernährung zu optimieren. Doch mehr als die Hälfte lehnte genetische Tests zur Talentbestimmung ab.

Zwar ist die Forschung noch weit davon entfernt, den Fußballstar von morgen anhand seiner Gene auszuwählen. Doch immer mehr Start-ups versuchen, in diesem Bereich Fuß zu fassen. Die ethischen Bedenken, Menschen anhand ihrer genetischen Merkmale zu sortieren, werden zur Seite gewischt, getreu dem Zitat aus dem Film *Jurassic Park*: «Ihre Wissenschaftler waren so sehr [mit der Frage] beschäftigt, ob sie es könnten, dass sie nicht innehielten, um zu überlegen, ob sie es sollten.»

Vor allem aber gilt auch hier wieder: Fußball ist als Sport zu komplex, als dass sich junge Talente leicht in eine Schublade stecken ließen. Sprintgeschwindigkeit mag ein entscheidender Faktor sein für eine spätere Profikarriere. Doch nicht auf jeder Position ist diese von Bedeutung. So haben Studien belegt, dass in Bezug auf das ACTN3-Gen die unterschiedlichsten Varianten bei Profifußballern zu finden sind. Die XX-Variante sollte kein Ausschlusskriterium sein, einen talentierten Spieler zu fördern. Noch ist die Arbeit mit Gendaten in den meisten Fällen nicht sinnvoll.

Das liegt nicht zuletzt daran, dass es vor allem an einem mangelt: an Daten. Es gibt Analysen, welche Genvarianten bei Profisportlern besonders häufig vorhanden sind. Doch die meisten Studien dieser Art haben massive Limitierungen. Die Stichprobengrößen sind relativ klein, auch weil DNA-Tests noch recht teuer sind. Häufig werden nur Sportler aus einem Land untersucht. Dadurch lassen sich die Ergebnisse nicht generalisieren. Hinzu kommt eine kognitive Verzerrung, die als «Survivorship-Bias» bekannt ist: Es wird davon ausgegangen, dass Profis die größtmöglichen Talente in ihrem Sport sind. Das klingt logisch – es ist aber nicht bewiesen. Es könnte eine fehlerhafte Selektion im Jugendbereich vorliegen, etwa durch den Relative Age Effect oder durch schlechte Arbeit im Nachwuchsbereich.

Dass genetische Daten im Fußball eine große Rolle spielen, bleibt also erst einmal Zukunftsmusik. Das hindert Trittbrettfahrer und Pseudowissenschaftler nicht daran, mit Gentests Geld zu machen – nicht nur im Sport, sondern auch mit Otto Normalverbrauchern. Firmen versprechen, mithilfe von DNA-Tests die Herkunft eines Menschen zu bestimmen, die perfekte Sportart für jeden zu finden oder Krankheiten vorhersagen zu können. Dabei wird gerne mit Wahrscheinlichkeitsrechnung gearbeitet: Wer Genvariante X trägt, hat ein 10 Prozent höheres Risiko für Krankheit Y. Nicht immer sind diese Informationen wissenschaftlich fundiert. In Deutschland sind daher Gentests nur unter strengen Auflagen erlaubt: Wenn sie den gesundheitlichen Bereich betreffen, muss der Test durch einen Arzt durchgeführt und ausgewertet werden. In den allermeisten Fällen stellen sie derzeit nur eine bessere Spielerei dar.

Psychologische Rohdaten: Wer dreimal schreit, ist aggressiv

Ein beliebtes Argument gegen die Datenerhebung im Fußball lautet, nicht alles, was zum Erfolg beiträgt, lasse sich messen. Fußball werde nicht nur mit den Füßen, sondern auch im Kopf entschieden! Für diese Fraktion gibt es eine schlechte Nachricht: Die Datensammelwut umfasst mittlerweile auch den mentalen Bereich.

Fragebögen gehören längst zum Alltag im Profifußball. Teams wollen herausfinden, wie die Spieler ticken. Was treibt sie an? Welche Persönlichkeitsmerkmale sind bei ihnen besonders ausgeprägt? Das bekannteste Testverfahren beruht auf dem Fünf-Faktoren-Modell, auch bekannt als *Big Five*. Anhand von Fragebögen lässt sich bestimmen, wie hoch die fünf Persönlichkeitsmerkmale Offenheit, Gewissenhaftigkeit, Verträglichkeit, Geselligkeit sowie emotionale Verletzlichkeit ausgeprägt sind. Über diese Tests lässt sich herausfinden, wen der Trainer mit Samthandschuhen anfassen sollte – und wer auch einmal einen derben Spruch verträgt.

Im Fußball liegt die Wahrheit jedoch auf dem Platz. Daher helfen Fragebögen nur bedingt weiter, um die Psyche eines Spielers zu analysieren. Alle Verfahren dieser Art teilen das Problem, dass Menschen nicht unbedingt vertrauenswürdig sind, wenn sie über sich selbst sprechen. Manche schätzen sich selbst falsch ein, andere wollen ihre Schwächen vor ihren Vorgesetzten verheimlichen. Manchmal hat die Testperson keine Lust, den Fragebogen auszufüllen, und kreuzt irgendwelche Kästchen an. Wie ein Spieler sich selbst einschätzt, kann ganz stark davon abweichen, wie er unter Stress agiert – vor allem auf dem Fußballplatz.

Aus diesem Grund werden psychologische Daten zunehmend auf dem Platz gesammelt. Dafür kann man im ersten Schritt mit klassischen Event-Daten arbeiten. Ein Beispiel: Ein Stürmer verschießt einen Elfmeter. Wie reagiert er auf den Misserfolg? Man könnte seine Kennwerte vor und nach dem Schuss anschauen. So ließe sich bestimmen, wie er auf Rückschläge reagiert.

Manche Sportpsychologen gehen einen Schritt weiter: Sie erheben eigene Rohdaten. Denken wir an folgendes Szenario: Ein Spieler vergibt einen Elfmeter. Sein Kollege stürmt sofort auf ihn zu, nimmt ihn in den Arm und tröstet ihn. Im Endeffekt ist dies nichts anderes als ein Event, das sich genauso messen lässt wie ein Pass oder ein Schuss. In diesem Fall hieße das Event «Mitspieler aufbauen».

Ereignisse wie diese lassen sich im Fußball überraschend gut auswerten. Das behauptet zumindest Geir Jordet. Der Sportpsychologe hat unter anderem zur Psychologie des Elfmeters geforscht. Mittlerweile geht er einen Schritt weiter: Zusammen mit Ex-Profi Yaw Amankwah hat er eine Firma gegründet, welche die psychologische Auswertung von Fußballspielen vornimmt. Inside Out Analytics hat laut eigenen Angaben datengetriebene Profile über sämtliche Spieler der Premier League erstellt, basierend auf über 100 000 Datenpunkten: Reaktionen auf gewonnene Zweikämpfe, Kommunikation zwischen Spielern, Aggressivität gegenüber dem Schiedsrichter. Mit diesen Daten wurde eine künstliche Intelligenz trainiert, welche die Spieler in verschiedenen Kategorien wie etwa Resilienz bewerten kann. Wie genau das funktioniert, bleibt leider ein Geheimnis. Die Firma hat auf meine Interviewanfragen nicht reagiert.

Die ersten Vereine gehen bereits dazu über, quantitative Daten in ihre psychologischen Analysen einzubauen. Julian Nagelsmann habe beim FC Bayern München nach jedem Spiel einen Bericht erhalten, berichtete der *Guardian*. Darin sei die psychologische Rolle der Spieler anhand von Daten ausgewertet worden. Einige Spieler hätten großes Interesse an diesen Analysen gezeigt. Auch Thomas Tuchels Wunsch, seine englischen Nationalspieler sollten mehr miteinander reden, beruht angeblich auf Daten. Diese hätten gezeigt, dass die Engländer auf dem Platz deutlich weniger miteinander kommunizieren als die Akteure anderer Top-Nationen.

Ist die Datenanalyse im psychologischen Bereich das nächste große Ding? Sie kann helfen, eine Lücke zu füllen, die klassische Daten nicht abbilden können. Es gibt Spieler, die vor allem durch ihre Kommunikationsfähigkeit bestechen. Sie ordnen die Abwehr, geben ihren Mitspielern Anweisungen, richten niedergeschlagene Kollegen auf. Solche Spieler lassen sich zwar auch mit gutem Augenmaß entdecken. Doch auch hier gilt: Es ist kaum möglich, alle guten Kommunikatoren unter Zehntausenden Fußballprofis zu entdecken. Psychologische Daten könnten dabei helfen. Und sei es nur, indem sie sagen: Verteidiger X hat tausend Wörter während des Spiels gesprochen, Verteidiger Y nur zehn.

Das Problem dabei ist jedoch, dass die Erhebung solcher Daten kompliziert und teuer ist. In der Theorie ließe sich zwar auch hier künstliche Intelligenz nutzen – es gibt bereits KI-Modelle, die auf das Erkennen von Emotionen trainiert sind. Die EU-Gesetzgebung ist in diesem Punkt jedoch eindeutig: Sie verbietet «die Verwendung von KI-Systemen zur Ableitung von Emotionen einer natürlichen Person in den Bereichen Arbeitsplatz und Bildungseinrichtungen». Der Fußballplatz ist letztlich nichts anderes als ein Arbeitsplatz für einen Fußballspieler. Insofern dürfte die Nutzung von KI im psychologischen Bereich – zumindest in der EU – keine Zukunft haben.

Doch lohnt es sich überhaupt, Rohdaten über emotionale Reaktionen im großen Stil zu erheben? Das ist eine Frage, die ich nicht zu beantworten wage. Datenerhebung ist, wie wir im ersten Kapitel gelernt haben, enorm komplex. Es braucht klare Definitionen sowie eine Schulung von Fachkräften, um die Rohdaten zu erheben. Nur wenn diese am Ende vergleichbar und stringent sind, ist eine Arbeit mit diesen Daten überhaupt sinnvoll. Das ist bei emotionalen Reaktionen umso schwerer, als dass hier die individuelle Prägung hineinspielt. Unterschiedliche Menschen aus unterschiedlichen Kulturen zeigen Emotionen auf unterschiedliche Art und Weise. Generalisierungen sind hier ähnlich schwer wie bei Zweikämpfen. Auf absehbare Zeit wird es also kein Expected-Ausraster-Modell geben.

Hinzu kommt die Tatsache, dass die sportpsychologische Forschung in vielen Bereichen noch Grundlagenarbeit vor sich hat. Welches psychologische Profil sollte ein Fußballer mitbringen? Fußball ist ein komplexer Sport. Viele Wege führen nach Rom. Der scheue Mesut Özil darf sich genauso Weltmeister nennen wie Quasselstrippe Thomas Müller. Insofern fällt es schwer, endgültige Empfehlungen zu geben, was einen mental starken Spieler ausmacht.

Dennoch würde ich behaupten, dass auch auf psychischer Ebene eine datengetriebene Analyse nicht schaden würde. Gerade im Bereich Mentalität wird die Diskussion oft von Gefühlen geleitet. Fans werfen Spielern nach Niederlagen gerne mangelnden Einsatz vor. Doch was bedeutet das konkret? Belegen lassen sich diese Thesen selten. Wenn ein Spieler tatsächlich nach jedem Ballverlust die Schultern hängen lässt, sollte man dies zählen und somit klar nachweisen können. Ob dies jedoch im großen Stil ausgewertet wird? Das wage ich derzeit noch zu bezweifeln.

Die Großen fressen die Kleinen

Die liebste Geschichte aller Daten-Nerds stammt aus der Feder von Michael Lewis. Sein Buch *Moneyball* beschreibt, wie Manager Billy Beane den Baseball mithilfe von Daten revolutionierte. Er richtete die Philosophie der Oakland Athletics an Statistiken aus. Daten entschieden, welche Spieler der Klub verpflichtete. Obwohl Beane über deutlich weniger Geld verfügte als die Konkurrenz, formte er ein Spitzenteam. Das Buch beflügelt bis heute die Fantasie der Daten-Nerds. Ihr Traum: Daten können den kleinen Davids helfen, die großen Goliaths zu Fall zu bringen!

Brighton, Brentford oder Como sind auf den ersten Blick Beispiele dafür, dass *Moneyball* auch im Fußball funktioniert. Der Aufstieg dieser Klubs ist jedoch nur romantisch, wenn man die ökonomischen Rahmenbedingungen ausblendet: Diese Klubs wurden von Milliardären übernommen. Allerdings waren sie so clever, ihr Geld nicht in windige Berater oder schlecht gescoutete Starspieler zu stecken. Stattdessen investierten sie in Daten. Die Betonung liegt bei diesen Beispielen nicht unbedingt auf dem Wort «Daten» – sondern vielmehr auf dem Wort «investieren».

Längst haben die großen Klubs das Thema Daten für sich entdeckt. Liverpool und Arsenal verfügen bereits seit längerer Zeit über große Datenabteilungen. Der FC Barcelona hat sein eigenes Technologiezentrum gegründet und finanziert KI-Start-ups. Auch Paris Saint-Germain, AC Mailand oder Ajax Amsterdam geben mittlerweile viel Geld für Datenanalysten aus.

Die Arbeit mit Daten wird allerdings nicht günstiger. KI-Modelle müssen programmiert, mit Daten gefüttert und vor allem mit der passenden Technik versorgt werden. Das kostet nicht nur Gehirnschmalz, sondern auch Rechenleistung. Die meisten Vereine betreiben bereits eigene Server. Real Madrid oder Bayern München zahlen diese Investitionen aus der Portokasse, sie machen fast eine Milliarde Euro Umsatz pro Jahr. Kleinere Vereine können sich dies jedoch kaum leisten.

Von der Arbeit mit Daten profitieren immer stärker jene Klubs, die ohnehin bereits ganz oben stehen: Spitzenvereine machen weniger Fehler bei Transfers, verbessern die Athletik ihrer Spieler und vermehren ihr ohnehin reichlich vorhandenes Geld. Für kleinere Klubs wird es hingegen immer schwieriger mitzuhalten. Daten sind hierbei nur ein kleiner Teil des Fußballs. Aber auch vor diesem Bereich macht die Hyper-Kapitalisierung nicht halt.

Zugleich konsolidiert sich der Markt für Datenanalysen im Fußball. Die Firma Hudl hat mit dem Kauf von Konkurrent Statsbomb ein gewaltiges Imperium errichtet. Bei den Fitness-Daten sticht die Firma Catapult hervor. Mit Impect hat sie den größten deutschen Player in der Branche gekauft. Zusammenschlüsse wie diese sorgen für weniger Angebot. Das wiederum lässt die Preise in die Höhe schießen. Hinter vorgehaltener Hand haben sich vor allem kleinere Vereine bei mir beschwert: Die Preise seien bei einigen Anbietern stark gestiegen, ohne dass die Leistungen sich geändert hätten. Dies betrifft vor allem den Frauenfußball, wo Geld Mangelware ist. Immerhin: Hudl Statsbomb bietet Frauenteams einen kostenlosen Zugriff auf ihre Daten.

Derweil droht die Datenanalyse immer stärker hinter einem undurchsichtigen Vorhang zu verschwinden. Dazu trug auch das Ende der Kooperation zwischen Opta und der Seite FBref.com bei. Jahrelang waren auf der Seite tiefer gehende Statistiken abrufbar: Expected-Goals-Werte, Daten zur Pressinghöhe der Teams, Pässe aufgeschlüsselt nach Spielsituationen und Dritteln. Die Seite diente vielen jungen Analysten als Einstieg in die Welt der Daten. Dieser Weg wurde nun blockiert. Im Januar 2026 kündigte die Firma Opta die Partnerschaft mit FBref.com. Damit ging ein Stück Transparenz verloren.

Es deutet immer mehr auf eine Zukunft hin, in der Daten vor allem den Großen helfen, noch größer zu werden. Der Fußball ist nur ein Abbild der realen Gesellschaft. Die großen Player im KI-Geschäft heißen Microsoft, Amazon und Meta; also jene Megakonzerne, die bereits vor dem KI-Boom die größten Unternehmen der Welt waren. Nur sie können die massiven Investitionen stemmen, die für Datencenter nötig sind. Ganz ähnlich scheint die Entwicklung im Fußball abzulaufen. Der Traum von «Moneyball-Moment» im Fußball dürfte unerfüllt bleiben.

Fazit: Die Zukunft ist datenbasiert

Fußballgeschäft, das klingt nach Reichtum und Dekadenz. Spieler wechseln für schwindelerregende Summen den Verein und kassieren Millionen. Sie verbringen ihre Freizeit auf Yachten mit Infinity Pools, umringt von ihrer Entourage und Models. Während die Spitzenkräfte jedoch Millionen verdienen, werden die restlichen Angestellten eines Fußballvereins nur selten reich.

So entpuppt sich der Gedanke als abwegig, dass sich Datenanalysten im Fußball eine goldene Nase verdienen. Sicher: In der Bundesliga nagt niemand am Hungertuch. Doch mehrere Datenanalysten gestanden mir, dass sie woanders deutlich mehr Geld verdienen könnten. Die Industrie sucht händeringend nach Statistikern – sie werden gebraucht, um in Zeiten künstlicher Intelligenz die Arbeit von Maschinen zu perfektionieren. Doch viele der Datenanalysten in der Bundesliga haben bewusst Universitäten oder die Autoindustrie hinter sich gelassen, um im Fußball zu arbeiten.

Warum also zieht die Bundesliga Naturwissenschaftler aller Couleur an, teilweise sogar mit wissenschaftlicher Expertise und Doktortitel? Die Antwort meiner Gesprächspartner war immer gleich: Sie lieben Fußball. Für ihre Lieblingsklubs werten sie Daten aus, entwerfen Modelle, basteln Dashboards. Auf diese Weise wollen sie helfen, das Mysterium Fußball zu entschlüsseln. Sie haben das Gefühl, dass ihre Arbeit einen wirklichen Unterschied macht.

Dieses Gefühl habe ich auch. Daten haben in den vergangenen Jahren meine Arbeit erleichtert. Mithilfe von Expected Goals lässt sich sehr gut bestimmen, ob eine Mannschaft sich Chance um Chance herausgespielt hat – oder ob ihr 1:0-Sieg verdammt glücklich zustande kam. Expected-Threat-Modelle helfen, kreative von weniger kreativen Spielern zu unterscheiden. Schon heute bereichern Daten den Diskurs über den Fußball.

In den Vereinen werden Daten auf noch vielfältigere Weise genutzt. Vor allem im Scouting sind Kennwerte nicht mehr wegzudenken. Der Transfermarkt hat sich in den vergangenen Jahren derart aufgebläht, dass er über das Wohl und Wehe ganzer Vereine entscheidet. Wer die richtigen Spieler entdeckt, hat eine große Chance auf sportlichen wie finanziellen Erfolg. Daten helfen, aus den Tausenden Kandidaten auf der Welt die passenden herauszufiltern. Die Fitnessarbeit der Klubs wird in weiten Teilen von Daten bestimmt. Auch im taktischen Bereich wird sich immer stärker auf Zahlen berufen.

Dabei steht die Arbeit mit Daten noch am Anfang. In den vergangenen Jahren wurden zahllose Modelle entwickelt, um mithilfe von Event-Daten den Fußball besser zu verstehen. Nun ermöglichen es Tracking-Daten, dass Computer Fußballspiele auf ihre eigene Art sehen und auswerten können. In den kommenden Jahren werden auch hier Modelle entwickelt, die einen neuen Blick auf den Fußball ermöglichen. Künstliche Intelligenz kann bereits heute Prozesse vereinfachen. Sie hilft, Spieler zu finden, Gesundheitsdaten auszuwerten oder Szenen aufzubereiten. Sie nimmt Arbeit ab. Sie kann aber niemals den Menschen ersetzen. Nur wo sich Erfahrung, Expertise und Daten kreuzen, entstehen gute Entscheidungen.

Aus diesem Grund hat der Fußball in den vergangenen Jahren etwas Ungewöhnliches gemacht: Der Sport, der Außenseiter seit jeher kritisch beäugt, hat Datenanalysten aufgenommen. Nicht unbedingt mit offenen Armen. Aber Analytiker wie Ted Knutson, Tom Worville oder Sarah Rudd können heute von ihrer Arbeit mit Daten im Fußballgeschäft leben.

Es sind längst nicht mehr nur die großen Vereine, die mit Daten arbeiten. Ich weiß von einem Drittliga-Verein, dass er die Leistung seiner Mannschaft anhand von Packing-Expected-Threat-Daten bewertet. Der SC Verl wiederum hat einen eigenen Algorithmus entwickelt, um Spieler mit Blick auf selbst entwickelte Kennzahlen zu verpflichten. Verantwortlich dafür war mit Sebastian Lange ein ehemaliger Torhüter des Vereins. Er wechselte im Sommer 2025 als Manager zum SC Paderborn.

Lange kennt den Fußball aus der eigenen Praxis, versteht ihn aber auch auf einer statistischen Ebene. Diese Synthese ist die nächste natürliche Schwelle, den die Datenanalyse im Fußball überschreiten muss. In den USA gibt es bereits heute Sportler, die über profunde Kenntnisse der Statistik oder Informatik verfügen. Der US-Sport ist hier traditionell weiter, die dortige Sport-Community Daten gegenüber allgemein aufgeschlossener. Zudem haben die meisten Profisportler an einem College studiert, manche sogar Fächer wie Mathematik. Auch Fußballspieler in Europa kommen immer häufiger mit Zahlen und Daten in Berührung. Das Wissen fließt langsam, aber sicher in ihre Arbeit ein.

Dass sich die großen Klubs der Welt um die besten Analysten streiten, unterstreicht: Die Arbeit mit Daten ist aus dem Fußball nicht mehr wegzudenken. Längst vorbei sind die Zeiten, in denen Trainer sich offen damit gebrüstet haben, keine Ahnung zu haben, was Expected Goals sein sollen. Daten sind gewiss nicht alles. Sie sind nur ein kleiner Teilbereich des Fußballs. Doch in einem Sport, in dem ein einziges Tor Weltmeisterschaften entscheiden kann, zählt jeder Prozentpunkt. Und niemand kennt sich besser mit Prozenten aus als Datenanalysten.

DANK

Ein wichtiger Datenpunkt fehlt an dieser Stelle noch: die Anzahl meiner Gesprächspartner. Ich bin kein geborener Statistiker. Dankenswerterweise habe ich viel Unterstützung erhalten von kompetenten Menschen. Sie haben sich die Zeit genommen, meine Fragen zu beantworten oder mir einen Einblick in ihre Arbeit gegeben. Dafür kann ich euch nicht genug danken!

Ein Dank gebührt Dr. Stefan Altmann, Pascal Bauer, Ryan Beal, Dr. Thomas Blobel, Dustin Böttger, Pascal Buß, Patrick Eibenberger, Tobias Haupt, Daniel Heidrich, Tobias Hütter, David Jancar, Ted Knutson, Dr. Rouven Michels, Bjorn Rambi, Dennis Schega, Denny Schiemann, Simon Schmiederer, Prof. David Sumpter, Dr. Hendrik Weber, Moritz-André Weiher, Tom Worville sowie Florian Zenger. Beim Thema Expected Goals habe ich Robert Bajons und Tobias Harringer von der Wirtschaftsuniversität Wien zu danken, dass sie mir Fragen zu ihrem Forschungsprojekt beantwortet haben.

Mehrere Firmen haben mich tief in ihren Maschinenraum blicken lassen. Ich möchte stellvertretend für die Firma Hudl Andreas Hofmann und Edward Sulley danken. Lukas Arenas hat mir alle Fragen beantwortet, die mir über die Produkte der Firma VALD durch den Kopf schwirrten. Ich danke Patrick May und Jörg Seidel von Goalimpact, dass ihr euch (mal wieder) Zeit für mich genommen habt.

Einige Gesprächspartner möchten an dieser Stelle nicht namentlich genannt werden. Sie haben mit mir informell gesprochen, ohne dass die Medienabteilung ihres Arbeitgebers zwischengeschaltet war. Davor ziehe ich den Hut. Euer Input aus dem Inneren des Profifußballs war besonders entscheidend für mich! Danke, danke, danke!

Ein gesonderter Dank gebührt Tobias Hütter, René Marić und Eduard Schmidt. Ihr habt mir wichtige Gesprächspartner vermittelt, die mir sehr weitergeholfen haben – und das ganz ohne Gegenleistung! Herzlichen Dank.

Erik Riemenschneider hat das Buch für den Verlag Rowohlt betreut. Er ist ruhig geblieben, auch als ich das Manuskript mit einiger Verspätung abgegeben habe. Ich danke dir für die gute Zusammenarbeit! Deine Anmerkungen haben das Buch besser gemacht.

Zum Schluss möchte ich meinen Liebsten danken. Ihr musstet einiges ertragen. In diesem Fall war es nicht das verflixte siebte Jahr, sondern das verflixte siebte Buch. Ich habe mich wochenlang im Arbeitszimmer vergraben. Ohne eure Unterstützung hätte ich es nicht gepackt!

Maxi, du bist der beste Sohn, den sich ein Vater wünschen kann. Ich liebe dich!

Antje, du bist und bleibst meine Traumfrau. Ich liebe dich!

Und an Loki gerichtet: Bodyslam!

Weitere Titel

Der Abstieg

Der Schlüssel zum Spiel

Die Weltmeister von Bern

Die Zeit der Strategen

Vom Libero zur Doppelsechs

Was Teams erfolgreich macht